用皮革制作

能放手机的长钱包

[日] 日本高桥创新出版工房 编 著　　陈 涤 译

人民邮电出版社
北 京

图书在版编目（CIP）数据

用皮革制作能放手机的长钱包 / 日本高桥创新出版工房编著 ; 陈涤译. -- 北京 : 人民邮电出版社, 2019.8
ISBN 978-7-115-51198-0

Ⅰ. ①用… Ⅱ. ①日… ②陈… Ⅲ. ①皮革制品－手工艺品－制作 Ⅳ. ①TS973.5

中国版本图书馆CIP数据核字(2019)第083940号

内 容 提 要

手工皮具制作正悄然流行，一件独一无二的手工皮具，在不经意间就彰显了个人的品味和个性。

本书作者设计有大量皮具作品。在本书中，他讲述了可以装进智能手机的皮制长钱包制作的关键技术点，同时带领读者边学边做，制作了二折、普通拉链、手拿、口金、L 形拉链、全开型拉链六种长钱包。

全书案例步骤清晰，讲解细致。同时，本书译者陈涤先生，在必要的地方加入了便于中国读者理解的译者注释，相信一定能让钟爱手工皮具制作的读者爱不释手。

◆ 编　　著　[日]日本高桥创新出版工房
　译　　　　陈　涤
　责任编辑　王雅倩
　责任印制　陈　犇
◆ 人民邮电出版社出版发行　　北京市丰台区成寿寺路 11 号
　邮编　100164　　电子邮件　315@ptpress.com.cn
　网址　http://www.ptpress.com.cn
　雅迪云印（天津）科技有限公司印刷
◆ 开本：787×1092　1/16
　印张：12　　　　　　2019 年 8 月第 1 版
　字数：486 千字　　　2019 年 8 月天津第 1 次印刷
著作权合同登记号　图字：01-2017-8604 号

定价：89.00 元

读者服务热线：(010)81055296　印装质量热线：(010)81055316
反盗版热线：(010)81055315
广告经营许可证：京东工商广登字 20170147 号

CLIP
口金长钱包 P.98
带有方便开合的口金，卡位部分可以独立取出，可以放入宽度小于12.7cm（5英寸）的手机。

CONTENTS
目录

CLUTCH

手拿长钱包 **第72页**

带有两个卡位及双钞袋的大容量款，可以放入长度小于13.97cm（5.5英寸）的手机。

L SHAPE FASTENER

L形拉链长钱包 第118页

结构简单的L形拉链长钱包，可以放入长度小于15.24cm（6英寸）的手机。

ROUND FASTENER

全开型拉链长钱包 第152页

大幅度的开口，可以方便地取出内装的卡片和钞票，可以放入长度小于12.7cm（5英寸）的手机。

FOLDED

二折长钱包

第12页

最基础的二折钱包，集中了钱包最基本的功能，可以放入长度小于12.7cm（5英寸）的手机。

POUCH

普通拉链长钱包

第48页

内部是零钱包，可以和另外的卡位或钞袋组合使用，能够放入长度小于15.24cm（6英寸）的手机。

基本工具

本小节首先介绍制作长钱包必要的基本工具，工具的使用方法将于“二折钱包”一节的制作过程中进行介绍，请阅读时参考。

摄影：小峰秀世 / 柴田雅人

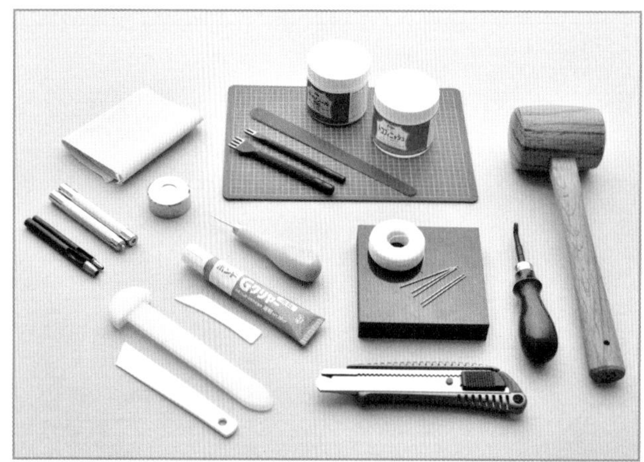

图中包括手缝制作的基本工具，以及安装四合扣需要的打孔及固定工具，这些都是必须要准备的基本工具。备齐它们，然后就可以开始制作皮具了。

STC 手工皮具工具组B

皮具制作中使用的基本工具

圆锥

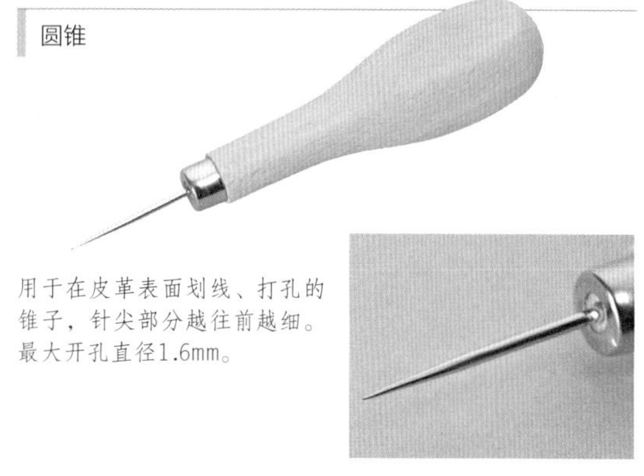

用于在皮革表面划线、打孔的锥子，针尖部分越往前越细。最大开孔直径1.6mm。

NT美工刀

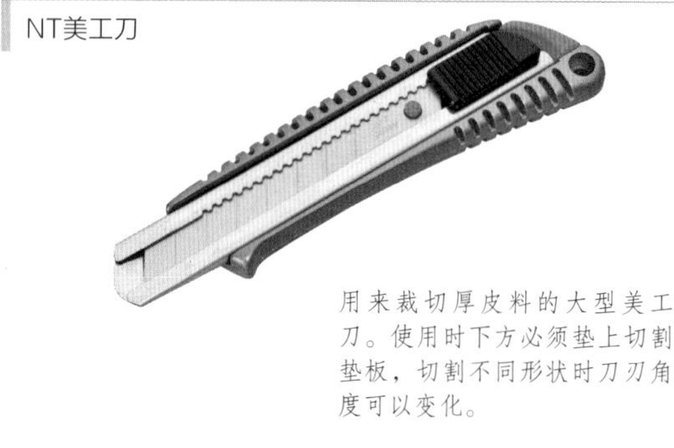

用来裁切厚皮料的大型美工刀。使用时下方必须垫上切割垫板，切割不同形状时刀刃角度可以变化。

切割垫板

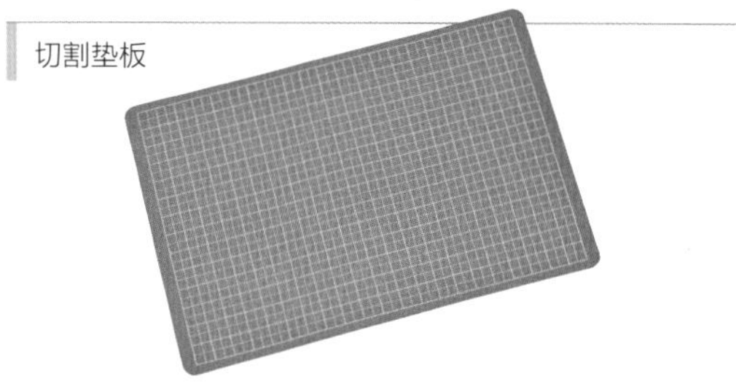

切割皮料时垫在下面的切割垫板，可以防止切到工作台，也可以夹在皮料之间代替橡胶板。

打磨片

可以对皮边进行整形，也可以在粘接前用来打粗接着面，类似长条状锉刀的作用。一面粗目数，一面细目数。

多用磨边器

打磨皮革床面与皮边的工具，使用后部的沟槽可以分别打磨宽度为2mm、3mm和5mm的边缘。

树脂快干胶

可以用来粘接皮革，也可以粘接布料、金属等不同素材的橡胶类黏合剂。最好等到不会粘手的状态时再贴合按压。

白胶

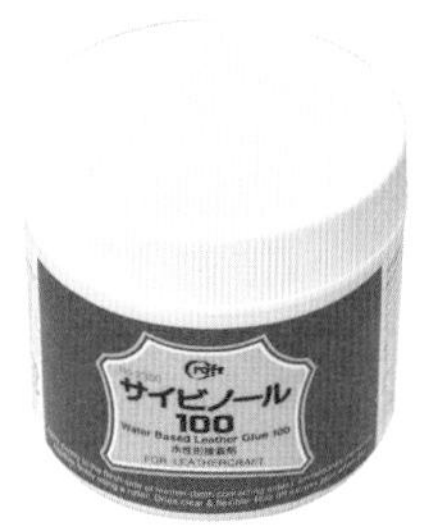

适合大面积粘合的水性黏合剂，需要在干燥前粘合，不过粘合后在未干燥前也可以少许调整皮料的相对位置。

上胶片

涂抹白胶及床面处理剂时使用的树脂刮板，在大面积涂胶时十分好用。

菱斩

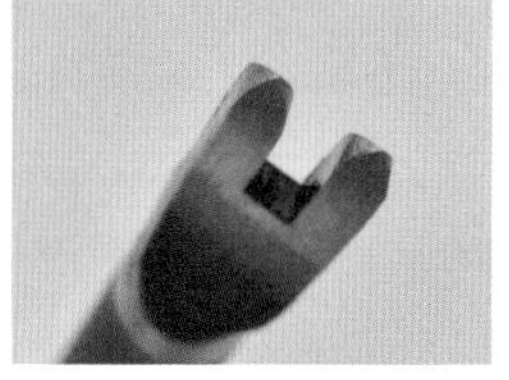

菱斩是在皮革上打线孔的工具，使用时需要用木槌打进皮革。用菱斩打线孔时，需要在皮料下面铺上塑胶板，防止工作台面被菱斩伤到。

木槌

敲打菱斩或圆冲，以及其他金属工具时使用。木槌的槌腹部可以用来敲打缝好的线，使线脚更平整。

塑胶板

用金属工具在皮革上开洞时垫在皮革下面的硬塑胶板。

手缝针

手缝用的针，为了方便从菱斩打出的线孔中穿过，针尖部分做成了圆形。

手缝蜡线

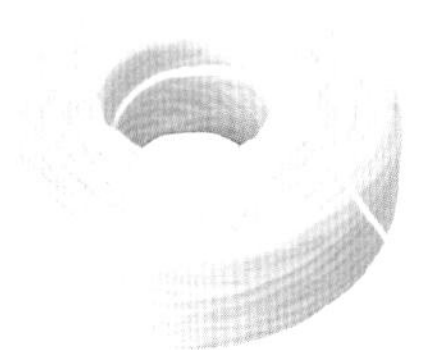

为了防止起毛或擦断而涂上了蜡的尼龙线。有粗细不同的规格。手工皮具工具组B中提供的是白色细线。

床面处理剂

减少植鞣革床面及边缘上起毛的研磨剂。涂抹在床面及皮料边缘后使用磨边器打磨。

削边器

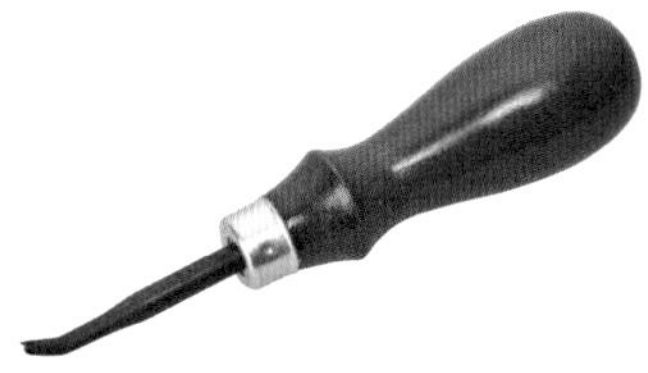

用来削圆皮边的专用工具，经过削边后，可以更简单地做出漂亮的弧形边缘。

磨边帆布

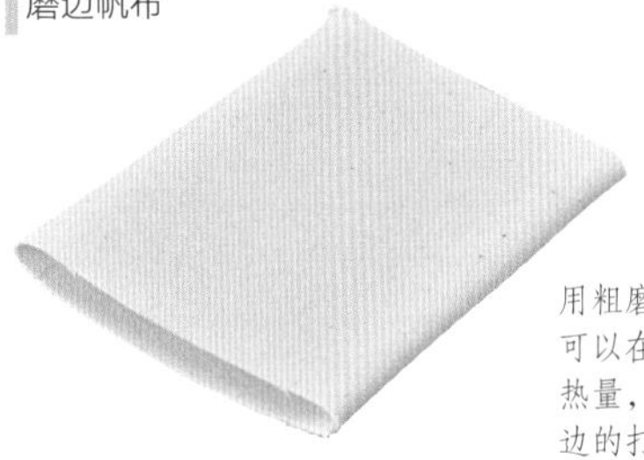

用粗磨边帆布打磨皮边时可以在短时间内产生大量热量，可以容易地完成皮边的打磨工作，配合磨边器可以轻松打磨皮边。

圆冲

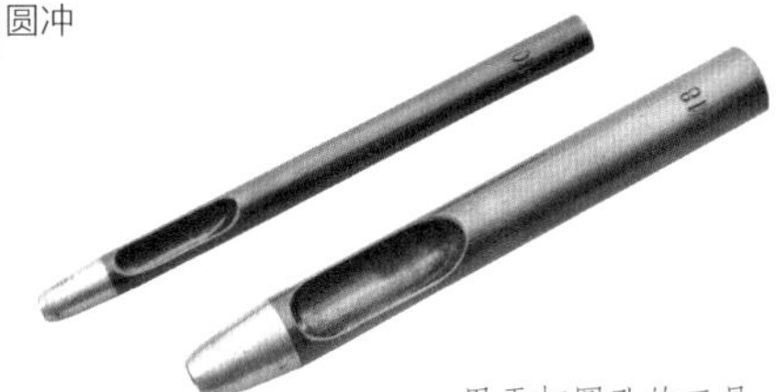

用于打圆孔的工具。圆冲和菱斩的操作方式一样，使用木槌敲打来在皮革上打孔。手工皮具工具组B中提供的是10号（3.0mm直径）和18号（5.5mm直径）两种规格。

四合扣工具

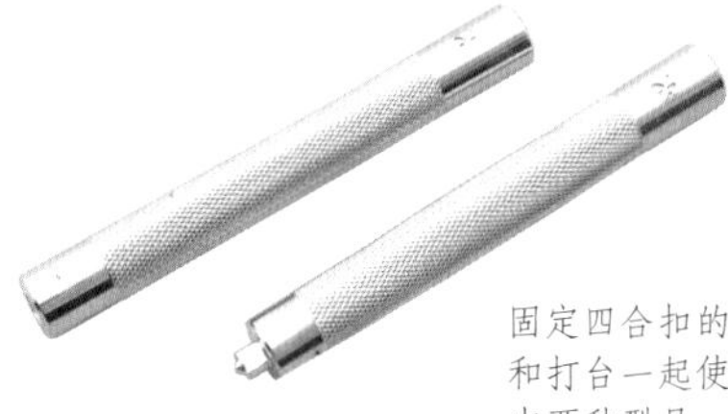

固定四合扣的专用工具，必须和打台一起使用，尺寸有大和中两种型号。手工皮具工具组B中提供的是大尺寸。

打台

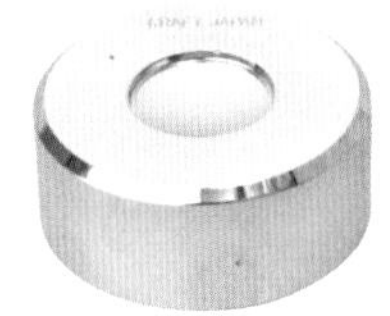

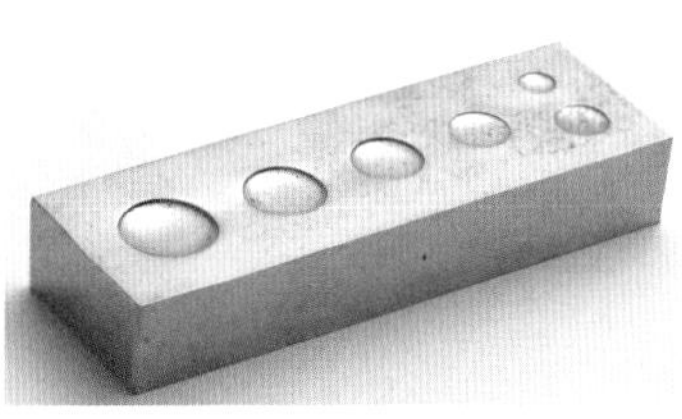

上图是手工皮具工具组B中提供的打台，是方便且通用的款式。右图是有各种尺寸坑洞的万用打台，使用起来精确度会更高。

其他工具

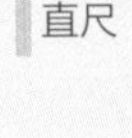

直尺

透明直尺及金属直尺是为了方便裁切，请准备齐全，裁切直线时需要使用金属制的直尺。

打火机

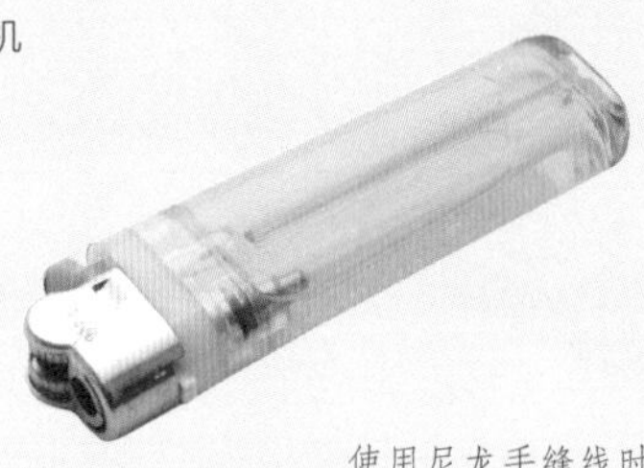

使用尼龙手缝线时，可以用烧熔的方式固定最后的线头。

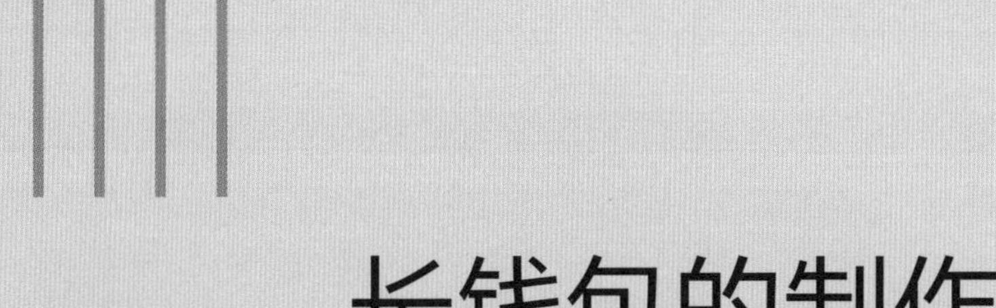

长钱包的制作

这里介绍了 6 种长钱包的制作方法。基本操作都是一样的，第一次开始皮具制作的朋友最好从“二折长钱包”开始制作，从而打下良好的基础。然后可以再加上一些变化，制作出属于自己的长钱包。

本书中的商品名称、式样等信息依不同的制作商、零售店以及市场情况变动可能有所不同。

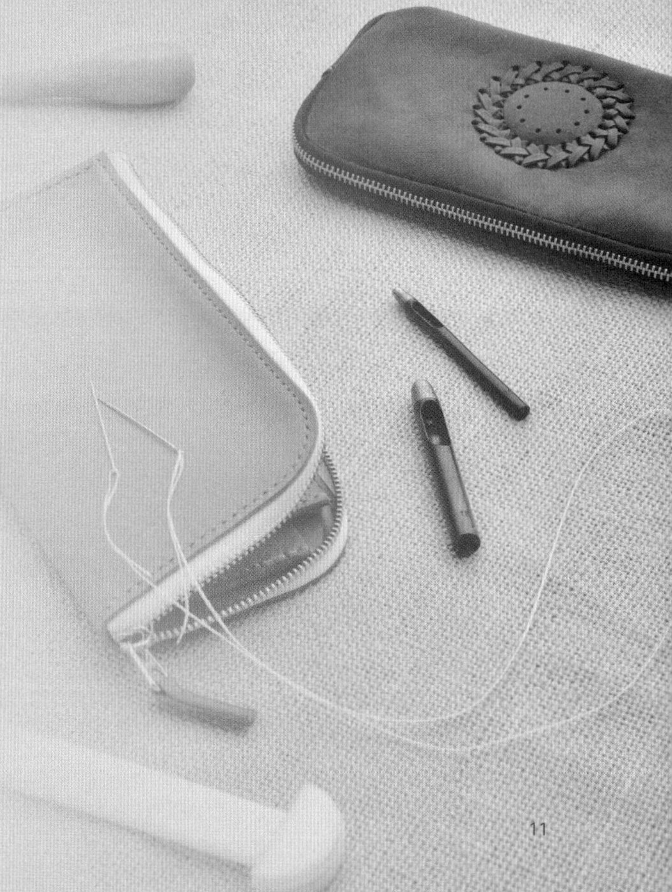

FOLDED

二折长钱包

二折长钱包是款式最基础的长钱包，本示例中完全不使用金属五金，并且备有零钱袋、钞袋及 5 个卡位，实用性很高，钞袋里可以放入长度小于 12.7cm（5 英寸）的手机。

摄影：小峰秀世

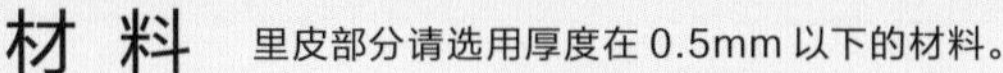

材 料　里皮部分请选用厚度在 0.5mm 以下的材料。

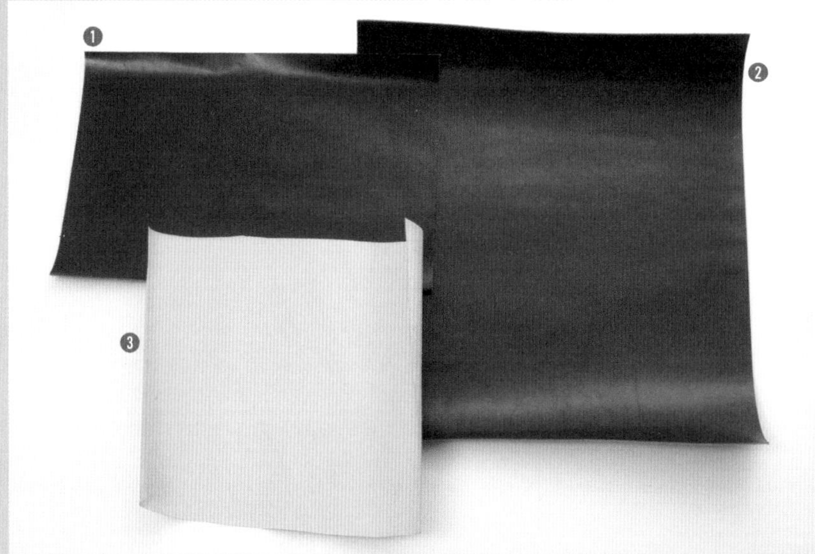

❶ 本体：透染植鞣革（1.5mm厚）
❷ 中间结构用皮料：透染植鞣革（1.0mm厚）
❸ 本体里皮：透染植鞣革（0.3mm厚）

工 具　使用 STC 手工皮具工具组 B 即可。

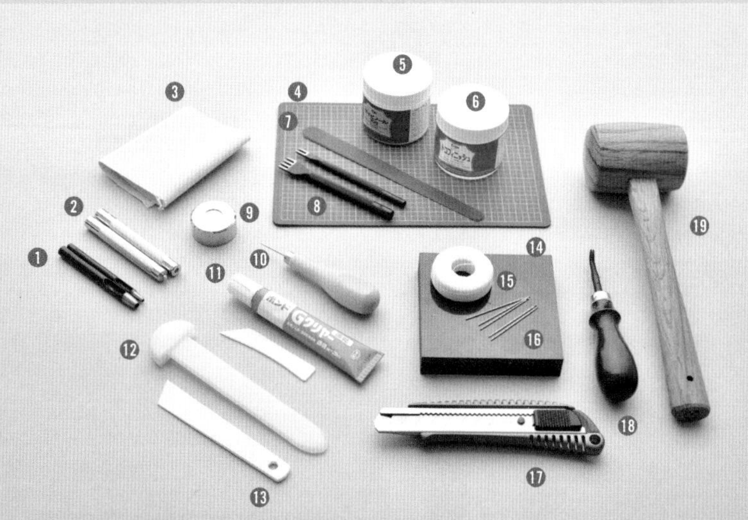

❶ 圆冲：10 号（直径 3.0mm）、18 号（直径 5.5mm）
❷ 四合扣工具：大号
❸ 磨边帆布
❹ 切割垫板
❺ 白胶
❻ 床面处理剂
❼ 打磨片
❽ 菱斩：2齿、4齿
❾ 打台
❿ 圆锥
⓫ 树脂快干胶
⓬ 多用磨边器
⓭ 上胶片
⓮ 橡胶板
⓯ 手缝蜡线：细
⓰ 手缝针
⓱ 美工刀
⓲ 削边器
⓳ 木槌
※其他
打火机、直尺、糨糊、厚卡纸、染料、棉花棒

纸样的制作方法

使用纸样时请先复印成所需的大小，再贴在厚卡纸上并裁切下来。将复印好的纸样贴在厚卡纸上时，请使用含水量少的黏合剂。

01 将纸样扩印成所需的大小。

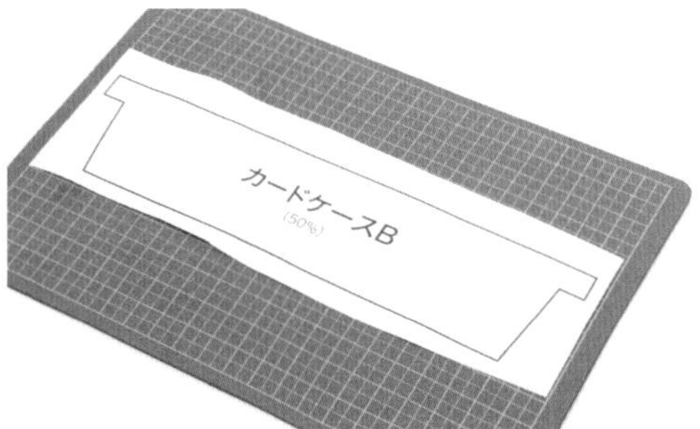

02 准备比复印好的纸样大一圈的厚卡纸。

03 在复印好的纸样背面涂上黏合剂。

04 将涂好黏合剂的纸样贴在厚卡纸上。

05 用多用磨边器的长柄部分将贴合在厚卡纸上的纸样压平。

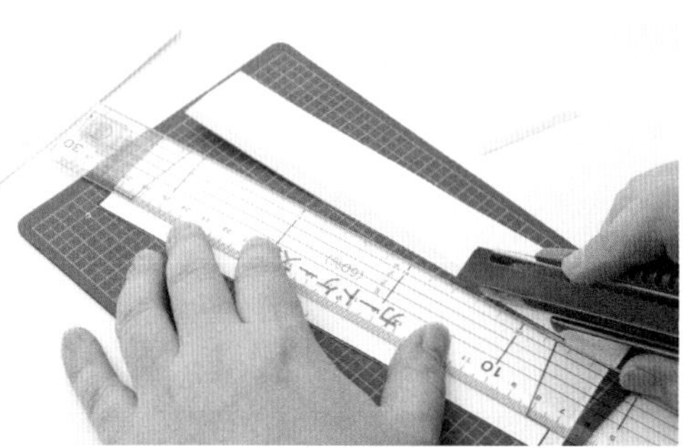

06 黏合剂干燥后，沿着纸样的边缘线将它裁下来。

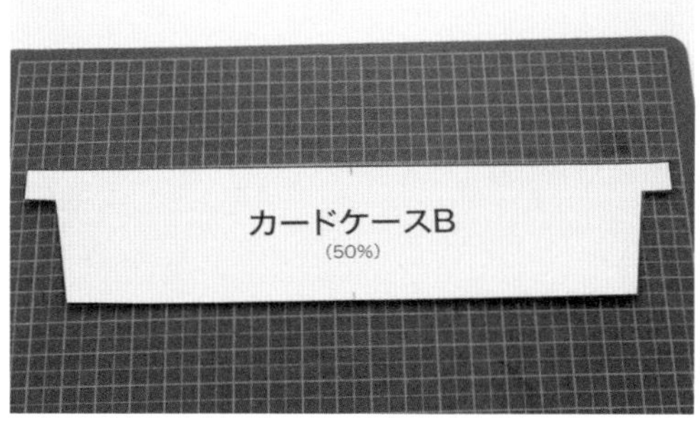

07 这部分纸样就完成了。其他部分的纸样请用同样的方法制作。

沿纸样画线

在皮面上画出纸样的外框。使用圆锥沿纸样在皮料表面画出轮廓，圆锥划线时应有一定角度，以免划伤皮面。

01 将纸样放在皮料表面上，用圆锥沿周围画线。

02 画好线之后，再次确认有没有漏画的部分。

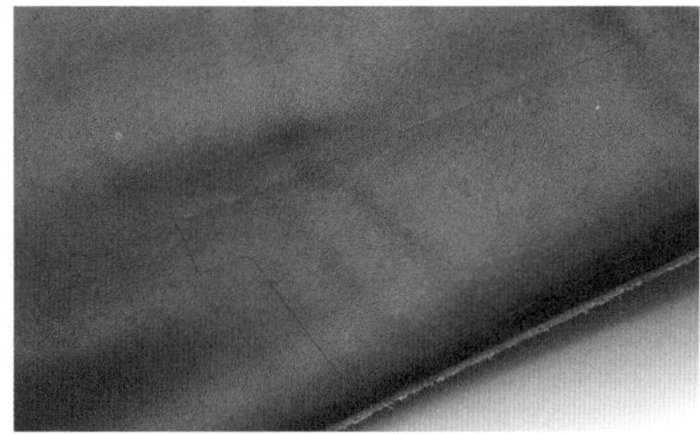

03 圆锥画出的线是一条凹线。需要缝合的部分也要预先做出记号。

04 将其他部件用同样方式在皮面上画出轮廓。

零件的裁切

沿画好的线裁切各部位零件。长直线可以沿直尺切割。另外会介绍两种曲线裁切法，请自行选择合适的方法进行裁切。

粗裁

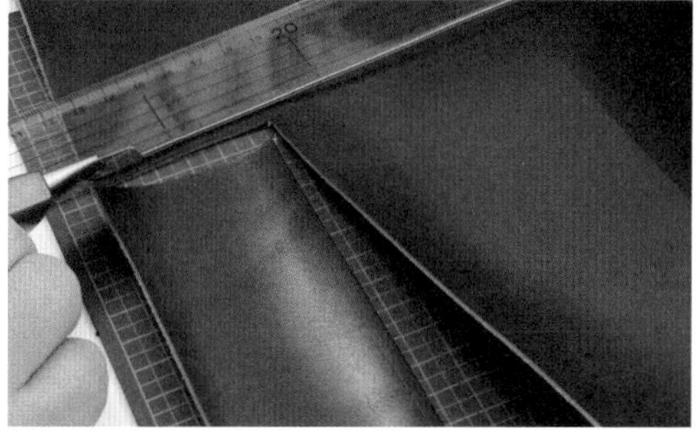

01 在画好的轮廓线外侧裁切，这就是粗裁。

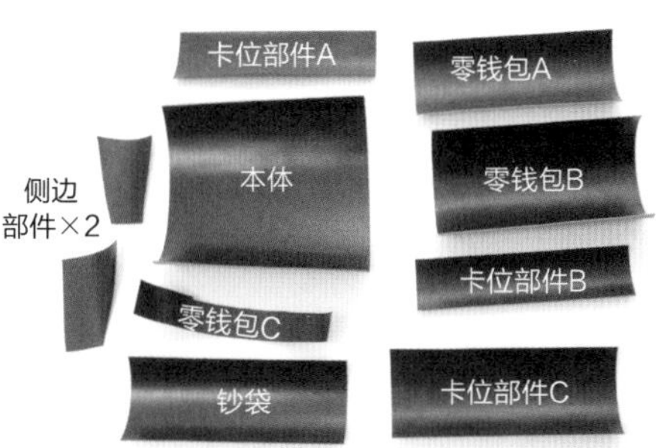

02 各部位粗裁完成。

直线的正式裁切

03 使用大型美工刀沿直尺裁切直线。

04 有内转角的部分，为了避免不小心切断转角，请从转角的位置起刀裁切。

05 卡位正式裁切好的样子。所有以直线为主的零件都可以用相同方法裁切。

曲线的裁切 1

06 曲线需要一次性裁好，请先准备好锋利的刀片。

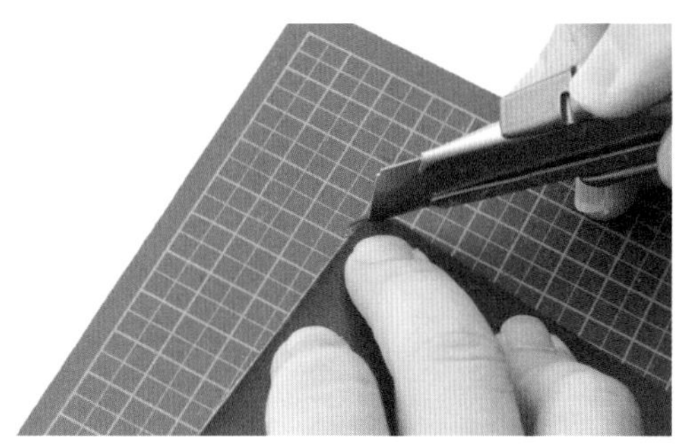

07 在曲线开始的位置下刀，刀刃不动，只转动皮料。

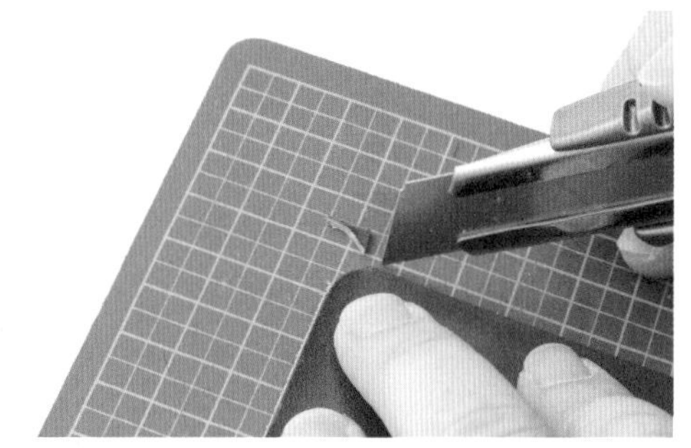

08 裁切好的状态。如果刀片不够锋利，裁切时会经常卡住，导致皮料断面不平整。

曲线的裁切2

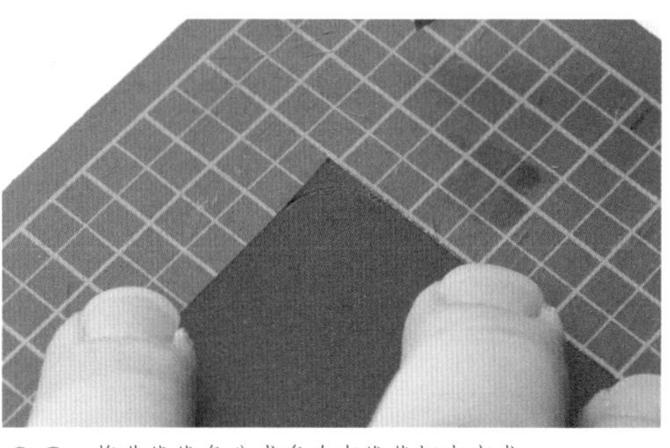

09 将曲线线条分成多次直线裁切来完成。

10 沿着画好的曲线画直线裁切。

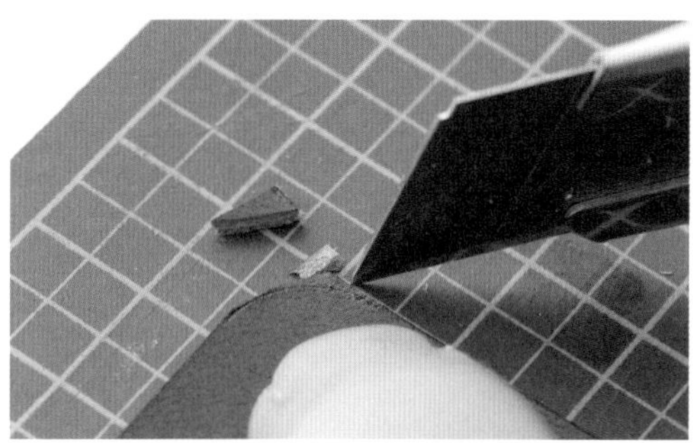

11 稍微转一下角度，画第二条直线，裁切。

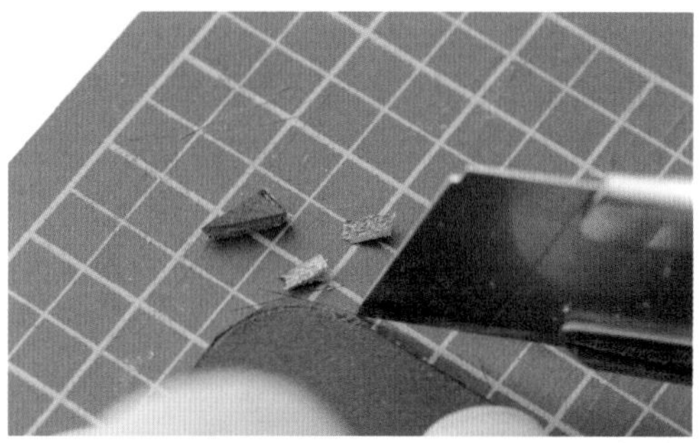

12 用不同角度的多条直线裁切，就可以裁出近似曲线的形状了。

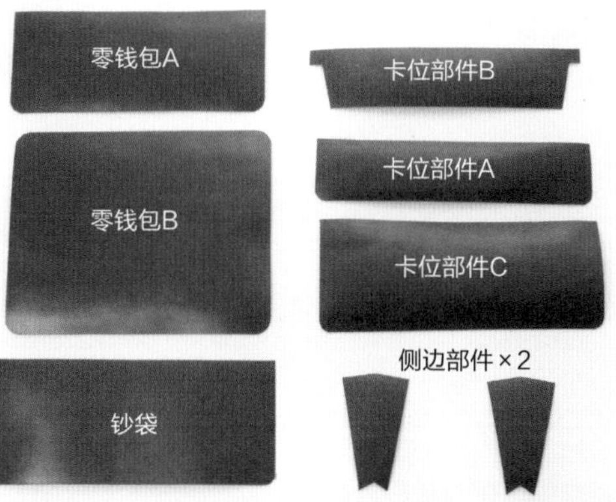

13 各部分部件裁切完成的状态如图所示。本体里皮先不裁切。

床面的处理

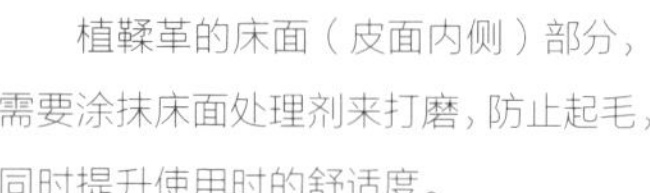

植鞣革的床面（皮面内侧）部分，需要涂抹床面处理剂来打磨，防止起毛，同时提升使用时的舒适度。

01 将床面处理剂涂抹在床面上。需要注意的是，本款钱包的本体、本体里皮、零钱包部件C不使用床面处理剂打磨。

02 涂抹床面处理剂后，使用多用磨边器的长柄部分打磨。这里要注意打磨时不要拉扯到皮面。

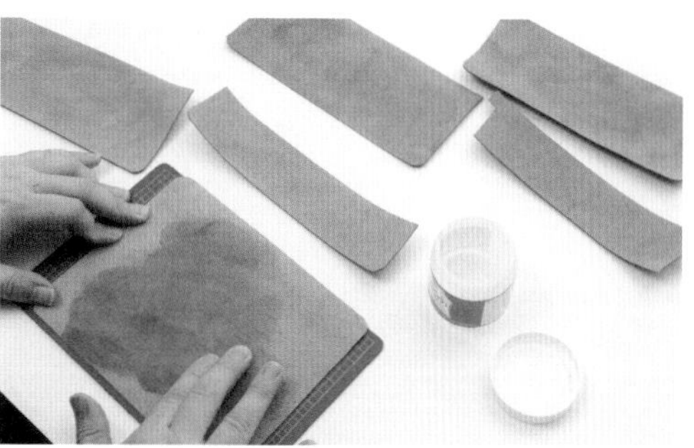

03 将各部件的床面都涂抹上床面处理剂，完成打磨。

皮边的处理

裁切皮料的刀口断面称为皮边，如果使用的是植鞣革，这个位置都是用打磨来收边。有一些位置的皮边制作完成后无法打磨加工，所以这些位置的皮边必须先行处理。

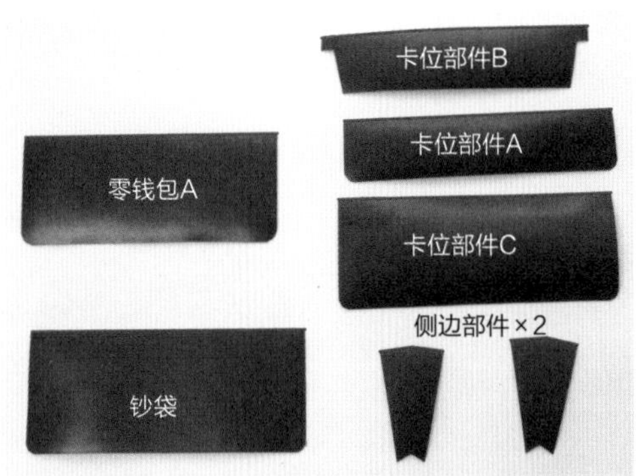

01 红色的部分是需要在钱包完工前先行加工的皮边。

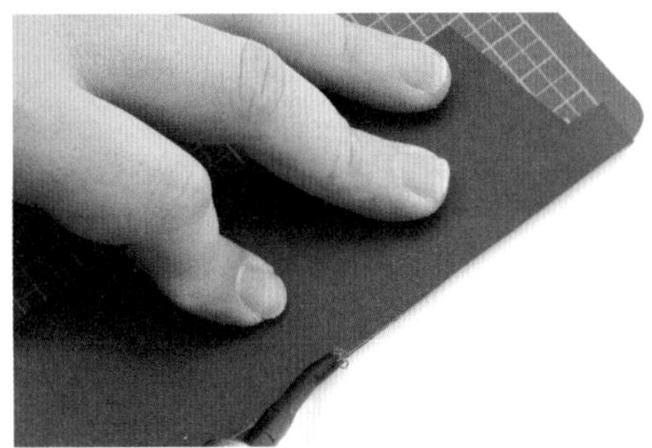

02 使用削边器进行削边。

03 床面一侧也要进行削边。

04 很容易忘记打磨钱包侧边部件的上缘，要记得处理。

05 削边后的边缘使用打磨片打磨，将皮边渐渐打磨成半圆形。

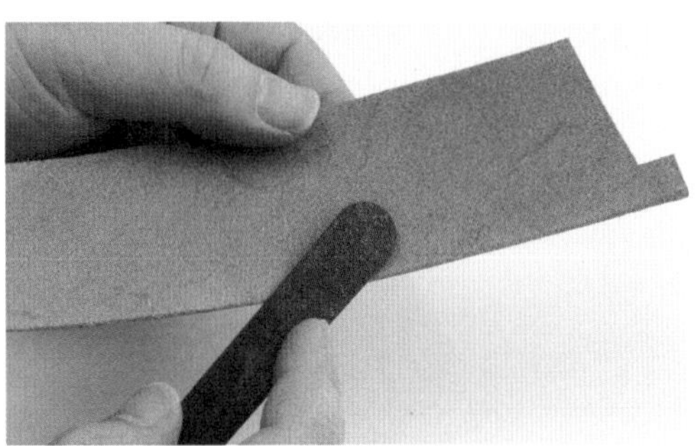

06 皮料正反面两侧都要均等使用打磨片打磨。

07 皮边成型之后涂上自己喜欢的颜色。建议使用比本体颜色略深的染料。

08 将处理好的皮边全部染好染料。

09 上完染料后涂抹床面处理剂。

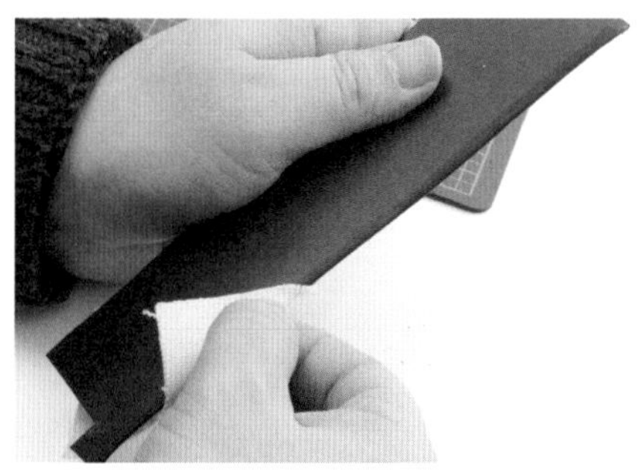

10 皮边涂好床面处理剂后使用磨边帆布打磨。

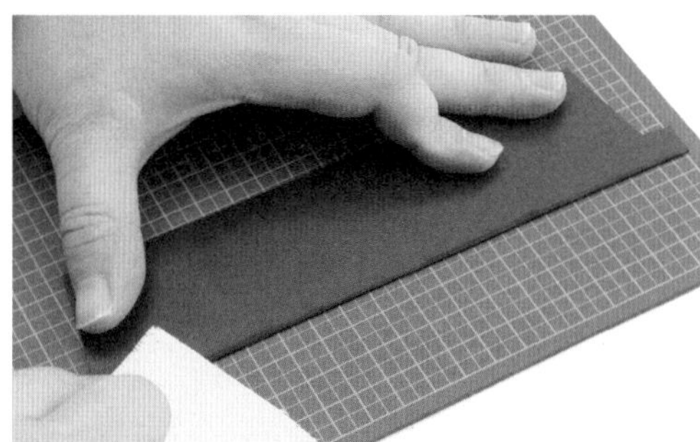

11 使用磨边帆布打磨到一定程度后，将部件放在工作台上精细打磨单侧边缘。

12 床面侧也要仔细打磨到位。

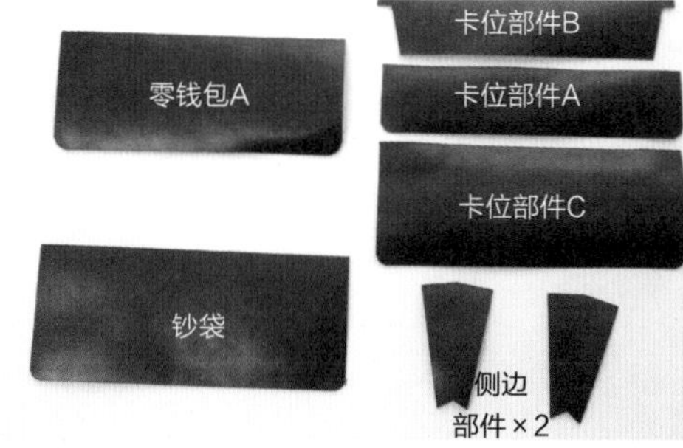

13 需要先行处理的皮边都已完成。

制作卡位

接下来开始缝制工作。首先从卡位部分开始。卡位部分由 3 个零件组成，总共有 4 个卡位。

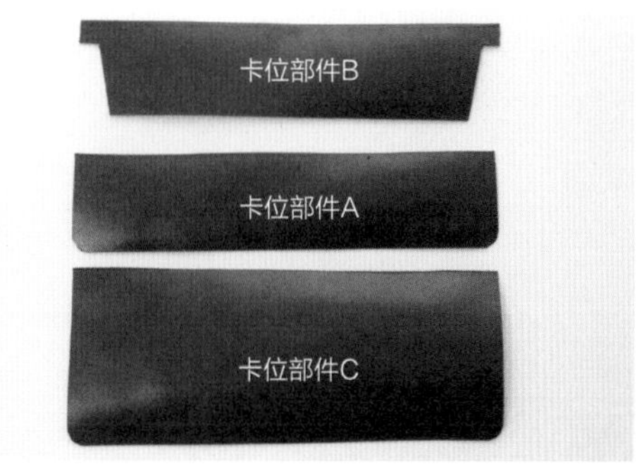

01 准备好卡位的所有部件，各部件的上缘皮边都经过打磨及染色。

卡位部件A的组装：开孔

02 将3个卡位部件叠在一起，确定好固定的位置。

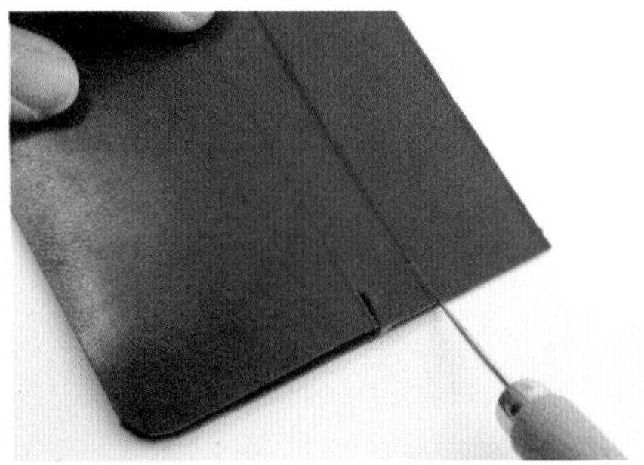

03 在卡位部件A和B的固定位置上做出记号。

04 将卡位部件B的固定位置以下的部分用美工刀尖刮粗，宽度为3mm。

05 卡位部件A除了上缘之外的另外3个边缘床面侧都要刮粗，宽度为3mm。

06 卡位部件B凸出的部分，在床面侧沿边缘刮粗，宽度为3mm。

07 卡位部件A下边缘的床面侧沿边缘刮粗，宽度为3mm。

08 对齐卡位部件B的固定位置。在卡位部件C上画出记号线。

09 在步骤08画出的线上进行刮粗，宽度为3mm。

10 在步骤07刮粗的卡位部件B下边缘的床面侧涂上白胶。

11 在步骤06刮粗的卡位部件B凸出部分的床面侧涂上白胶。

12 在步骤09于卡位部件C上刮粗的部分涂上白胶，贴合卡位部件B。

13 于卡位部件C上贴合的卡位部件B的下缘，画出距边缘3mm的缝线记号线。

14 用菱斩在缝线记号线上做出标记。留下中间部分，从左右两边分别做标记，标记数目为偶数。

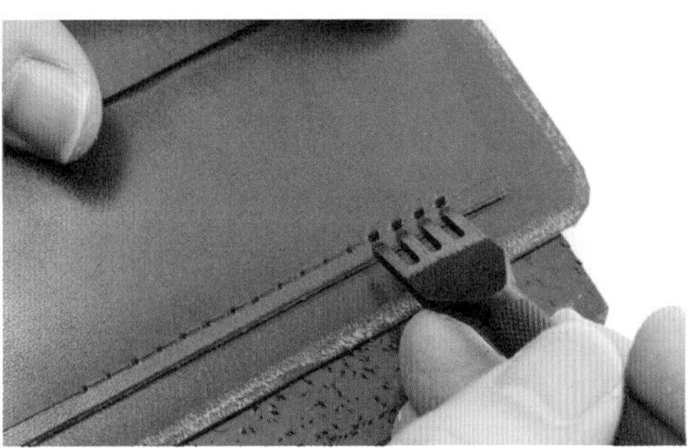

15 对齐做出的标记打孔。

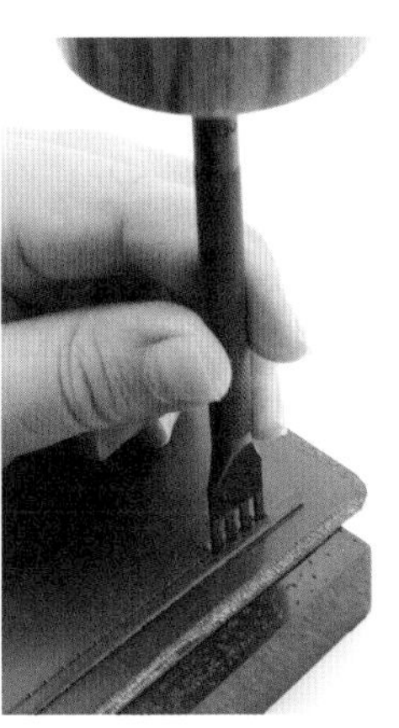

菱斩必须垂直于皮料，注意位置没有偏移后再用木槌敲打。
16

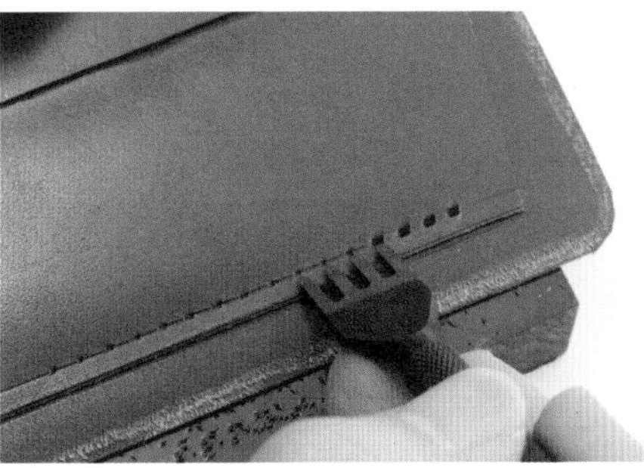

17 连续打孔时，打第二斩时，菱斩的第一个齿必须位于打好的线孔最后一个孔上。

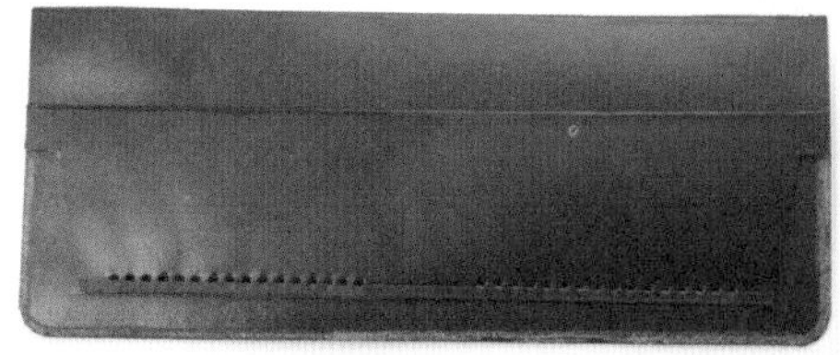

18 打好卡位部件B下缘的线孔。

缝合卡位部件B

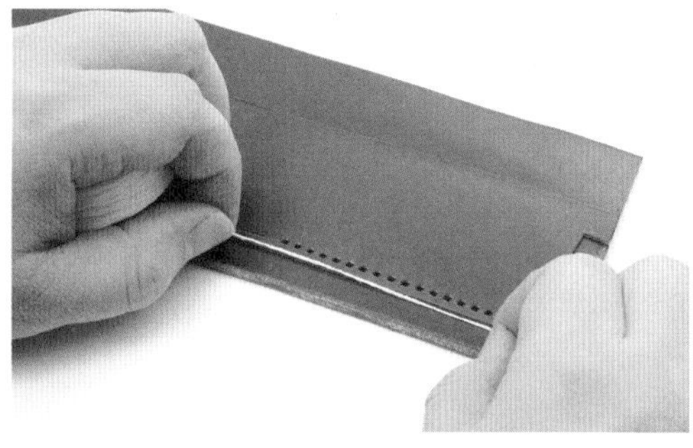

19 卡位部件B的下缘使用平缝法缝合。线的长度是缝合距离的2倍。

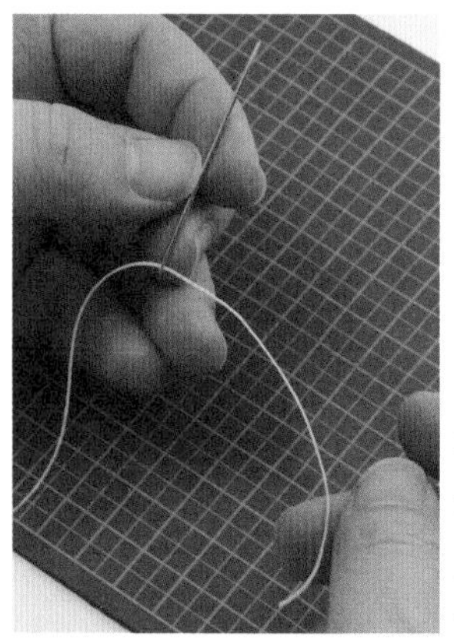

将手缝线穿过针孔，穿过针孔的线约为10cm。

20

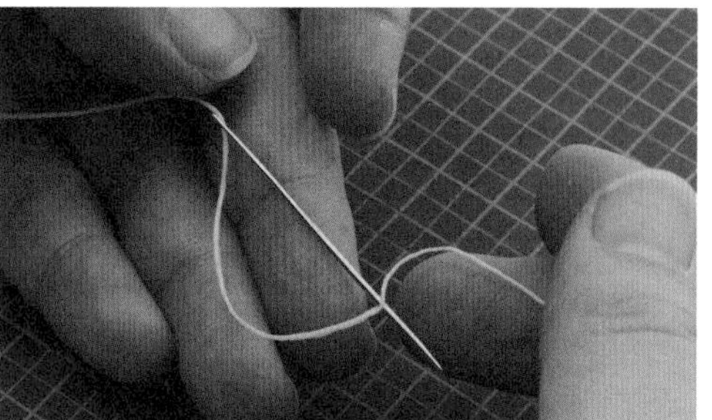

21 用针刺穿并穿过针孔这部分的线。

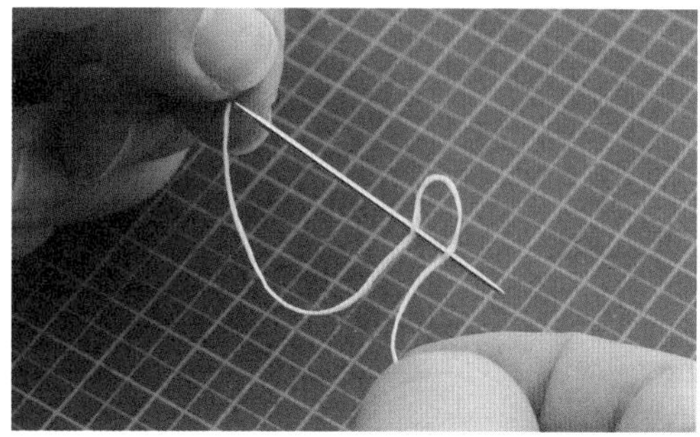

22 将线反折一下，再刺穿一次。

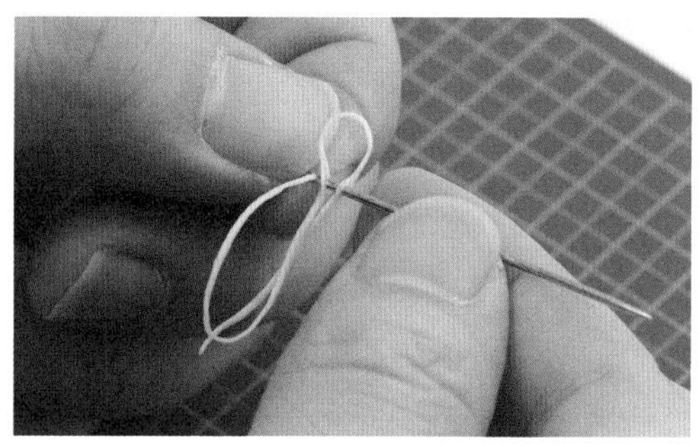

23 将手缝线推到针的底部。

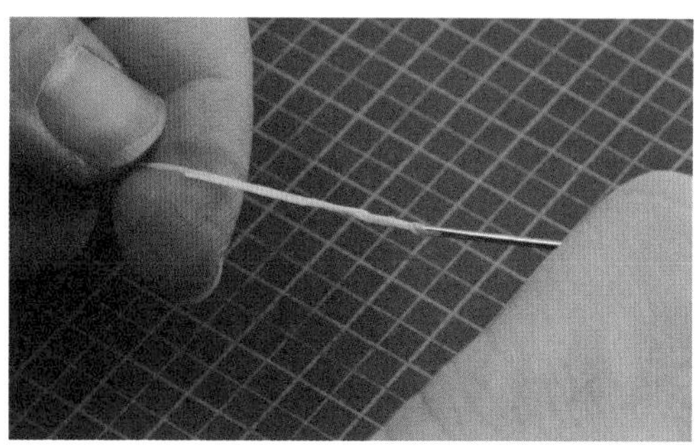

24 拉紧长的那段手缝线，可以将两段线合二为一。这样就做好了穿针工作。

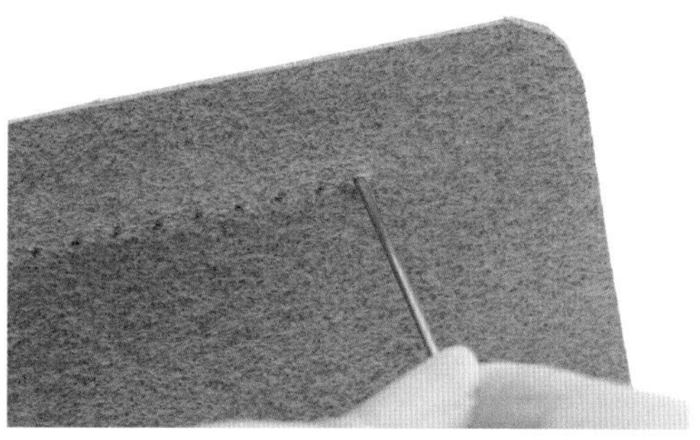

25 从最边缘的线孔开始，从床面一侧穿线。

26 在线穿过后，在床面一侧留下2～3mm的手缝线。

27 用打火机将留在床面一侧的线头烧熔。

28 用打火机前端将烧熔的线头压扁。

29 将烧熔的线头压扁后，线就固定住了。这种方法称为“烧熔固定”，是尼龙类手缝线的基本固定方式。

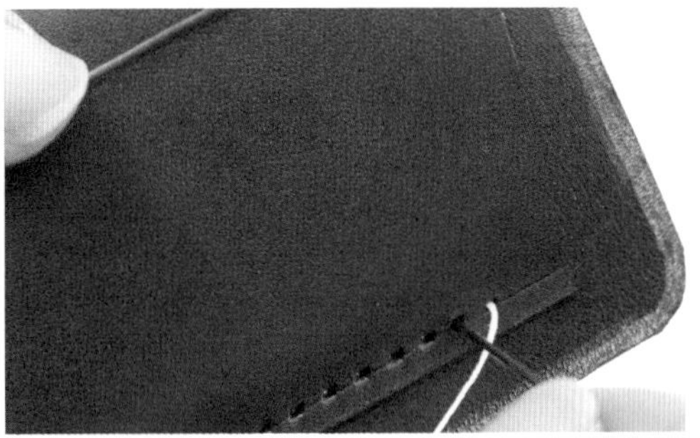

30 将穿出皮面正面的线继续穿入隔壁的线孔。

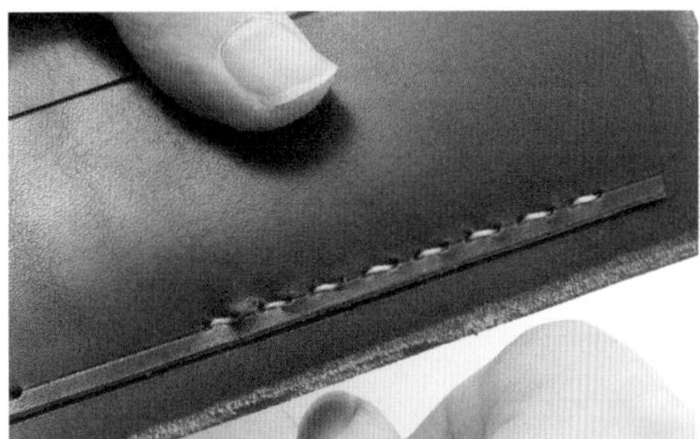

31 反复缝合之后，线就会像这个样子穿插，这种缝法称为并缝。

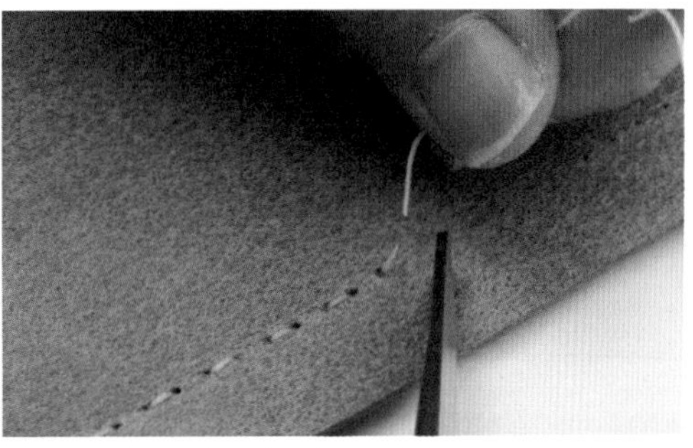

32 将线穿过最后的线孔，保留床面侧2～3mm的手缝线，剪掉多余的线。

33 将线头用烧熔固定法收尾。

34 两侧都缝好之后，用木槌的腹部敲打缝线，使针脚更服帖。

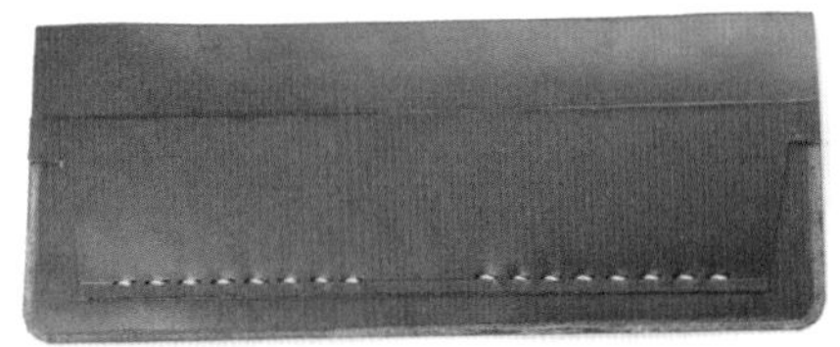

35 卡位部件B的下缘，缝合完成的状态。

贴合卡位部件A

36 在卡位部件A的基准点与中心位置做记号。

37 在卡位部件B的上缘中心位置也做记号。

38 在第20页的步骤05中刮粗的卡位部件A的床面一侧与卡位部件C于步骤04刮粗的部分涂上白胶。

39 将卡位部件A与卡位部件C贴合。

在中间部分打缝线孔

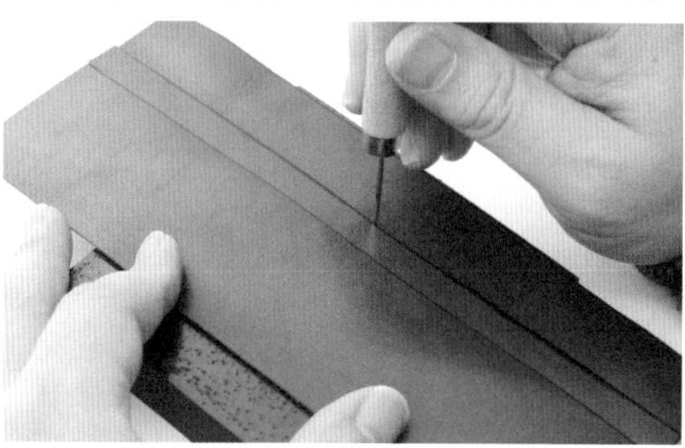

40 在卡位部件B的上缘中心位置上用圆锥开基准孔。

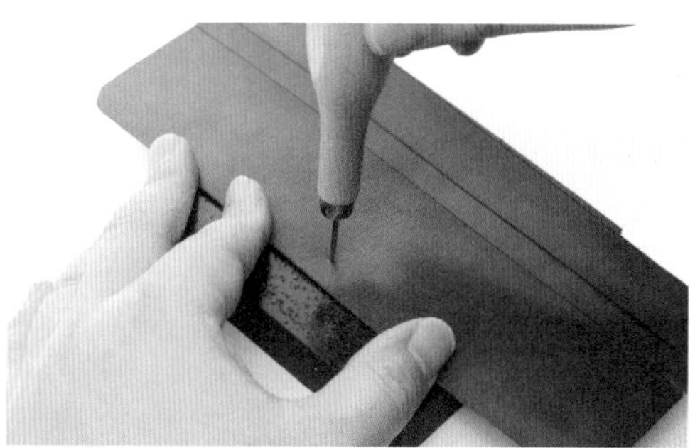

41 在卡位部件A的缝合基准点标记处用圆锥开孔。

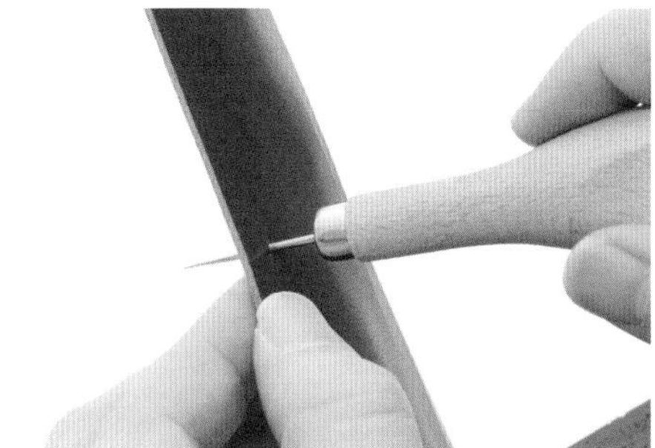

42 用圆锥扩大缝合基准孔。

43 连接上下缝合基准孔，画线连接。

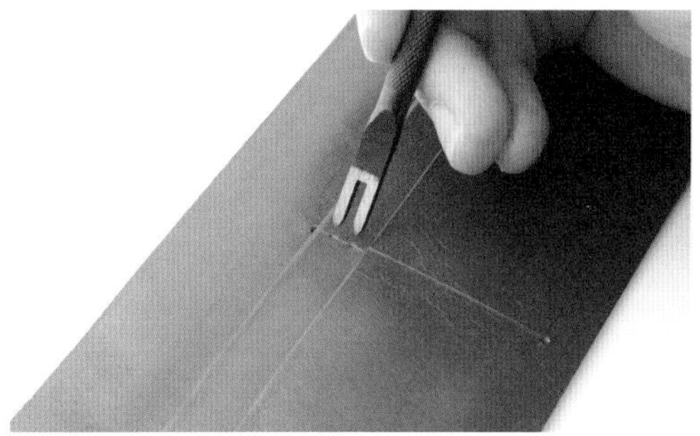

44 用菱斩在连接线上做打孔标记，开孔位置要避开有高低差的部分。

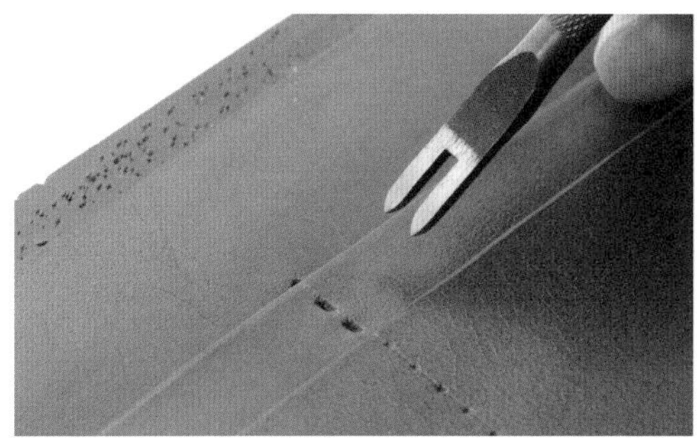

45 按照标记打出缝线孔。

46 两个缝合基准点之间的缝线孔位置要平均。

缝合中心部分

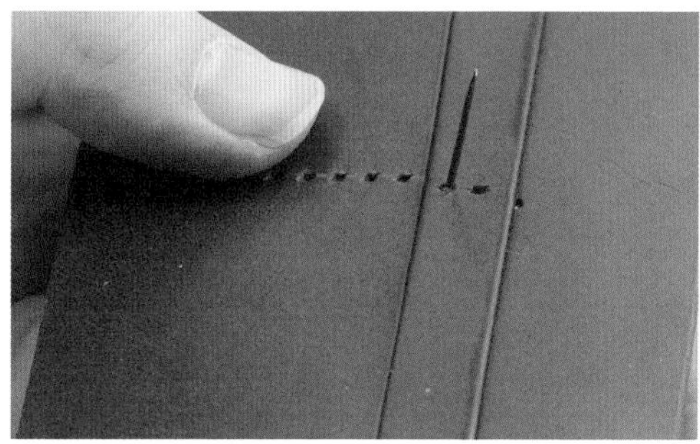

47 准备缝制距离的4倍外加30cm长度的手缝线，线的两头各穿一根针，从基准点向下数两个针孔，在这个位置穿针进去。

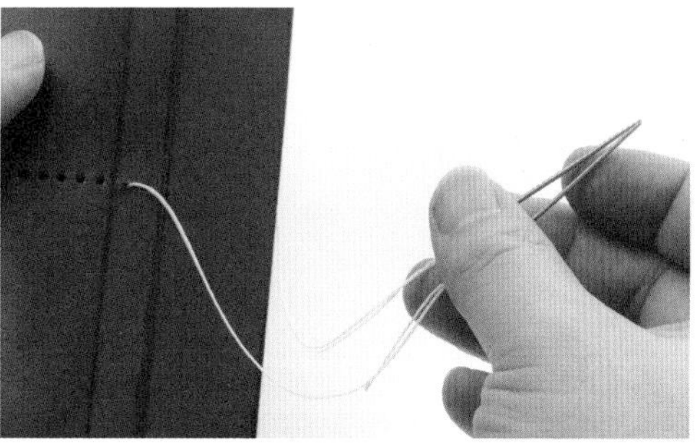

48 将线穿过针孔，整理一下，使两侧穿出的线长度均等。

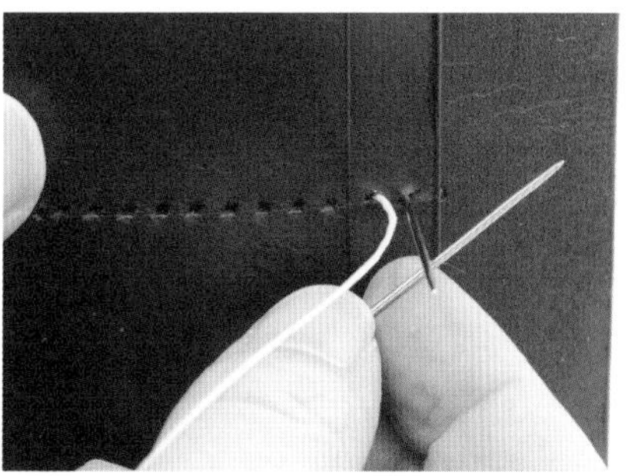

49 首先，向起点方向缝制，从内侧穿出的针位于上方，与表侧的针重叠。

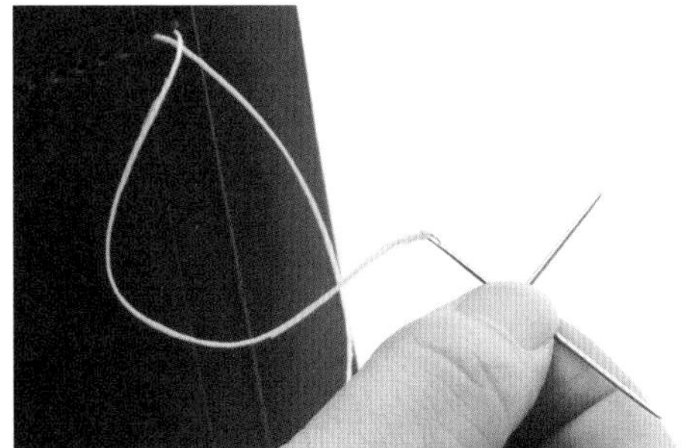

50 将从内侧穿出的线全部拉到外侧。

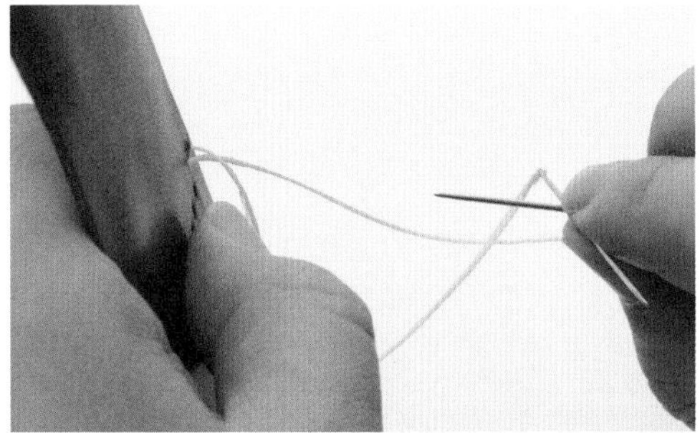

51 改变针的重叠顺序，将外侧的针穿过从内侧拉出手缝线的线孔。注意穿过线孔时不要刺穿孔内的线。

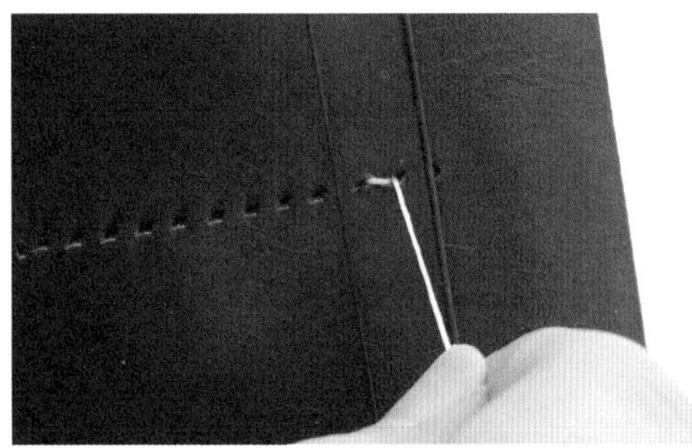

52 穿过针后拉紧两侧的缝线，就会出现这样的针脚，这种缝线方法称为“平缝”。

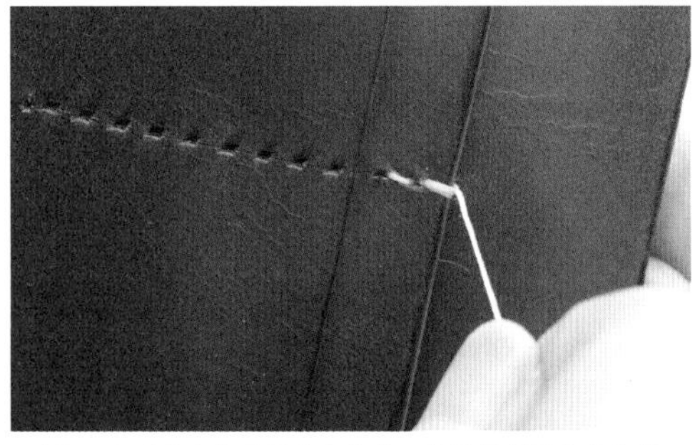

53 靠近上方缝合基准点的另一针用同样的方法缝合。

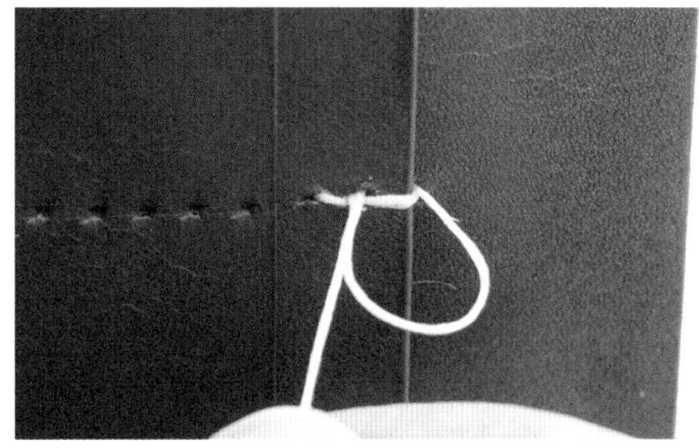

54 现在开始向下方的缝合基准点缝制，边缘部分就有了双重缝线。

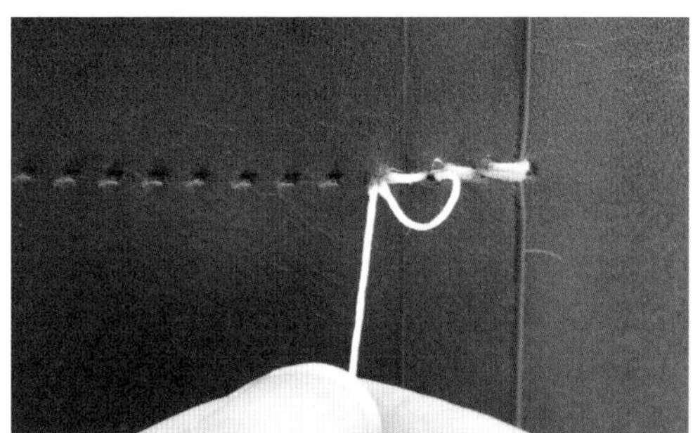

55 卡位部件A的高低差部分也要双重缝线。

56 继续向下方的缝合基准点缝线。

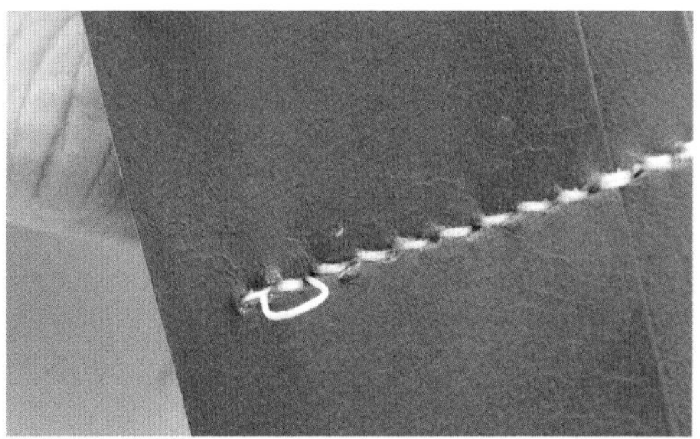

57 缝到下方缝合基准点后，两侧的缝线各向回缝一针，然后正面的线再向回多缝一针。

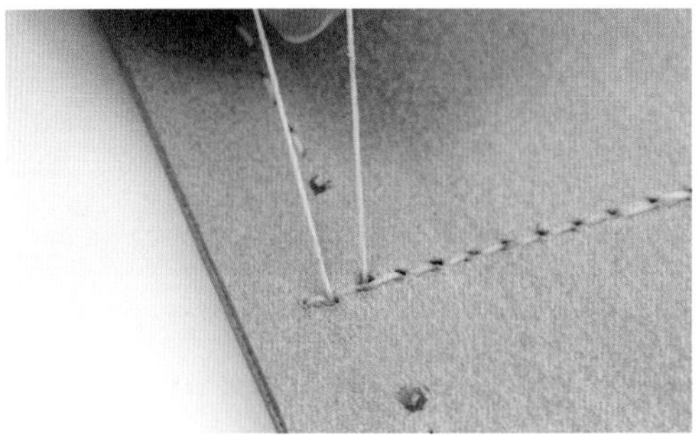

58 正面的针向回多缝一针后，两根线现在都集中在床面一侧。

59 将缝好的线保留2～3mm的线头，将多余的线剪掉。

60 将剩下的线头用打火机烧熔。

61 在烧熔的线头未凝固前，用打火机前端按压。

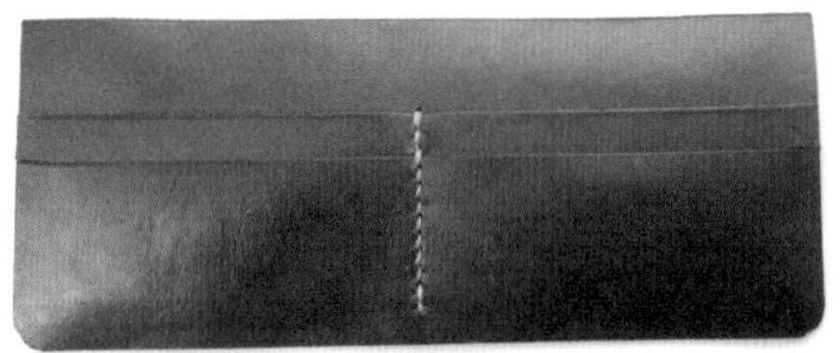

62 卡位部件的周围需要与本体缝在一起，所以卡位部件暂时就算制作完成了。

零钱包的制作

现在要将零钱包、钞袋与钱包侧边部件缝制成一个整体。如果顺序错了就无法继续制作，所以制作时要随时确认缝制顺序。

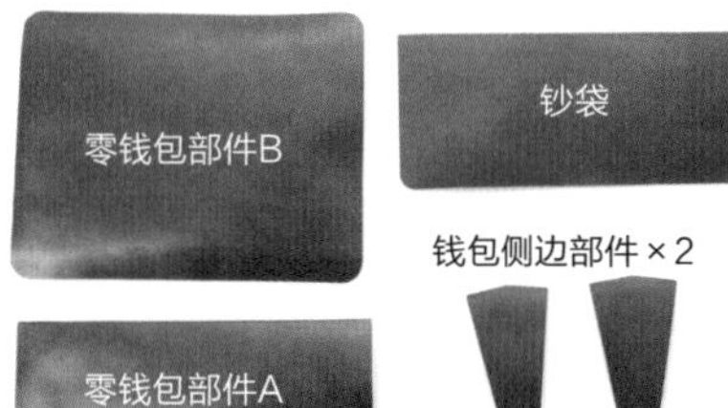

01 准备零钱包部件A、B、C，钞袋以及两个钱包侧边部件。

将零钱包部件B与钞袋缝合

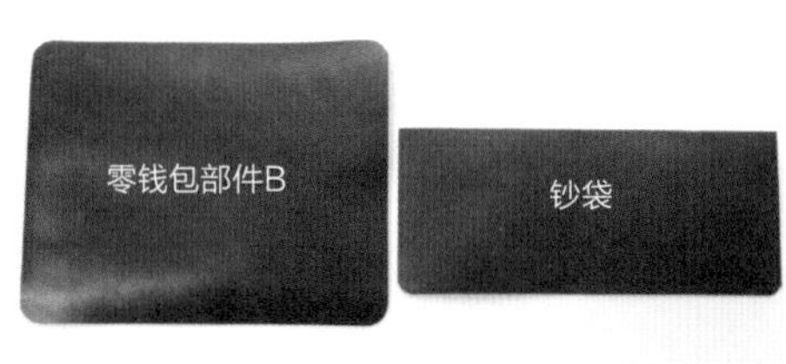

02 准备零钱包背面与盖子部分一体的零钱包部件B，以及钞袋。

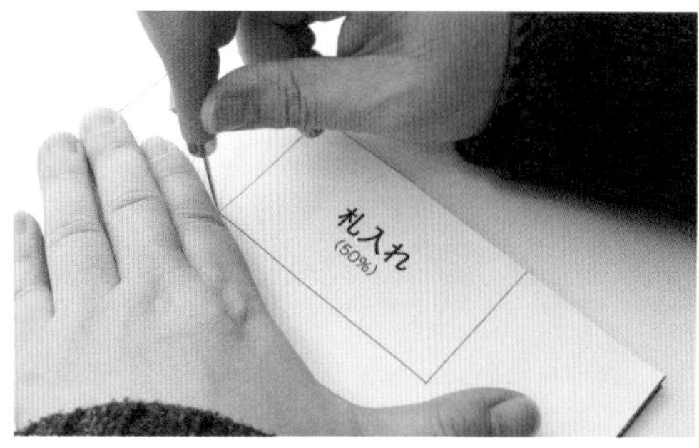

将纸样叠合在零钱包部件B与钞袋的床面一侧适当位置（译者注：书后纸样部分做有标记），于缝线位置的4个转角位置做标记。

03

04 连接钞袋床面一侧上的4个标记点，画出缝线记号线。

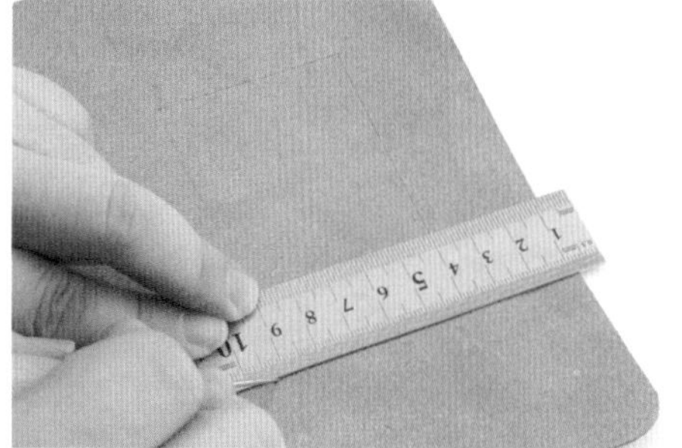

05 零钱包部件B也同样处理，连接4个点，画出除上缘之外的3条缝线记号线。

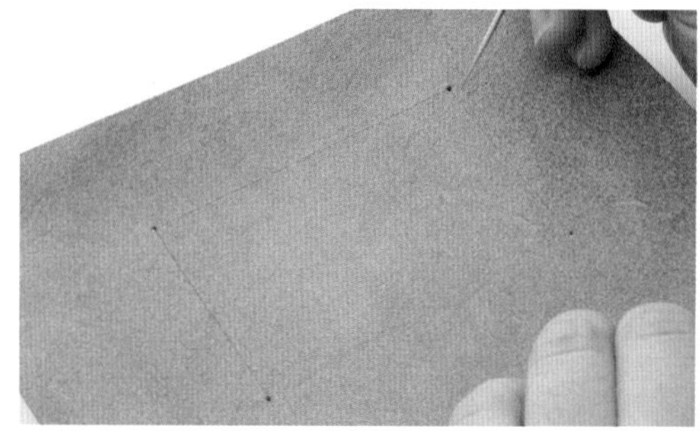

06 使用圆锥扩大零钱包部件B上的4个记号孔。

07 使用圆锥扩大钞袋缝线记号线上靠下侧的2个记号孔。

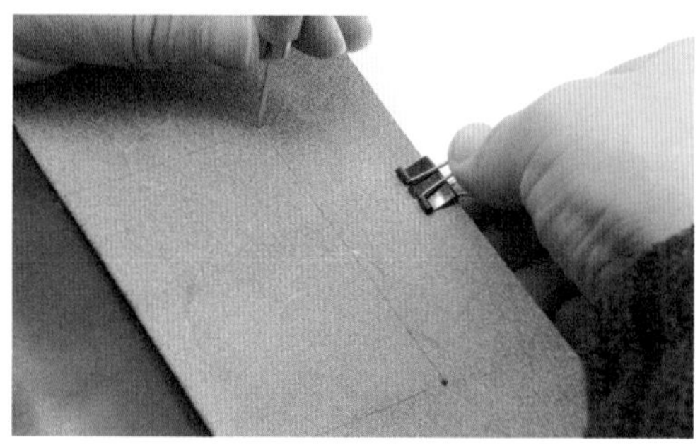

08 对齐零钱包部件B下侧与钞袋下侧的记号孔，将2个部件背对背叠合，使用长尾夹固定。

09 对齐缝线记号线，用菱斩做出打孔记号。

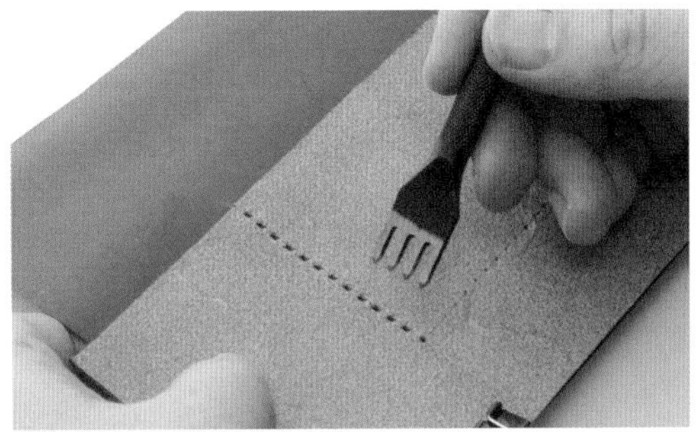

10 注意不要使叠合的部件错位，按照记号位置打孔。

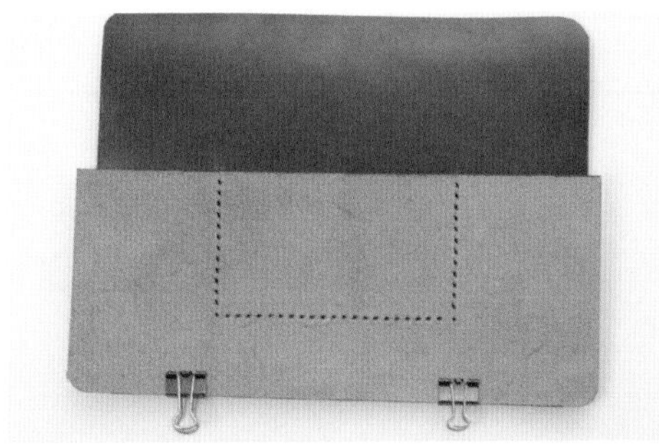

11 钞袋与零钱包部件B打孔完成的状态。缝合起来的部分可以当作一个卡位。

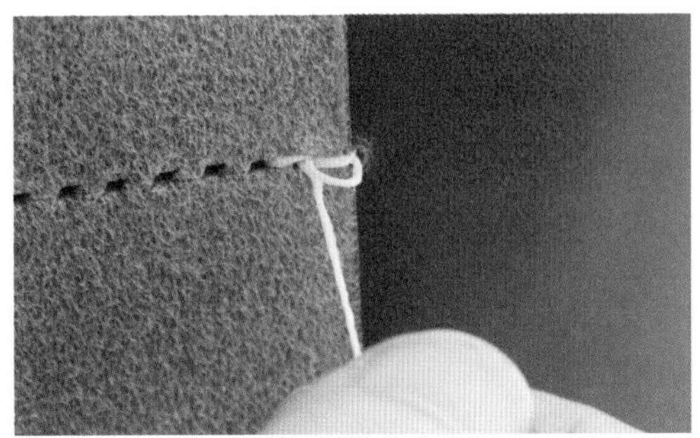

12 从边缘数第二个针孔开始缝制，先向回缝一针，在边缘形成双重缝线后继续缝制。

13 一直缝到对面的边缘。

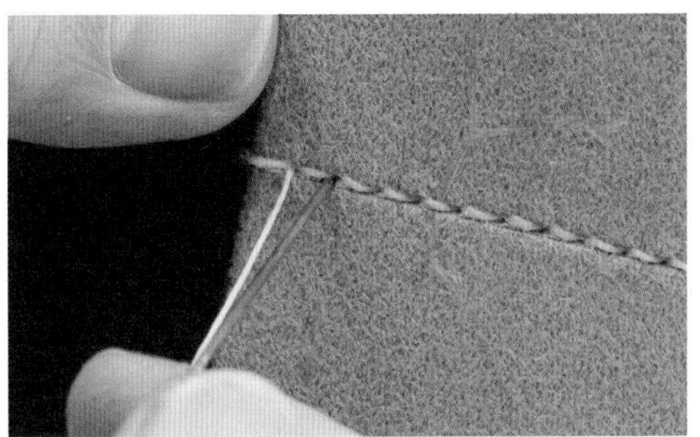

14 两侧各向回缝一针，钞袋一侧的线多向回缝一针。

15 缝制结束，用打火机烧熔固定留下的线头。

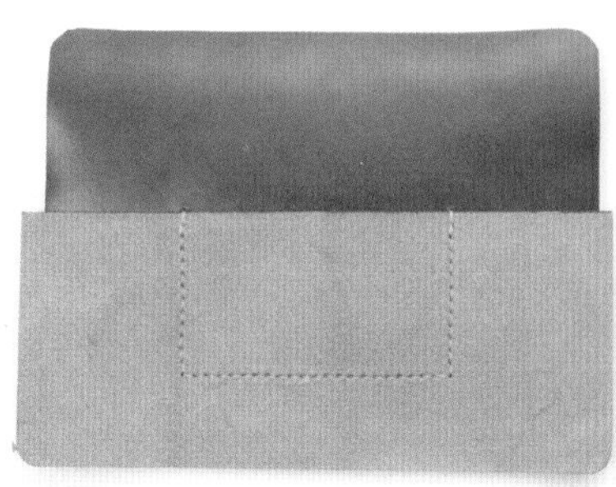

16 零钱包部件B与钞袋部件缝合结束。

缝合零钱包部件C

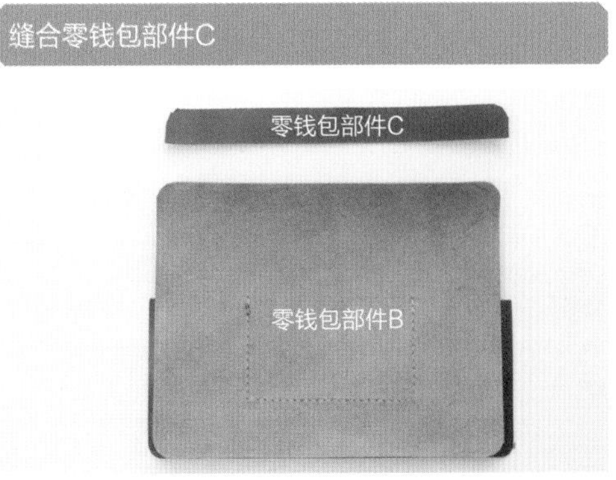

17 准备与钞袋缝合在一起的零钱包部件B与制作零钱包盖子边缘的零钱包部件C。

18 将零钱包部件C叠在零钱包部件B的床面一侧，做好固定位记号。

19 根据步骤18的记号，将固定零钱包部件C的位置用打磨片磨粗。

20 在步骤19磨粗的部分上和零钱包部件C的床面上涂上白胶。

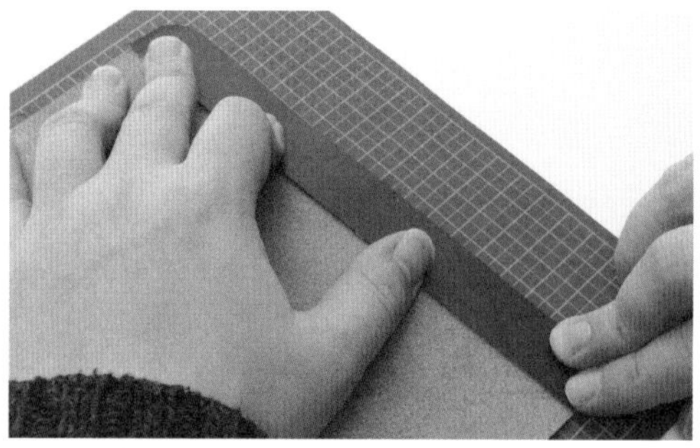

21 对好位置，将两个部件粘合。

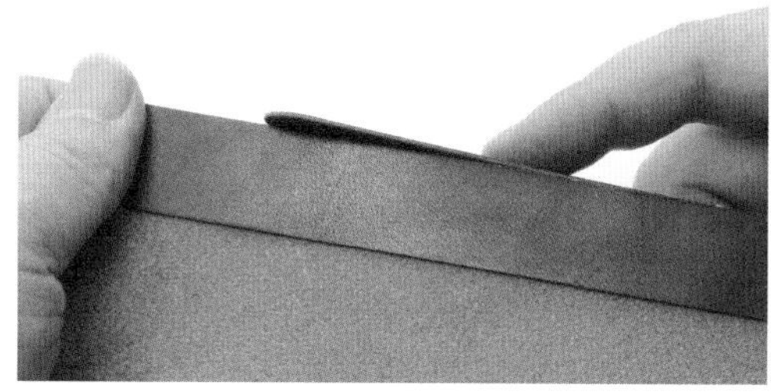

22 使用打磨片打磨粘合好的皮边，使二者高度一致。

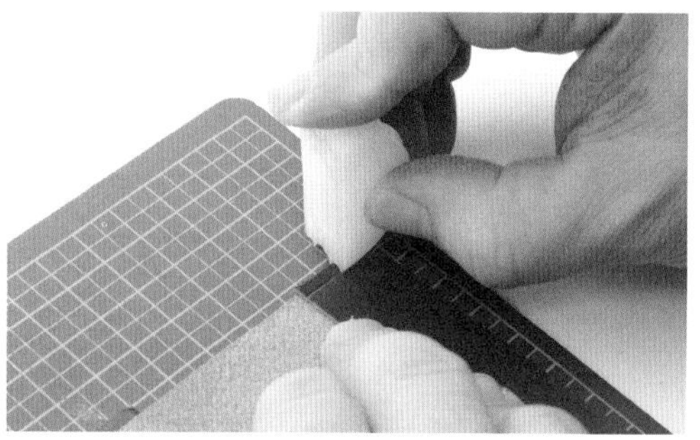

23 沿零钱包部件C的边缘画出宽3mm的缝线记号。

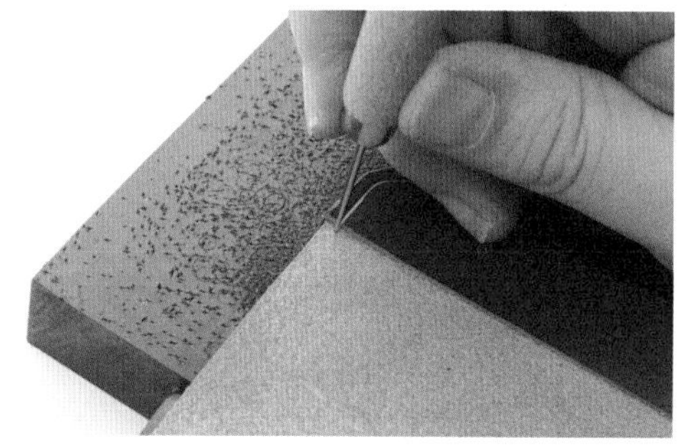

24 根据缝线记号在零钱包部件C的两侧边缘上开缝线基准孔。

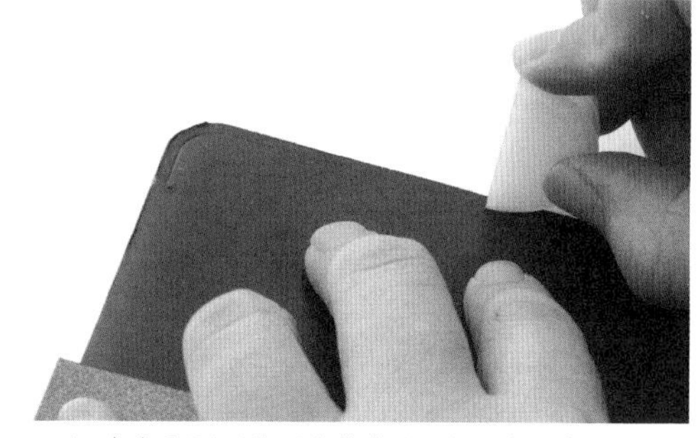

25 在步骤24开的两个基准孔之间画出距皮边3mm的缝线记号线。

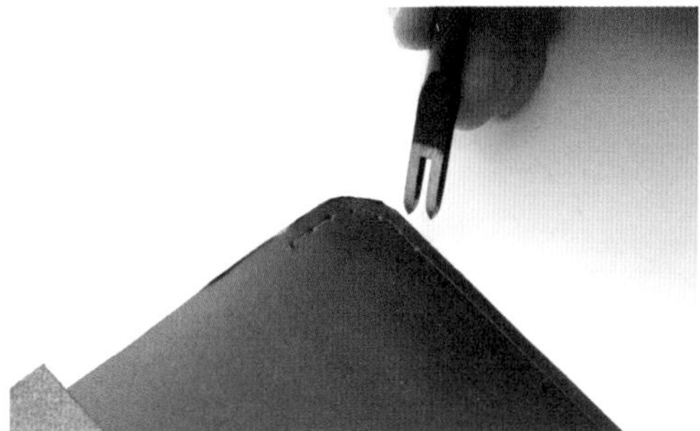

26 用菱斩沿记号线做出打孔记号，转角位置要使用2齿菱斩逐个做记号。

27 按照做好的记号打孔。

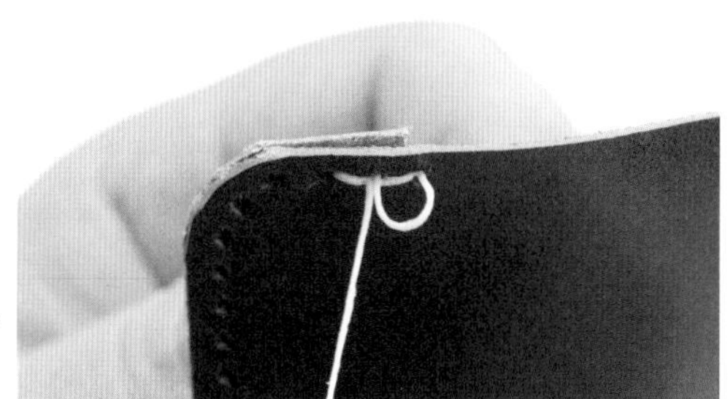

28 从边缘数第二个针孔开始缝制，先向回缝一针，在零钱包部件C的边缘上形成双重缝线，之后继续缝制。

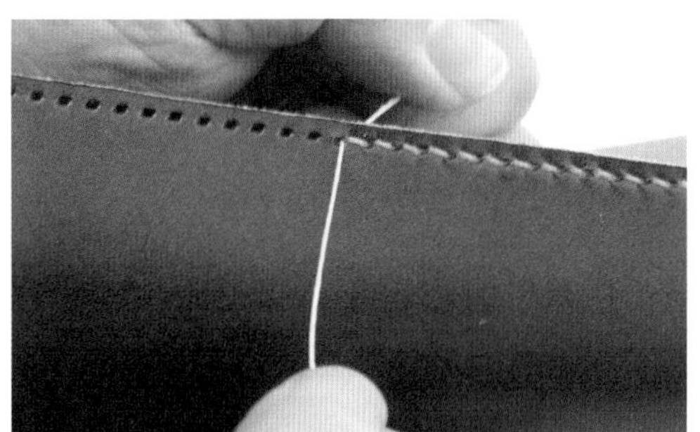

29 用平缝法一直缝制到另一侧的缝合基准点。

30 缝到另一侧缝合基准点的状态。

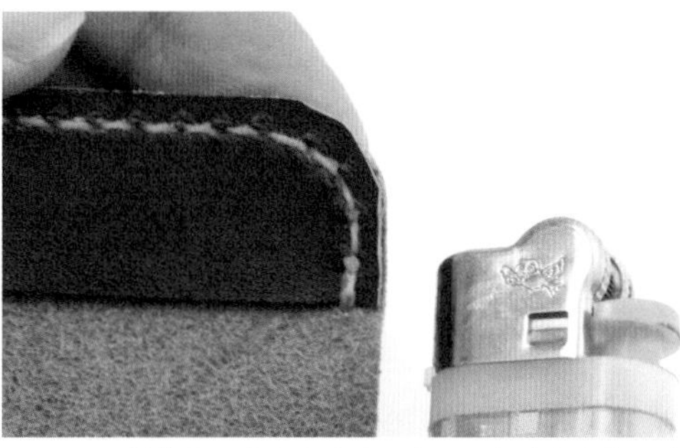

31 回针结束后将线头留在里侧，用打火机烧熔线头收尾。

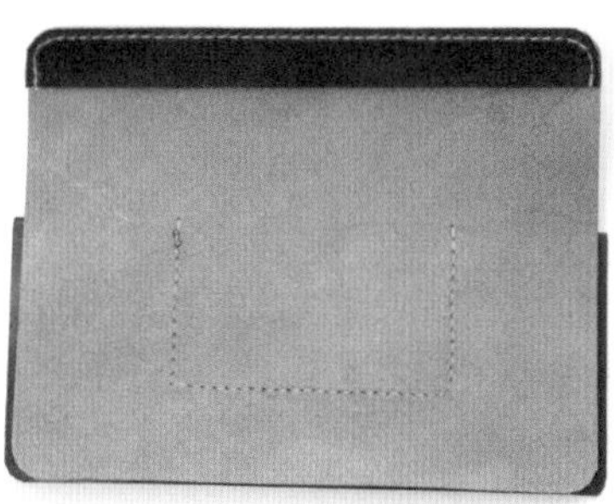

32 零钱包部件B与C缝合好的状态。

缝合零钱包部件A与B

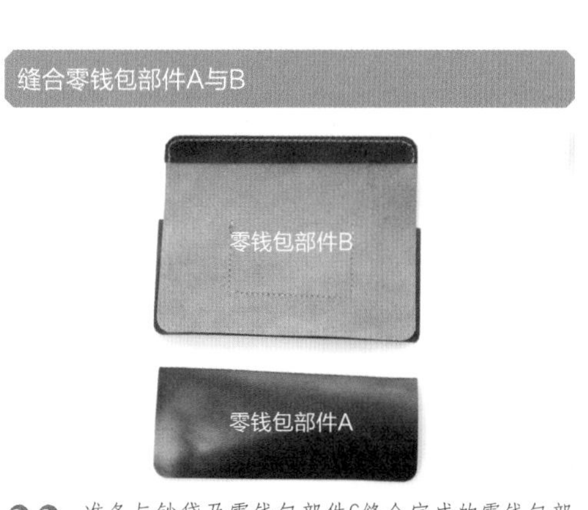

33 准备与钞袋及零钱包部件C缝合完成的零钱包部件B，以及零钱包部件A。

34 将零钱包部件A与零钱包部件B叠合，在固定位置上做标记。

35 以步骤34的标记为基准，将零钱包部件B与零钱包部件A叠合的这部分床面边缘刮粗，宽度为3mm。

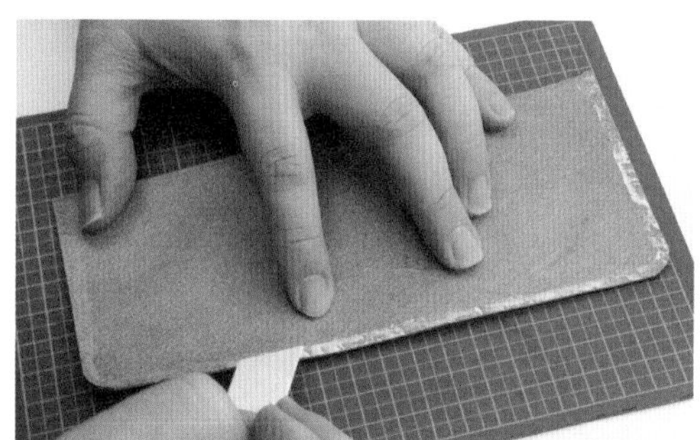

36 零钱包部件除上缘之外，其余3条边缘的床面部分都沿边缘刮粗3mm，之后涂上白胶。

37 在步骤35刮粗的位置涂上白胶，将零钱包部件A与部件B贴合。

38 对齐两个部件的下边缘，用多用磨边器的长柄部分按压。

39 沿零钱包部件A的边缘画出缝线记号线，距边缘3mm。

40 从零钱包部件A的上缘开始向下做打孔记号，第一个线孔记号的位置距上缘一个菱斩齿宽。

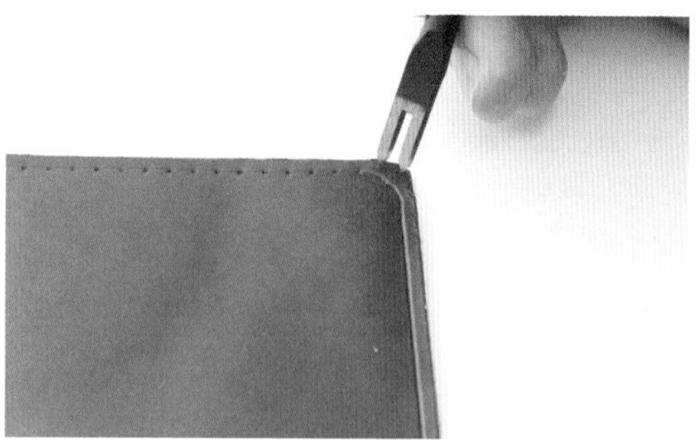

41 折角的地方需要使用2齿菱斩，可以很方便地连接起打孔记号。

42 钞袋的部分不需要开孔，所以中间用切割垫板隔开。

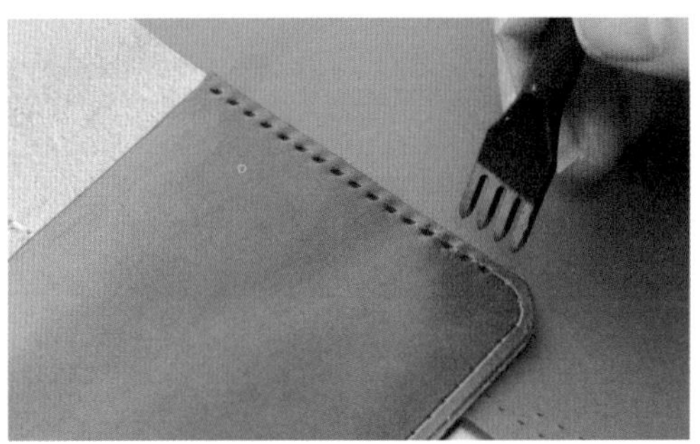

43 打孔。不要用力太大，否则会损坏下面的切割垫板，要控制力度。

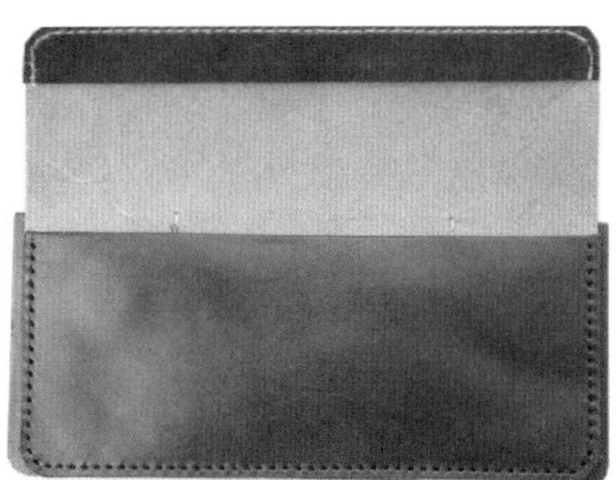

44 零钱包部件A与零钱包部件B开好线孔的状态。

45 在零钱包部件A的两侧边缘上用圆锥开基准孔。

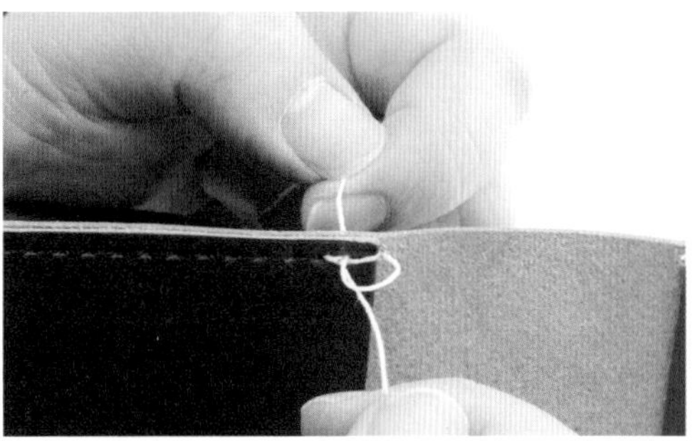

46 从基准孔数第二个针孔开始缝制，先向回缝，缝到基准孔后再向回缝，之后继续缝制。

47 以平缝法一直缝到另一侧的基准孔。

48 缝到另一侧的基准孔后，向后回缝两针，两条线最后都从内侧穿出。

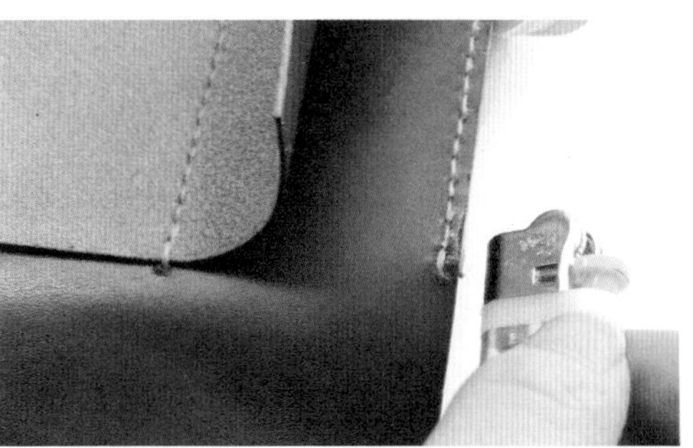

49 将内侧的线头用烧熔的方式固定。

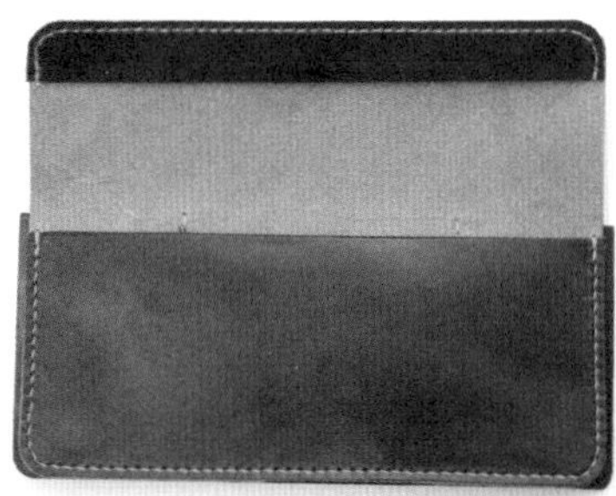

50 将零钱包部件A与零钱包部件B缝合完成。

51 用木槌腹部敲打缝好的部分，让线脚更服帖。

手工加工缝合好的部分

52 用打磨片打磨已经缝好的部分的皮边，使皮边的高度整齐统一。

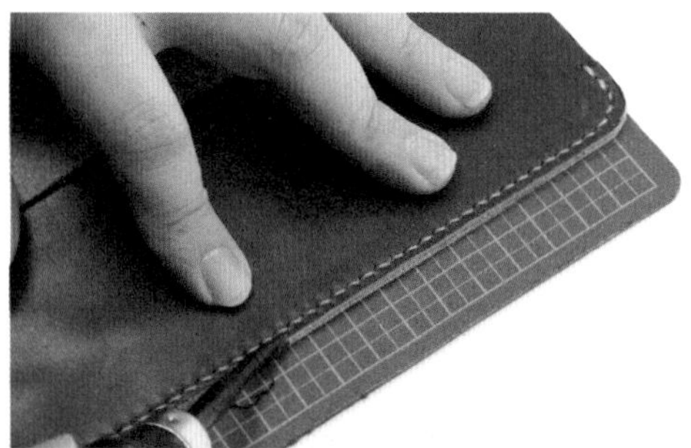

53 把皮边打平后，用削边器削边。照片中是零钱包部件B和零钱包部件C缝合的盖子正面。

54 盖子的内侧也要削边。

55 零钱包缝合处也要削边。

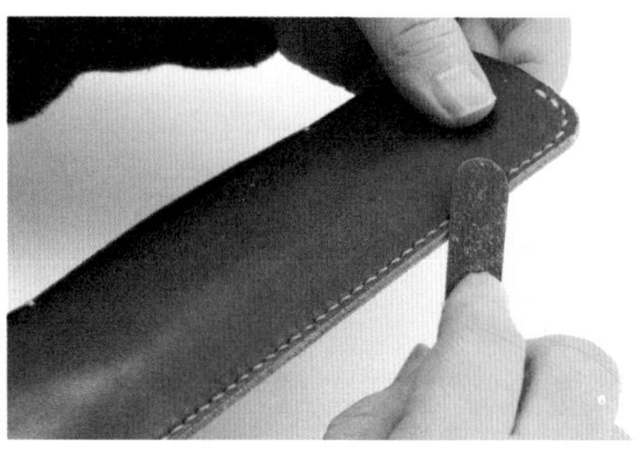

56 削边完成后，用打磨片将皮边打磨成半圆形。

57 皮边打磨成形后，涂上染料。

58 不要忘了给盖子没有缝合的部分上染料。

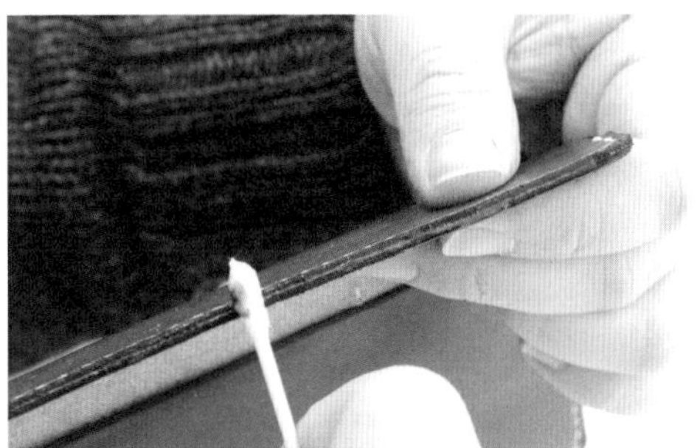

59 在上好染料的皮边上涂抹床面处理剂。

60 用磨边帆布打磨涂抹好床面处理剂的皮边。

61 使用多用磨边器的沟槽继续打磨。

62 打磨未缝合部分的皮边时太用力，皮边就会弯曲变形，要控制力度。

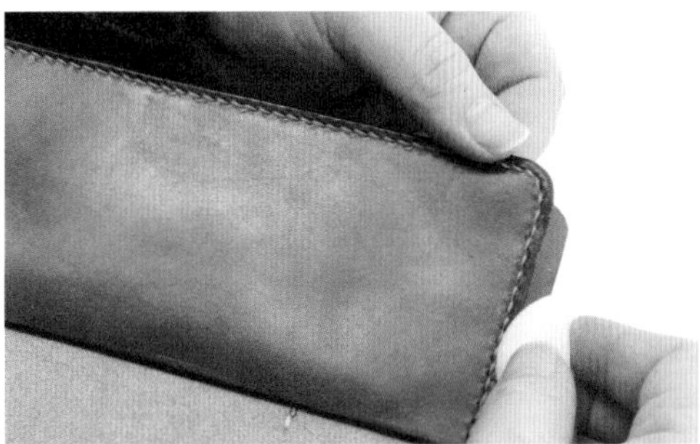

63 处理缝合处的皮边时请重复进行步骤51～步骤61，就会做出漂亮的成品。

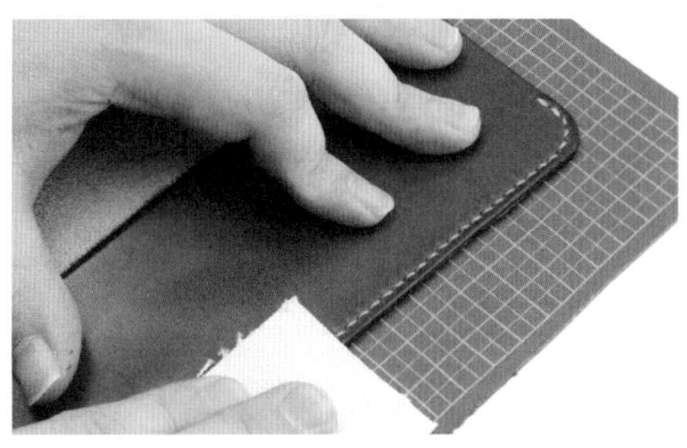

64 最后，将做好的部件放在工作台上，使用磨边帆布进行精细打磨。

65 图为零钱包修边完成的状态。

固定钱包侧边部件

66 准备好钞袋，以及左右两边的侧边部件。

67 除了钞袋上边缘之外，将另外3条边的床面沿边缘刮粗3mm。

68 将侧边部件两侧的边缘沿边缘刮粗3mm。

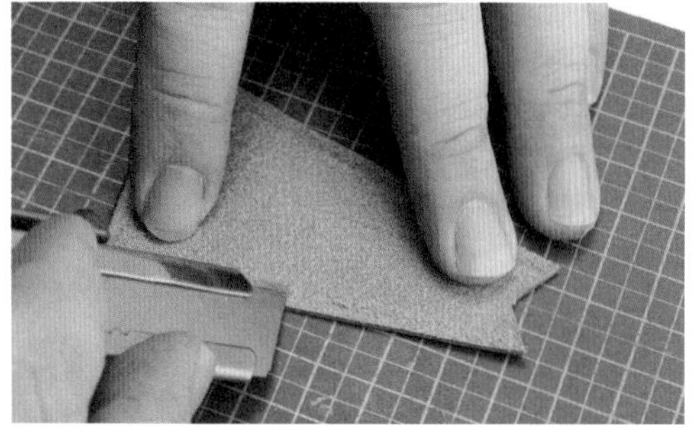

69 钱包侧边部件有两片，另一片也按步骤68同样操作。

70 确认侧边部件的贴合位置，在将要与钞袋贴合的那一侧涂上白胶。

71 在钞袋与侧边部件贴合的相应位置也涂上白胶，将二者贴合。

72 将侧边部件与钞袋贴合后，在贴合好的边缘上沿边缘画出缝合记号线，距边缘3mm。

73 对齐缝线记号线，贴着钱包侧边部件的下缘开圆孔。

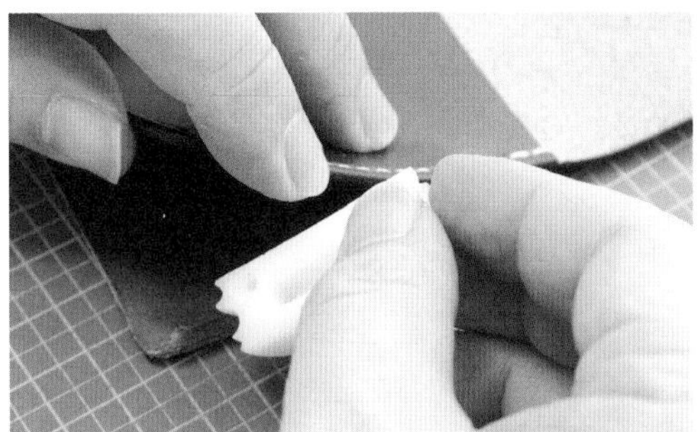

74 将零钱包掀开，在钞袋表面一侧画出距边缘3mm的缝线记号线。

75 将钞袋上的缝线记号线画到步骤08的圆孔为止，用菱斩做出打孔标记。

76 按照步骤75的标记打孔。

77 缝合右侧的侧边部件。不用回针，直接把针线穿进第一个孔。

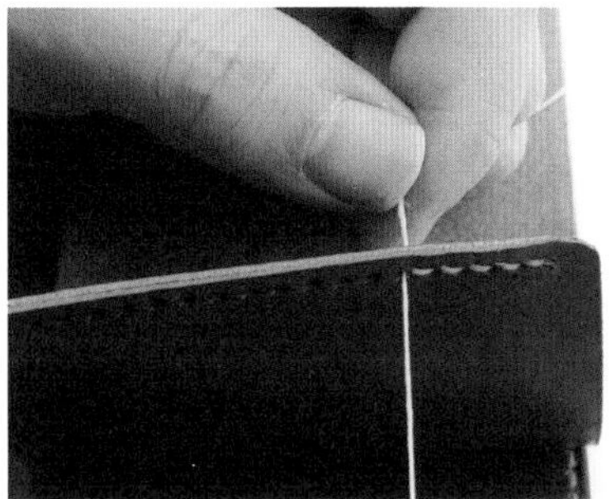

78 用平缝法向上缝制。

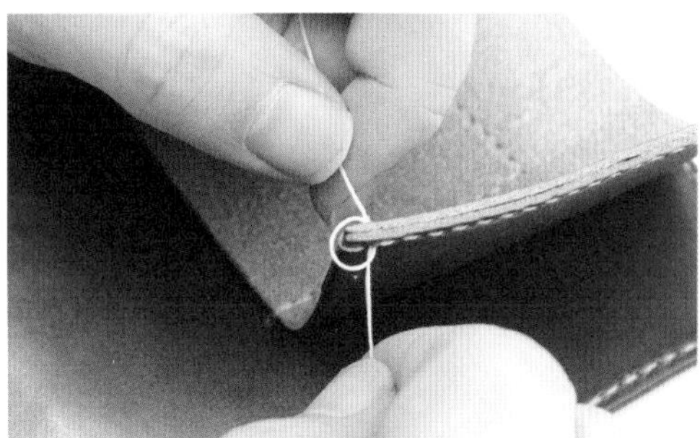

79 缝到最上面的孔后，回一次针，在边缘上形成双重缝线。

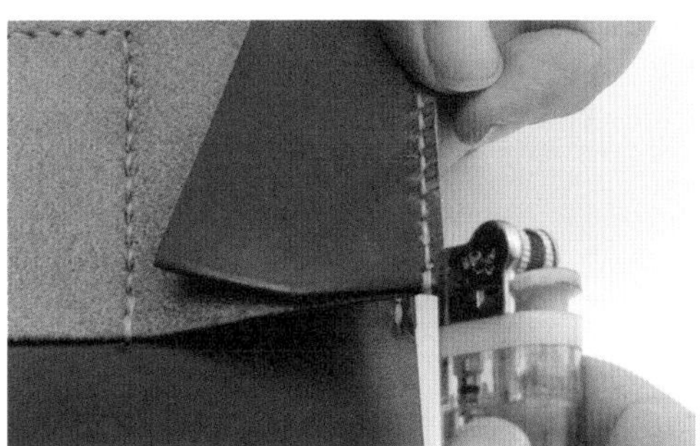

80 将线头全部留在内侧，以烧熔方式固定线头，缝制结束。

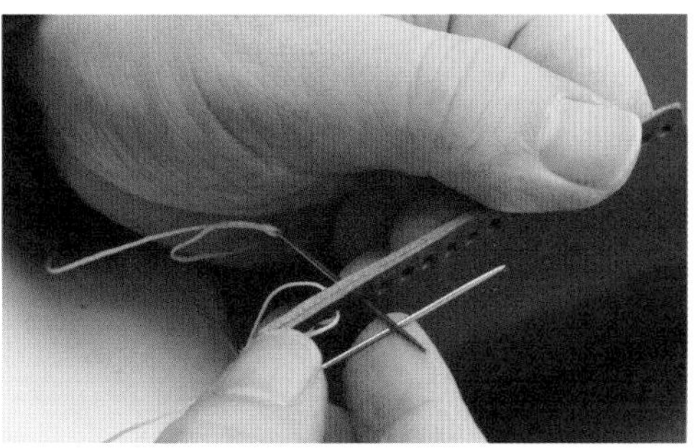

81 另一边钱包侧边部件的缝线方向相反，左侧的边缘请从下（靠近操作者一侧）向上缝。

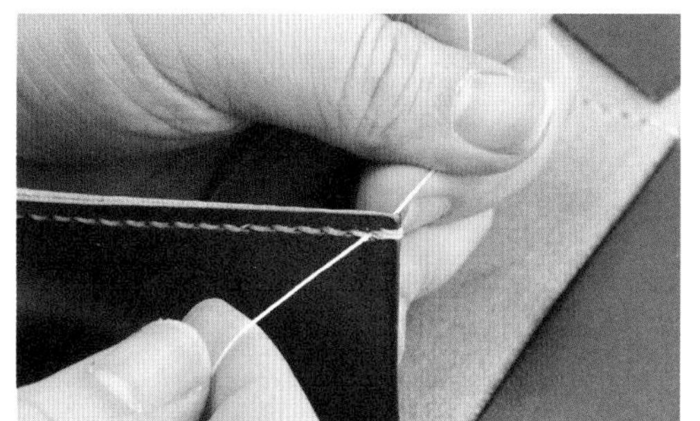

82 与刚才缝好的右侧边缘一样，边缘用双重缝线收尾。

83 零钱包制作完成。

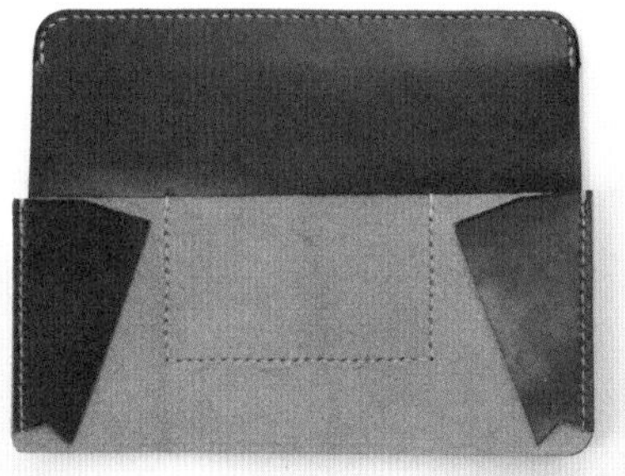

84 完成的零钱包背面。两侧的钱包侧边部件现在可以和钞袋缝在一起了。

本体的里皮贴合

本体的里侧要贴合上薄里皮。里皮的颜色通常会选择和本体一样，不过这次的示例我们改变一下颜色。自己制作时请选择自己喜欢的颜色，体现出自己的个性。

01 准备本体，以及比本体大一圈的里皮。

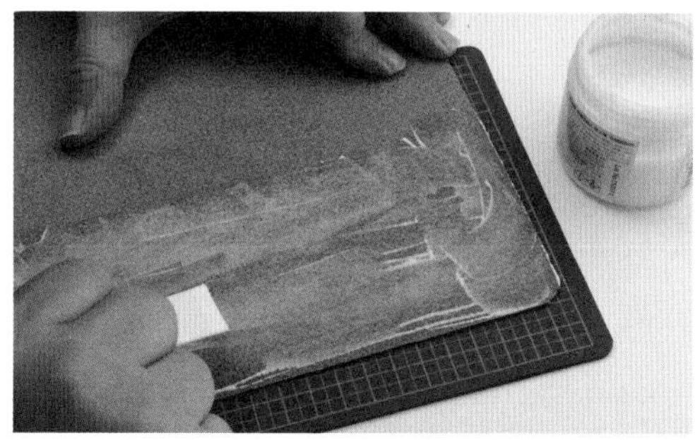

02 在本体的床面上涂上白胶，涂抹面积占总面积的一半（注意皮革弯曲的方向，从中线将总面积分成两半）。

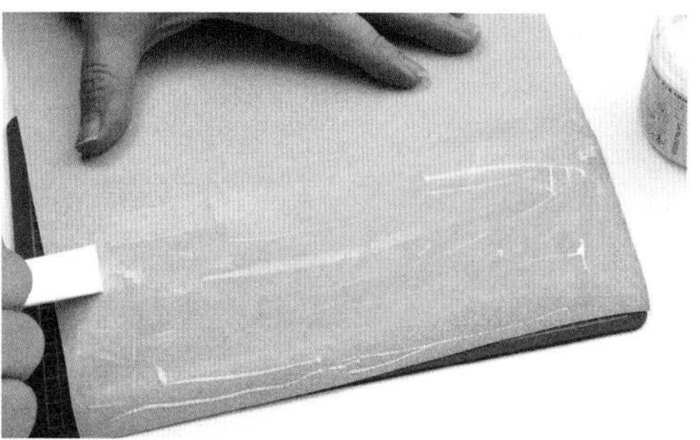

03 在将要贴上的里皮背面也涂上白胶，也是只涂一半面积。

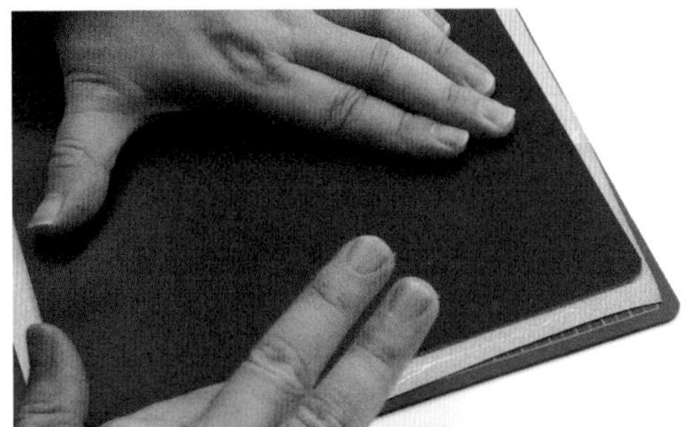

04 将本体与里皮涂好白胶的位置互相贴合。

05 待粘好的一半干燥后，将本体剩下的一半面积涂上白胶。

06 在里皮剩下的部分上也要涂上白胶。

07 将本体部件沿中线弯折90°，然后和里皮粘合。

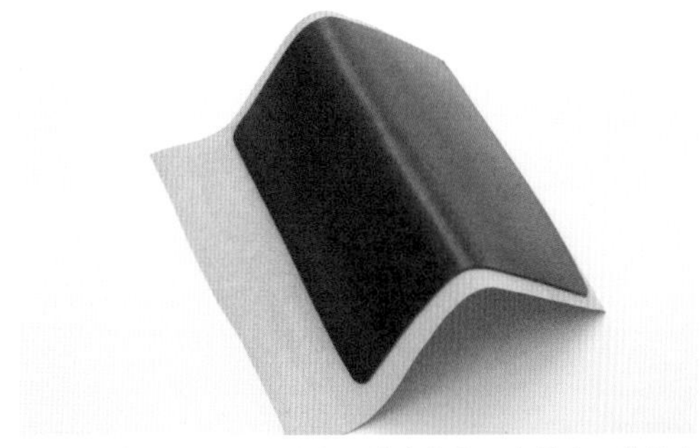

08 在弯曲90°的状态下使本体和里皮粘合，等待白胶完全干燥。

09 白胶干燥后，根据本体形状切除掉多余的里皮。

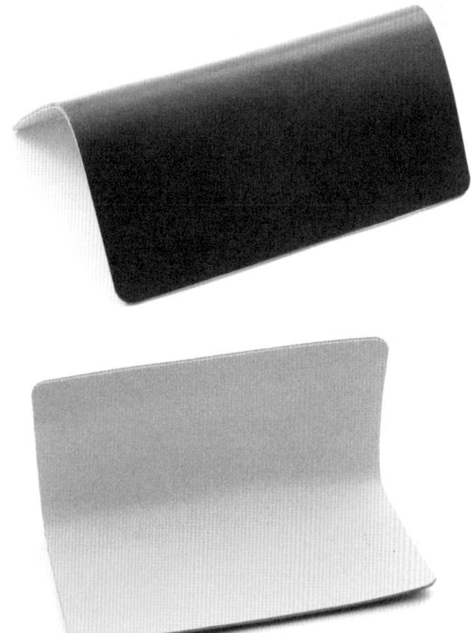

10 图为本体和里皮粘好的状态。现在要确认有没有没粘好的部分。

本体与各部件缝合

贴好里皮的本体现在需要和已经做好的卡位及零钱包缝合。各部件与本体沿着本体周围缝合即可。操作时要注意有些部位可能存在高低差。

本体与各部件的贴合

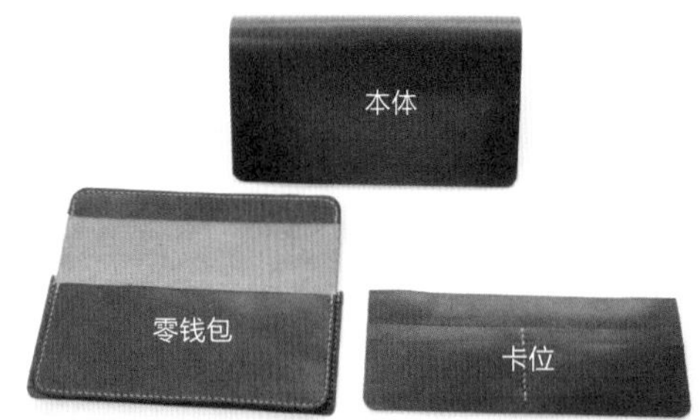

01 准备好本体、卡位和零钱包。

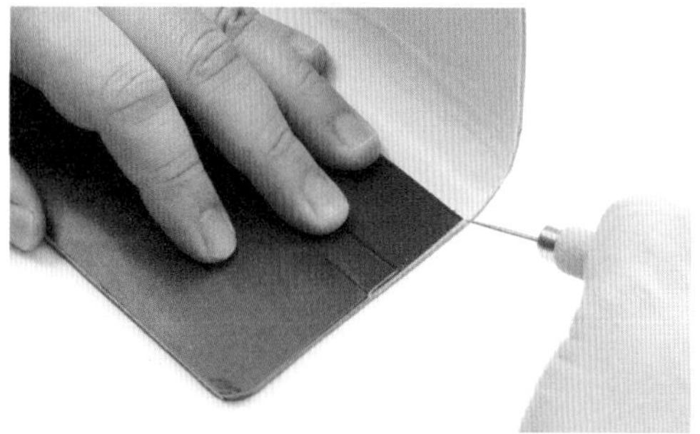

02 将卡位叠放在本体上，在固定位置做好标记。

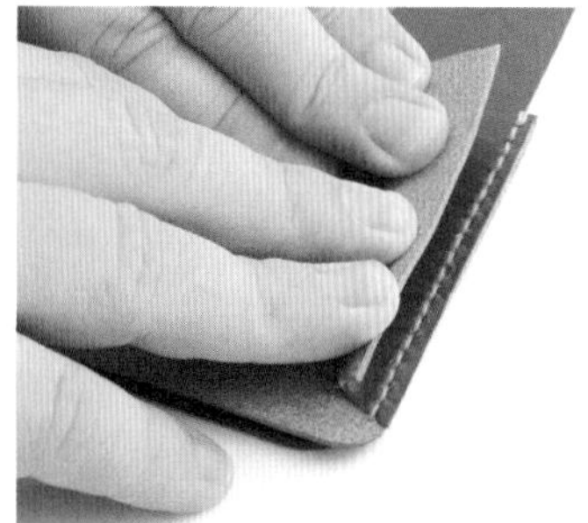

03 将零钱包背面的钱包侧边部件对折。

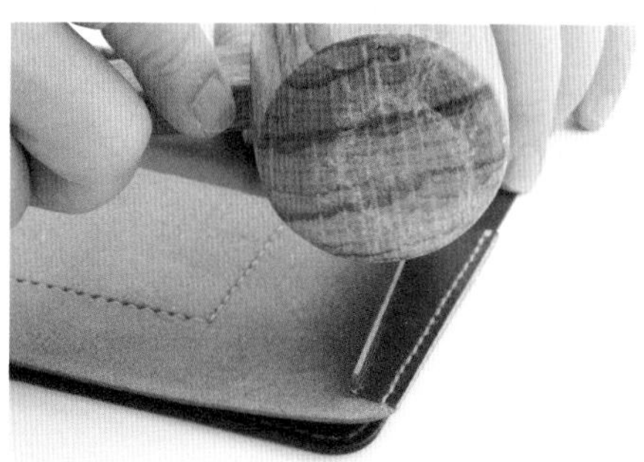

04 为了对折的部分整齐，需要用木槌敲打。

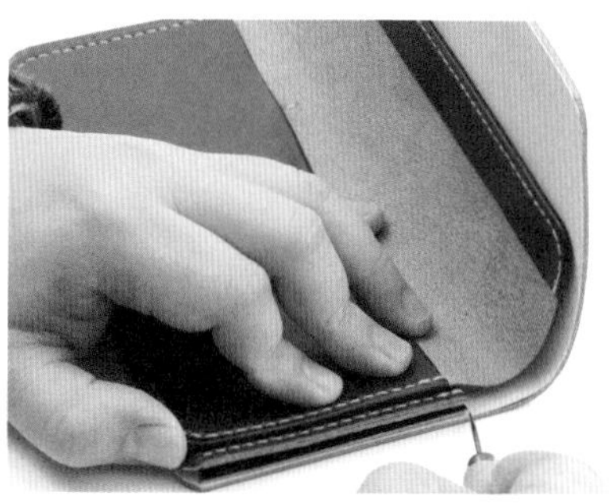

05 对折好侧边部件后，将零钱包叠放在本体上，在侧边部件的上下方都做好固定标记。

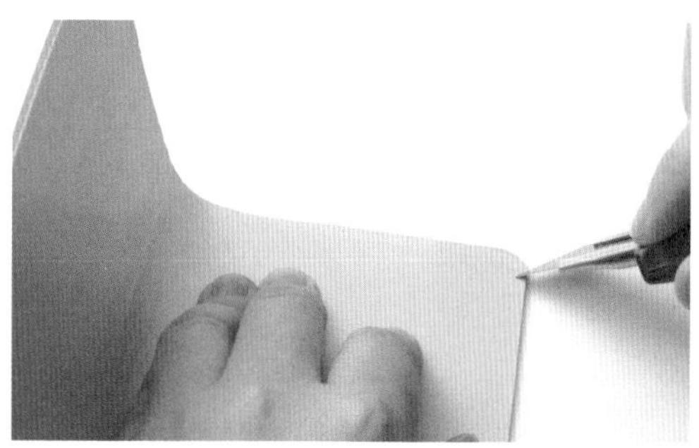

06 以步骤02与步骤05的记号为标准，各部件即将粘接的位置都要进行刮粗，宽度为3mm。

07 除卡位部件上缘之外的边缘，床面沿边缘刮粗3mm。

08 在本体即将与卡位粘接的已刮粗位置上涂上白胶。

09 在步骤07刮粗的卡位床面一侧涂上白胶。

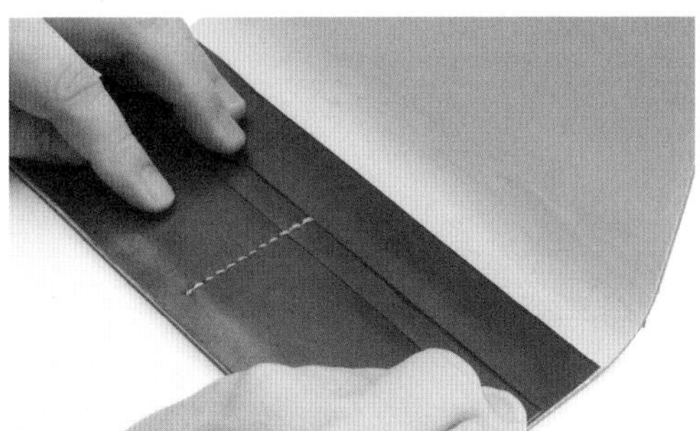

10 对齐后贴合本体与卡位部件，用力压紧。

11 将固定零钱包的位置刮粗，在即将粘接钱包侧边部件的部分涂上白胶。

12 在钱包侧边部件已刮粗部分的床面上涂上白胶。

13 对齐左右两侧的贴合位置，与本体粘接。

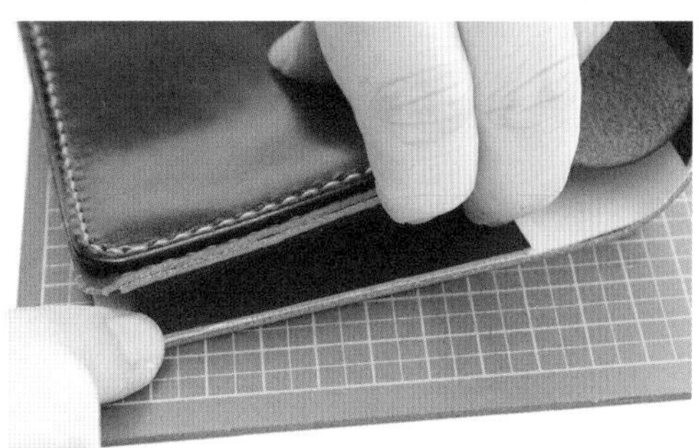

14 将手指伸入折叠空隙，压紧钱包侧边部件与本体的黏合处。

15 将本体、零钱包与卡位部件粘合完成，请等待白胶完全干燥。

打缝线孔

16 白胶干燥后，使用打磨片打磨已经粘好的侧边皮边，使粘好的皮边高度统一。

17 在侧边上画出距边缘3mm的线。

18 卡位上也画出距边缘3mm的线。

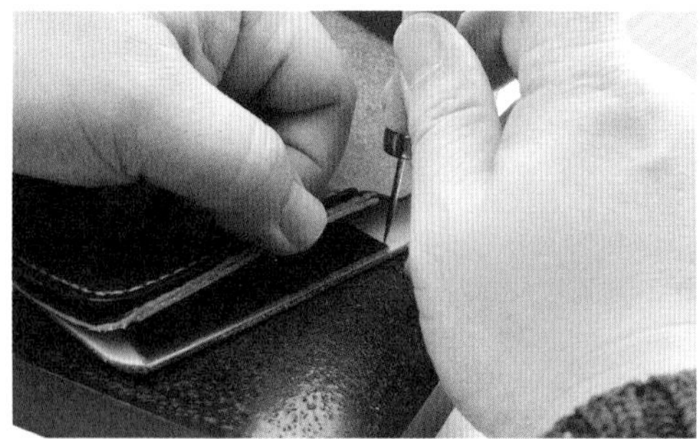

19 在步骤17画好的线上下方打圆孔。

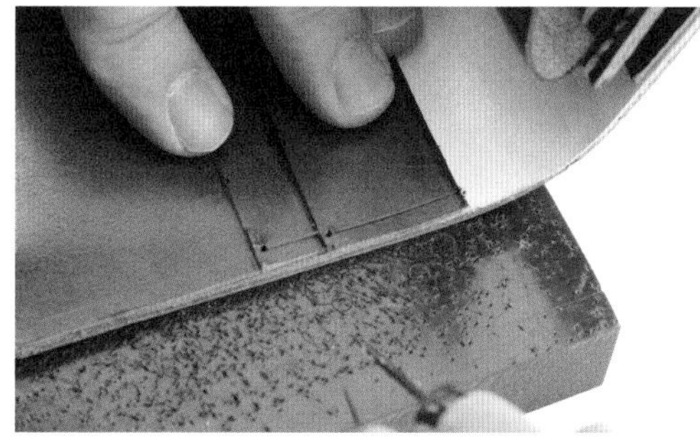

20 对齐缝线位置，在卡位有高低差的位置打圆孔。

21 在本体表面沿边缘画出一圈距边缘3mm的线。

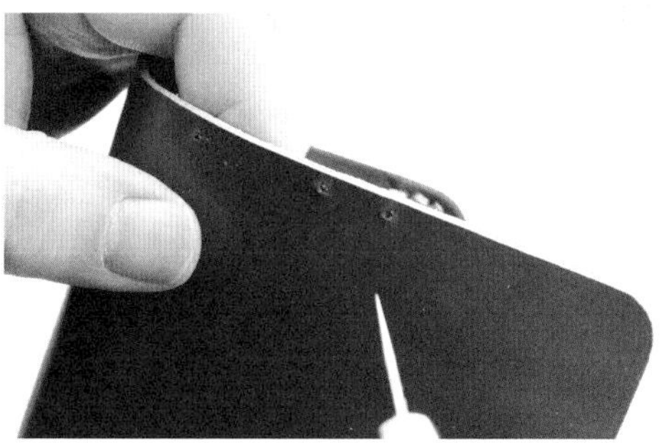

22 在步骤19、步骤20打圆孔的位置用圆锥从正面扩大圆孔。

23 以刚才打好的圆孔为基准，使用菱斩在记号线上做线孔标记。

24 调整好间距，开缝线孔。

25 折角的部分要使用2齿菱斩，就可以顺利连接好转折部分的线孔。

26 零钱包部分已经做好，不需要再打孔。为了不让零钱包被打穿，侧边的部分要夹着切割垫板打孔。

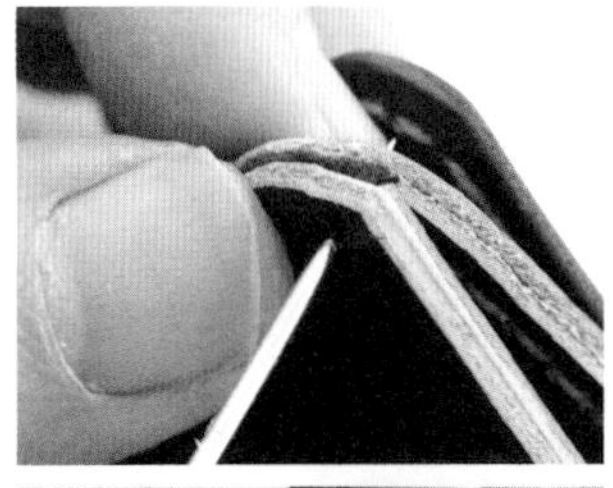

缝合钞袋下方时，要确认侧边部件下方的开孔与本体上的线孔位置是否吻合。
27

本体与各部件的缝合

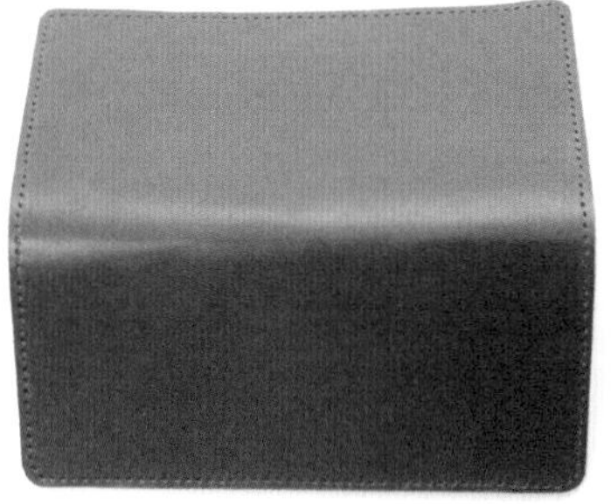

28 本体打好缝线孔的状态。

29 从侧边部件下方的圆孔开始缝线。注意这一针的缝线只穿过本体部件。

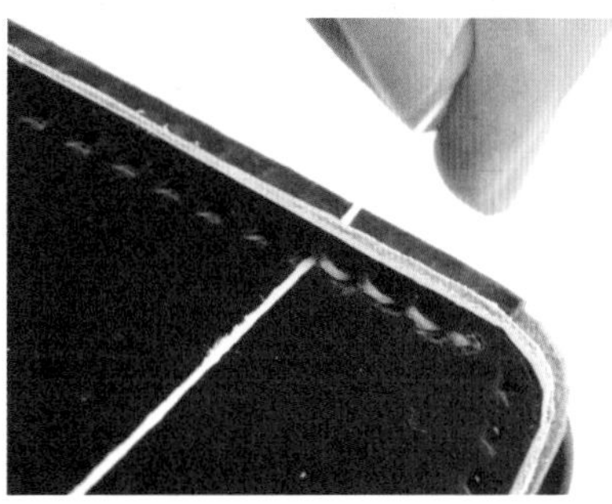

30 用平缝法开始缝制。

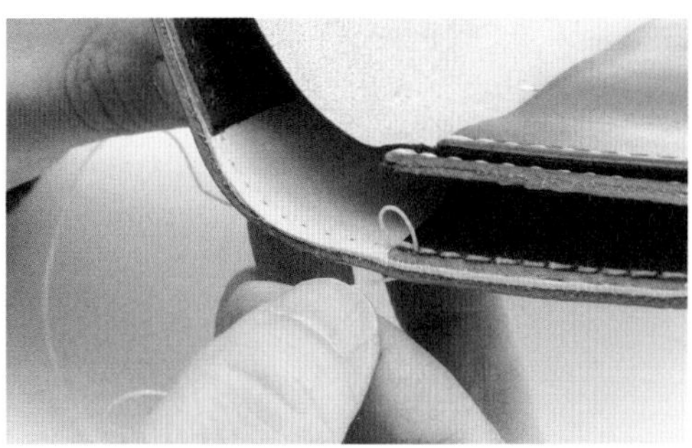

31 在侧边部件有高低差的部分要缝两次，缝成双重缝线。

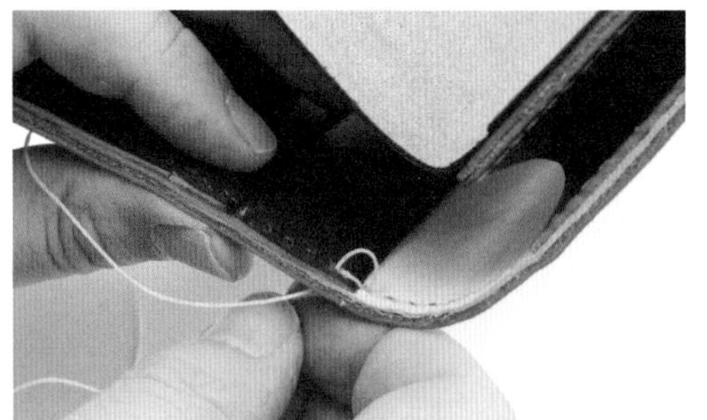

32 卡位有高低差的地方也要缝成双重缝线。

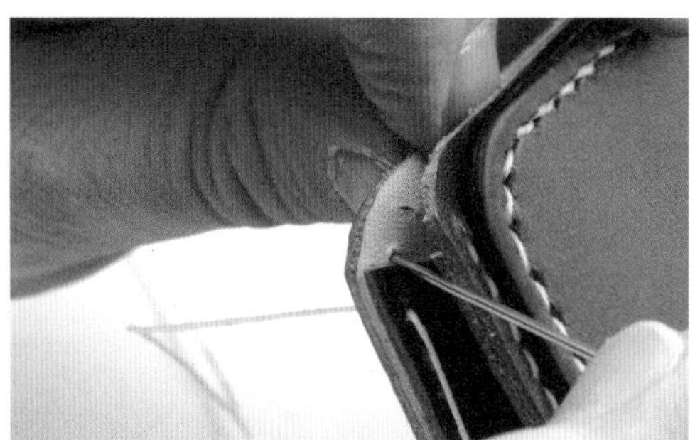

33 缝到与缝线起点相对的另一侧同样位置时，将缝线从内侧穿出，暂停缝制。

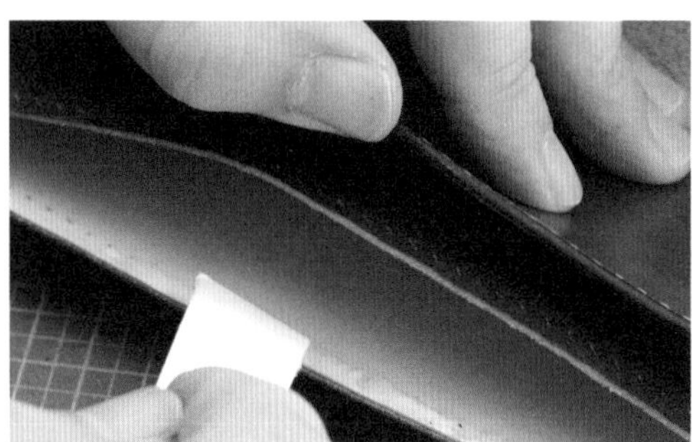

34 在钞袋底部开口处涂好白胶。

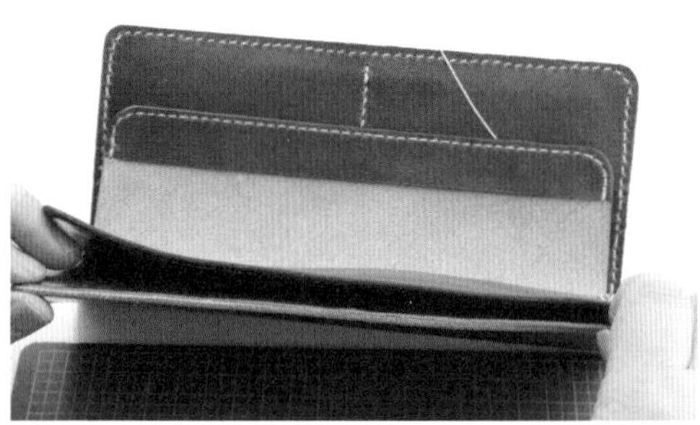

35 对齐线孔位置，将钞袋的开头粘合起来。

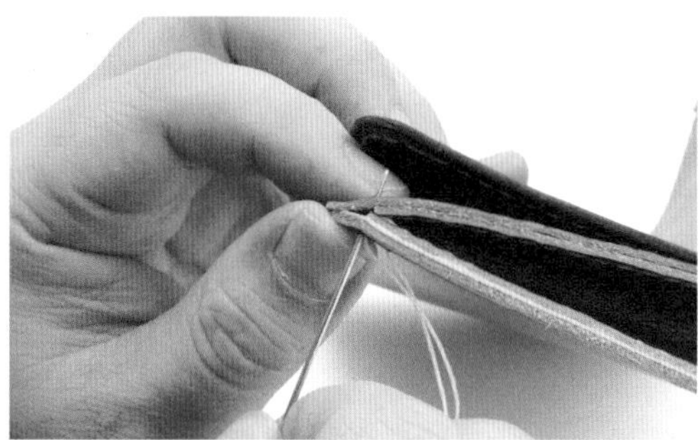

36 将步骤33中从内侧穿出的线穿出至钞袋部件表面。

37 将缝线拉紧，缝合钞袋底部。

38 缝到另一侧的侧边部件下缘时要回针固定。

39 两侧的缝线都要向回缝一针。

40 表面的线多向回缝一针，缝制结束后，两根线都应该从内侧穿出。

41 留下2～3mm的线头，其余剪掉。用打火机烧熔固定线头。

42 将烧熔的线头用打火机前端压平固定。

43 各部件与本体缝合完成的状态。

44 从内侧看的状态，现在长钱包的基本形状已经完成。

45 用木槌腹部敲打针脚，让针脚更服帖。

打磨皮边

钱包成形。全部的零件都已经缝合完成，最后需要打磨缝合后的皮边。最后的打磨工作关系到整个作品的完成度，要仔细操作。

01 用打磨片打磨皮边，调整形状。

02 用削边器进行削边。

03 侧边部件的缝合部分也要削边。

04 本体内侧也要进行削边。

05 削边完成的部分用打磨片打成半圆形。

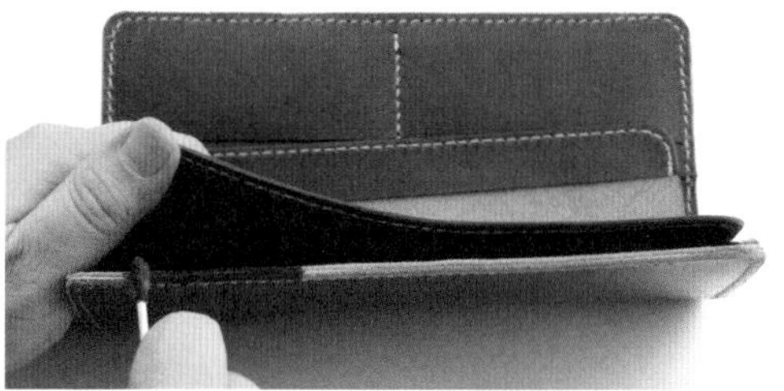
06 在皮边表面涂上染料，注意不要让染料染到皮边以外的部分。

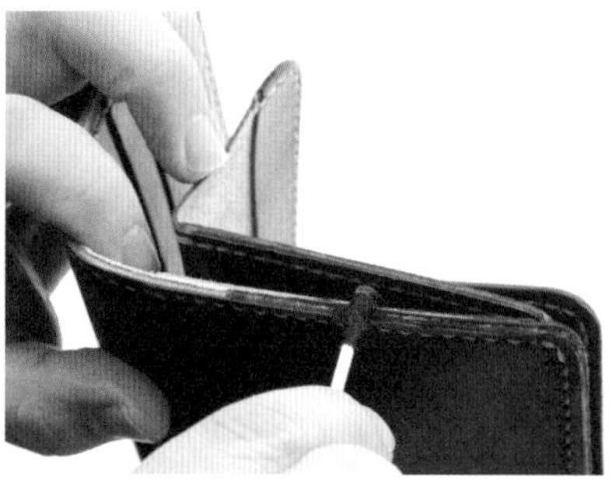
07 涂到里皮部分时要十分小心，染料过多会渗透到皮面上。

08 中间夹着里皮的部分要仔细染色，避免出现色差。

09 在染色完成的皮边上涂上床面处理剂。

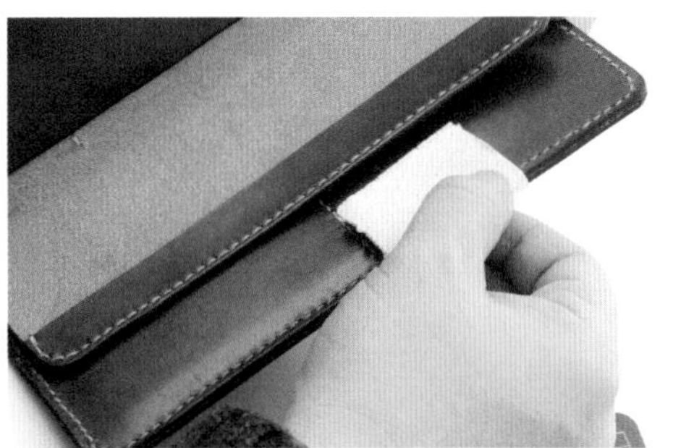

10 将涂好床面处理剂的皮边用磨边帆布打磨。

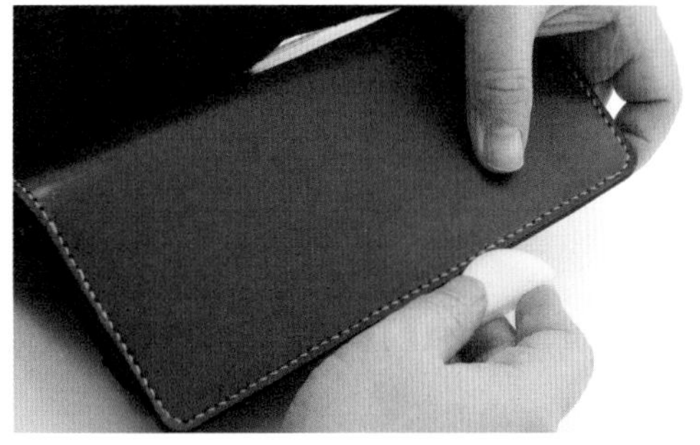

11 使用多用磨边器做最后处理，重复步骤05～步骤11，完美地完成工作。

完成

简单而又有功能性的基础款长钱包

以这个款式为基础，可以在零钱包上装上四合扣，或者用皮带固定钱包本体，做出属于自己的不同变化。

用这个款式来学习皮具制作的基本技巧

这个款式的制作使用了皮具制作所必需的各种基本技术。学会这些基本技术之后，后续就可以制作各种在此基础上的变化款式了。先学会用纸样制作作品，再逐渐加上一些变化。最后一定可以做出只属于自己的款式。

示例使用Craft公司出售的厚度为1mm与1.5mm的植鞣革，作品根据使用的皮料颜色与种类外表会有很大变化，下次就来制作属于自己的长钱包。

刚开始不可能做出和出售品一样的钱包，多做几个后，会逐渐掌握皮料的特点，形成自己的工作方法，就会越做越好。哪怕刚开始的作品做得不好，好好检查这个作品，找出制作上的缺点，改掉它们，在下一次制作时活用得到的经验。

POUCH

普通拉链长钱包

普通拉链长钱包具有全部的钱包功能，钞袋与卡位分别独立，可以单独取出。可以放入长度小于15.24cm(6英寸)的手机及存折，能够代替小手包使用。

制作：高田寿子　摄影：小峰秀世

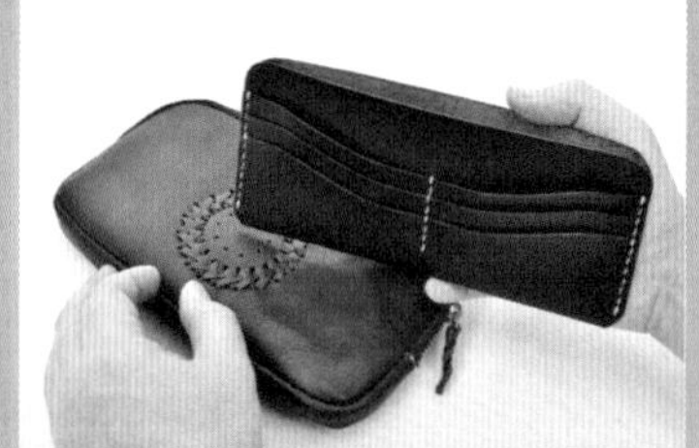

材 料 本体制作时建议使用软性皮料。

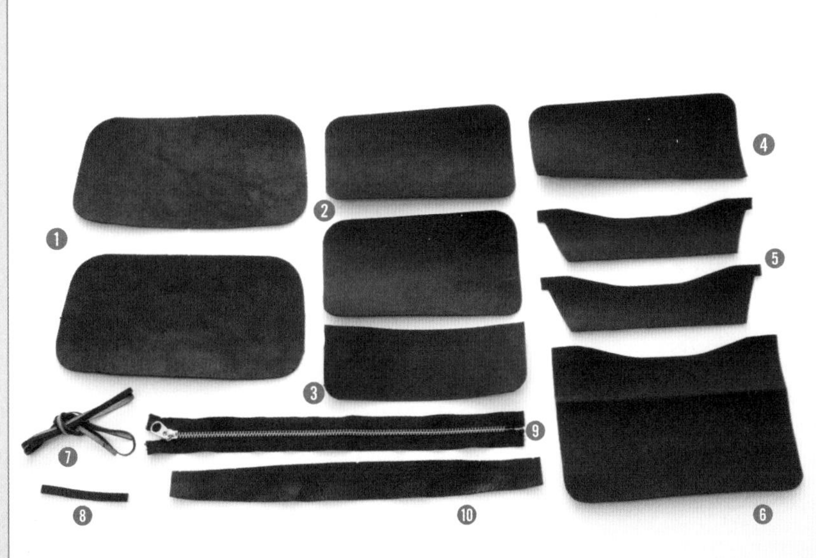

❶ 本体：植鞣牛皮，厚度2mm×2（正面、里皮）
❷ 零钱包：植鞣牛皮，厚度1mm×2（正面、背面）
❸ 零钱包口袋：植鞣牛皮，厚度1mm
❹ 卡位部件B：植鞣牛皮，厚度1mm
❺ 卡位部件A：植鞣牛皮，厚度1mm×2
❻ 卡位部件C：植鞣牛皮，厚度1mm×2
❼ 皮绳：3mm×50cm
❽ 拉片：植鞣牛皮，厚度1mm
❾ 拉链：280mm
❿ 侧边部件：植鞣牛皮，厚度2mm

工 具 缝制时要使用内缝法，粘合时需要使用树脂胶。

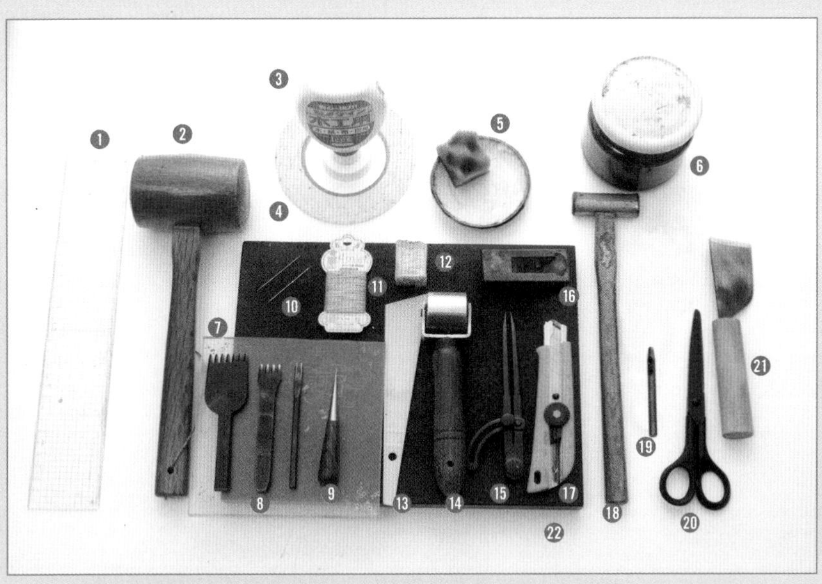

❶ 直尺
❷ 木槌
❸ 木工胶
❹ 双面胶：宽3mm
❺ CMC皮面处理剂、海绵
❻ 树脂胶
❼ 塑胶板
❽ 菱斩：2、4和7齿
❾ 圆锥
❿ 手缝针
⓫ 手缝线
⓬ 线蜡
⓭ 上胶片
⓮ 滚筒
⓯ 间距规
⓰ 刨子
⓱ 美工刀
⓲ 铁锤
⓳ 圆冲：15号（直径4.5mm）
⓴ 剪刀
㉑ 裁皮刀
㉒ 切割垫板

本体背面的制作

本体背面内侧有零钱包，外侧有小口袋。口袋由本体上的长孔及缝在内侧的零钱包组成。

01 准备本体里皮、零钱包和零钱包口袋。

预先处理各个部件

02 将本体里皮的床面四周削薄10mm。

检查

将本体里皮的床面削薄至此状态。

03 在本体里皮的两端开拉锁的孔，使用15号圆冲打孔。

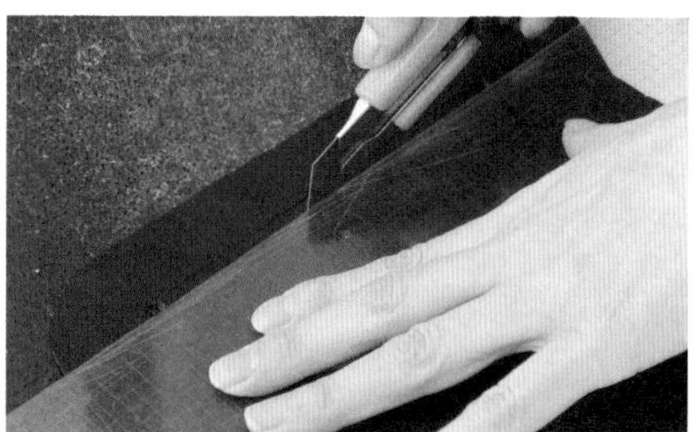

04 将步骤03的开孔之间的部分裁去，形成长孔。

05 将零钱包正面根据纸型裁切成形。也可以使用合适的圆冲裁切。

06 零钱包的皮边上涂上CMC皮面处理剂。

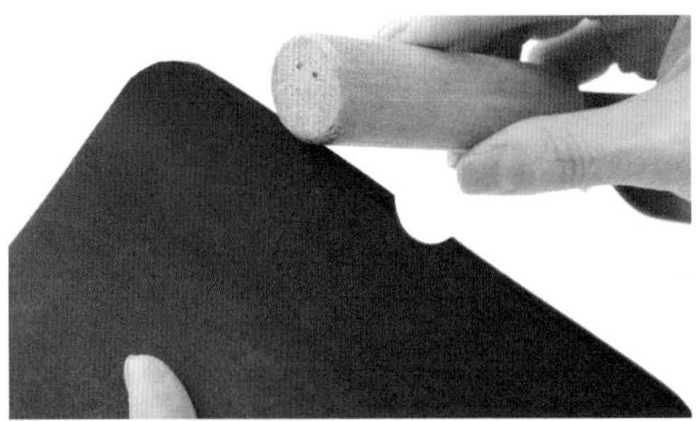

07 打磨涂上CMC皮面处理剂的皮边。

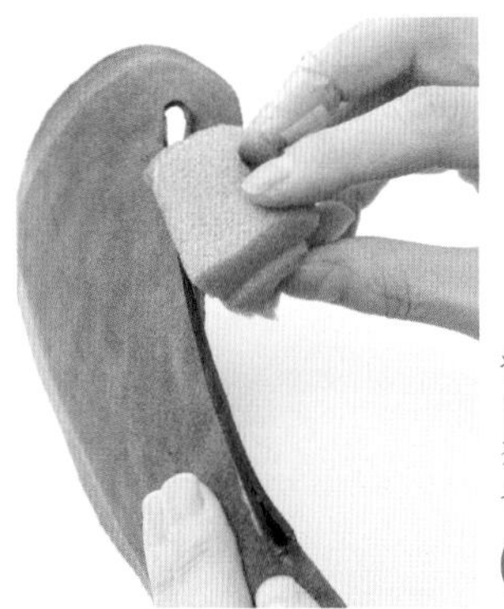

将步骤04中开好的长孔内侧涂上CMC皮面处理剂，零钱包口袋的上缘也要涂上。

08

检查

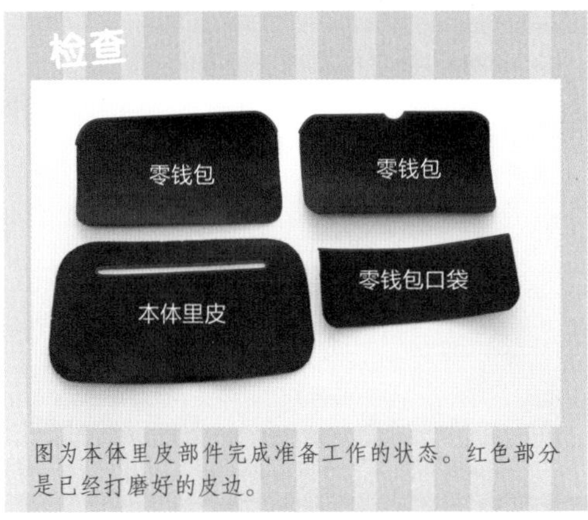

图为本体里皮部件完成准备工作的状态。红色部分是已经打磨好的皮边。

本体里皮与零钱包背面部件缝合

09 在口袋开口的上缘贴上宽3mm的双面胶。

10 将零钱包背面部件的正面与本体里皮的床面贴合。

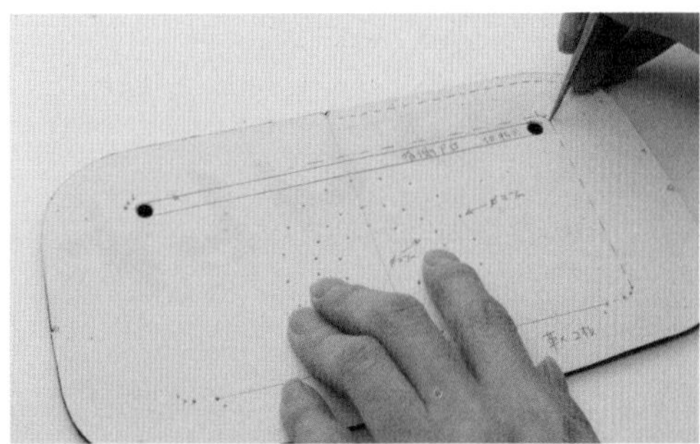

11 对齐纸样，在缝合基准点做记号。

12 连接基准点之间的记号，在本体里皮上画出零钱包的缝线位置。

13 对齐缝线位置，用菱斩打出线孔。

14 在转角处用2齿菱斩打孔。

15 图为零钱包打好线孔的状态。

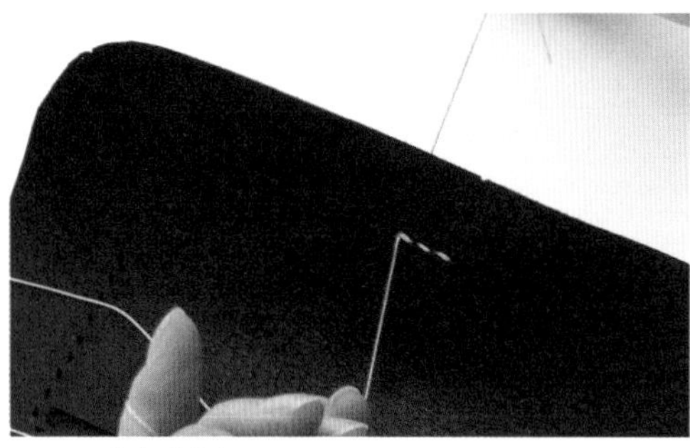

16 缝合零钱包。

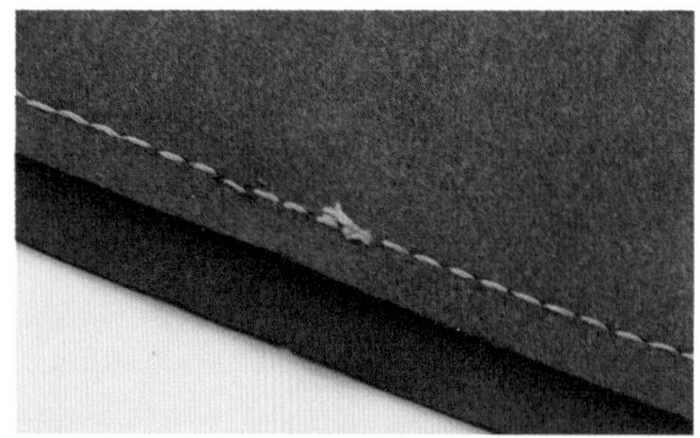

17 缝合结束的地方需要使用双重缝线，缝线从内侧穿出，打结固定后剪掉多余的线。

零钱包的缝合

18 零钱包正面的皮料配合零钱包口袋的高度，将边缘刮粗3mm左右。

19 在步骤18中零钱包刮粗的地方涂上树脂胶。

20 口袋侧面和底侧的床面边缘也要刮粗3mm，之后涂上树脂胶。

21 在零钱包的正面贴上口袋。

22 图为零钱包正面与口袋贴合完成的状态。

23 在零钱包正面的皮料背面贴合的位置上涂上树脂胶。

24 在零钱包背面部件与正面贴合的位置涂上树脂胶。

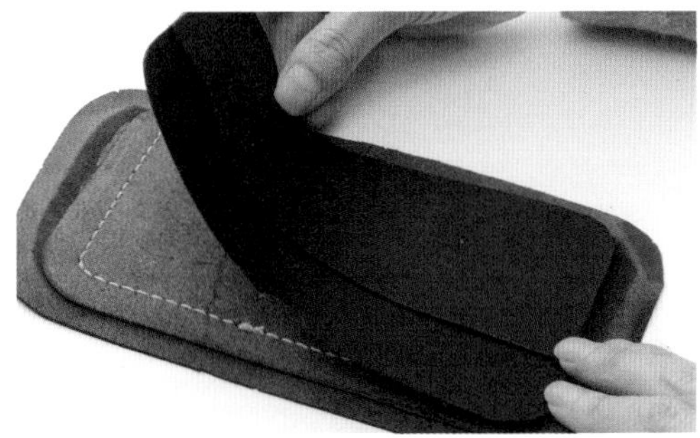

25 对齐并贴合零钱包的正背面。

26 对齐并贴合之后用滚轮滚压，使之平整。

要点

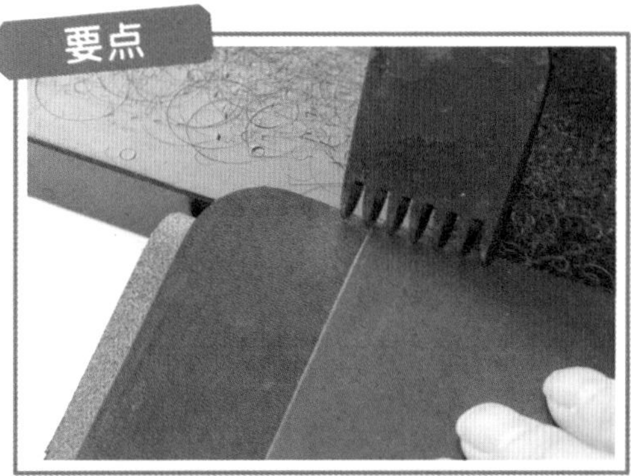

27 在距边缘3mm的地方画出缝线记号线，注意避开高低差的位置，用菱斩做出缝线记号。

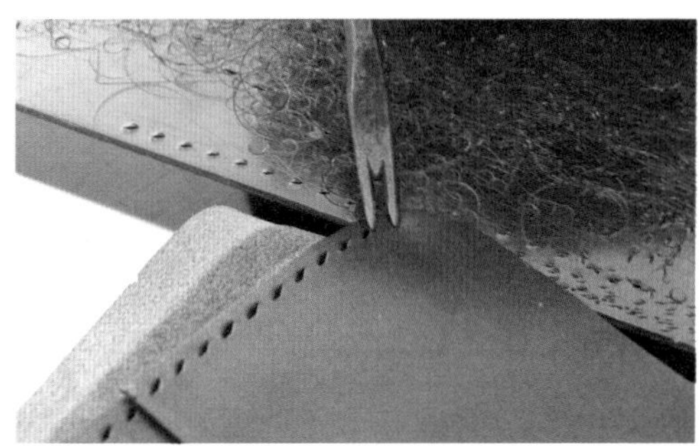

28 为了线孔不打到本体上，需要把皮料掀起，垫在塑胶板边缘上开缝线孔。

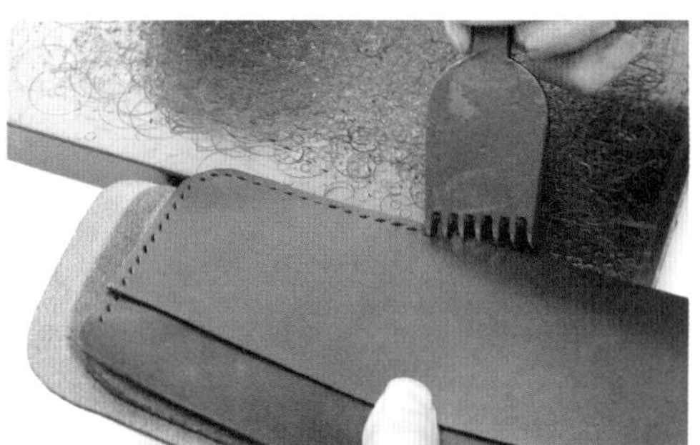

29 从侧边开孔至底边。

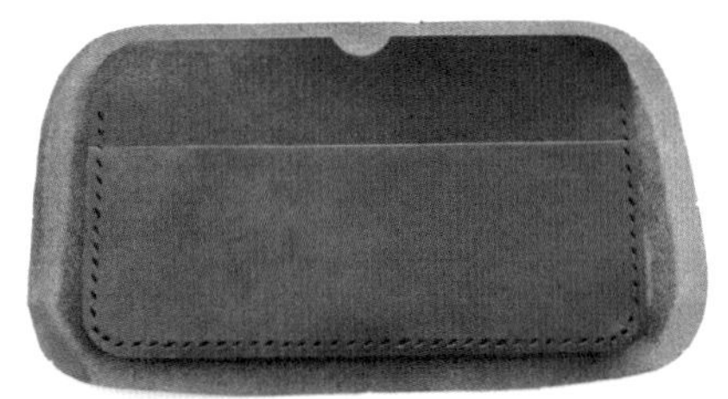

30 图为零钱包打孔完成的状态。

31 第一针回一针后再开始缝制。

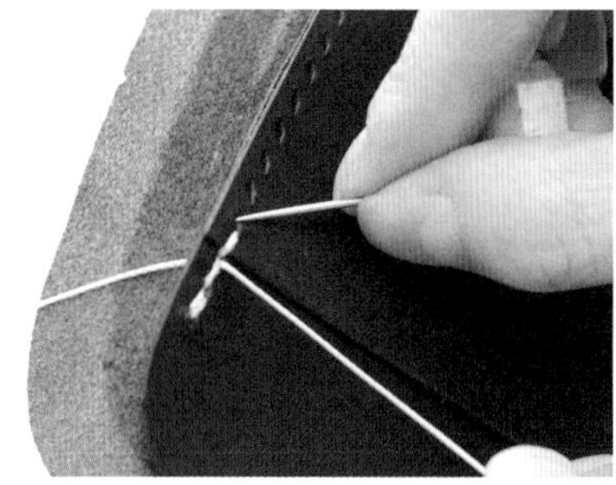

32 在口袋边缘有高低差的部分用双重缝线加强结构强度。

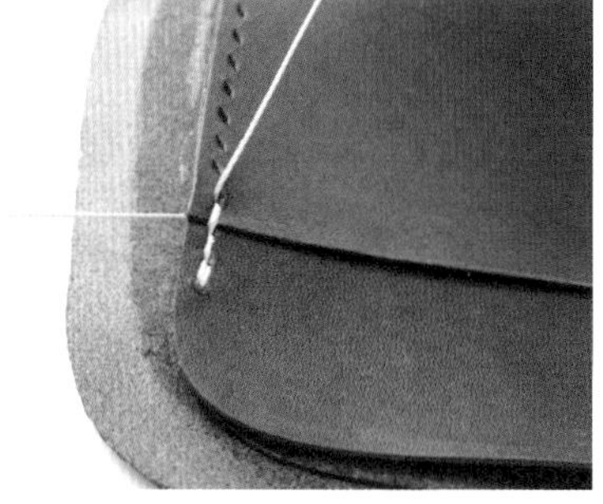

33 沿零钱包周围缝制，一直缝到对面同样位置。

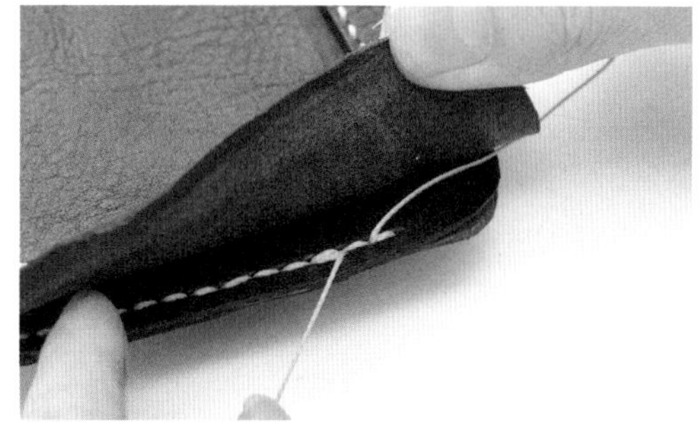

34 缝制到对面同样位置后回缝一针，将缝线从背面穿出。

要点

35 将穿出背面的缝线打结固定。

36 将多余的线头剪掉。

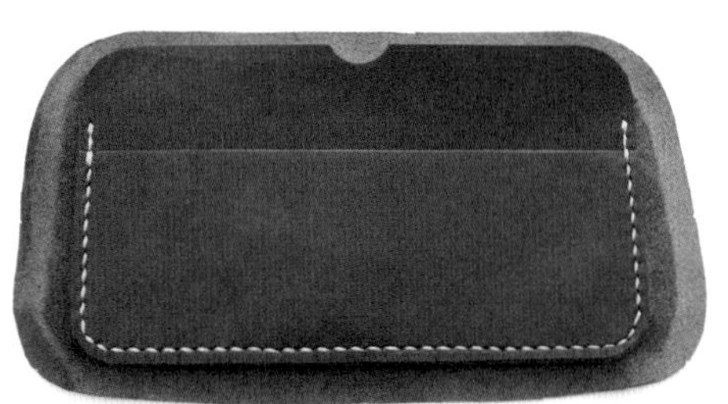

37 完成本体背面的部分。

制作本体正面

本体正面使用皮绳编织，看起来麻烦，但步骤是重复且相同的，记住做法，不会花太多时间。

01 准备本体正面部件与皮绳。

本体正面开孔

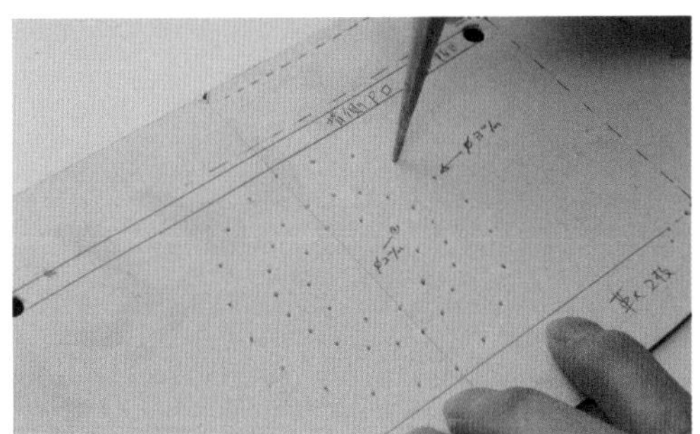

02 将纸样与本体正面部件对齐，在要开孔的位置做好记号。

03 根据步骤02的记号，使用7号与10号圆冲打孔，只有最内侧的孔使用了7号圆冲。

04 图为本体正面开好孔的状态。

准备皮绳

05 用手确认皮绳床面上的纤维走向。

06 将要穿过开孔的皮绳，顺着纤维的走向斜向裁断。

要点

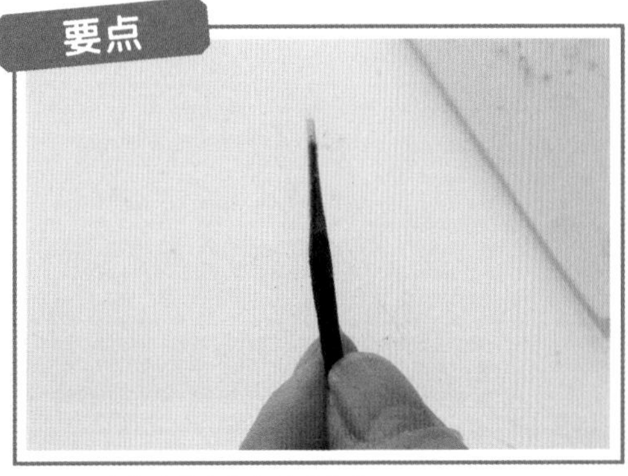

07 在皮绳前端缠上透明胶带。

皮绳编织

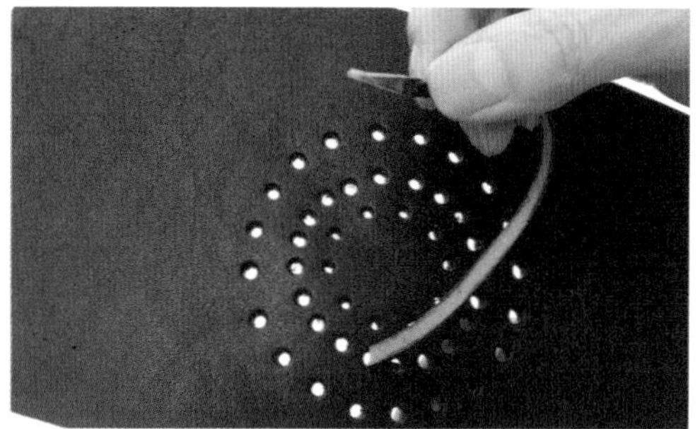

08 从中间一圈的开孔内侧穿出皮绳。

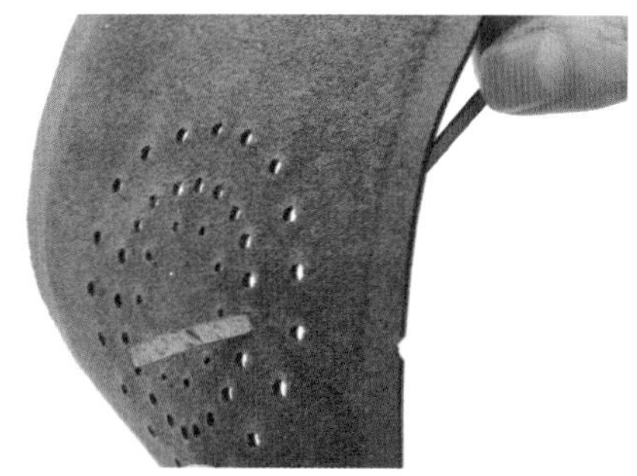

09 在床面侧留下20mm左右的皮绳，其他全部拉到正面。

10 将拉到正面的皮绳从最外圈向前一个的孔里穿过。

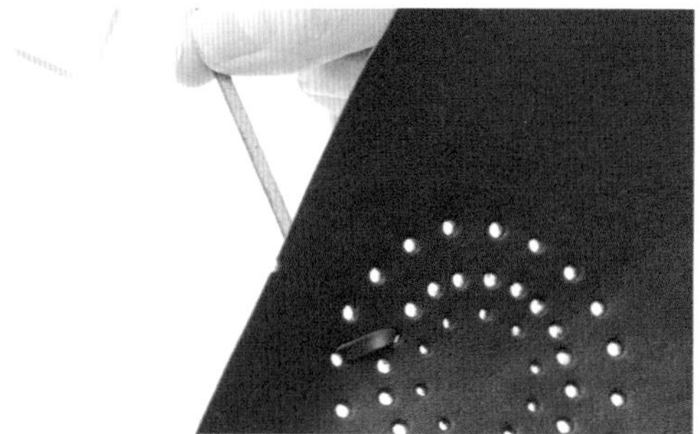

11 图为将皮绳拉到背面后的状态。

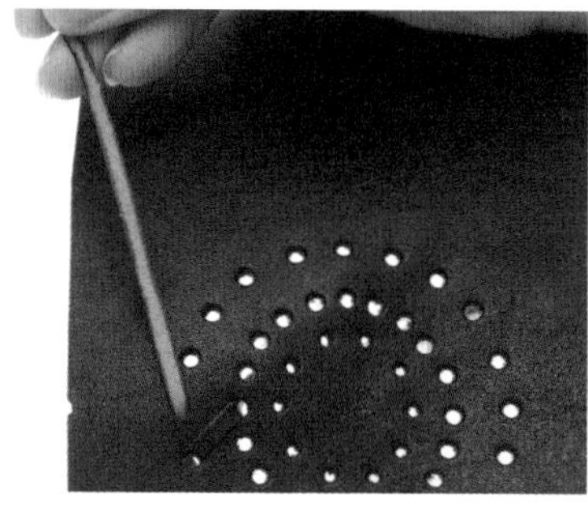

12 接着，将皮绳从内侧穿到最外圈，向前一个孔洞。

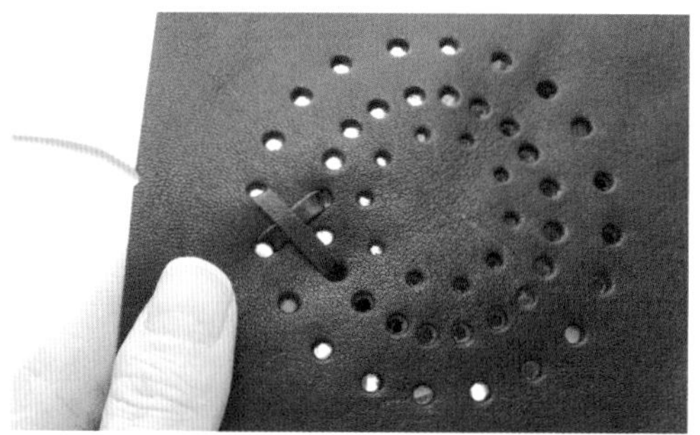

13 将皮绳从步骤12最初穿过的那个孔向前数两个孔洞穿过去。

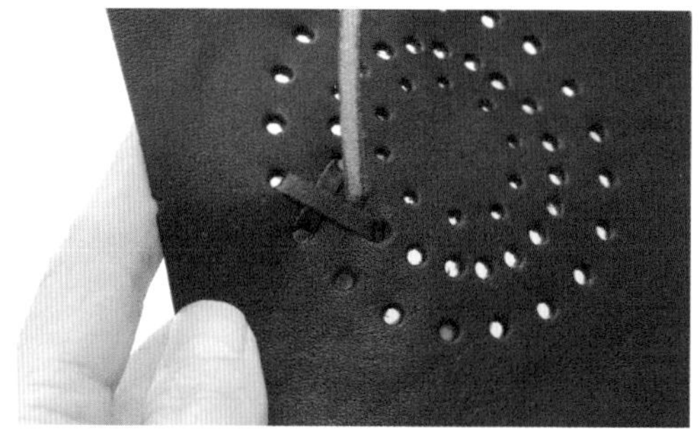

14 再从前一个孔的内侧穿出来，这是第二轮最初的状态。基本上与步骤08一样。

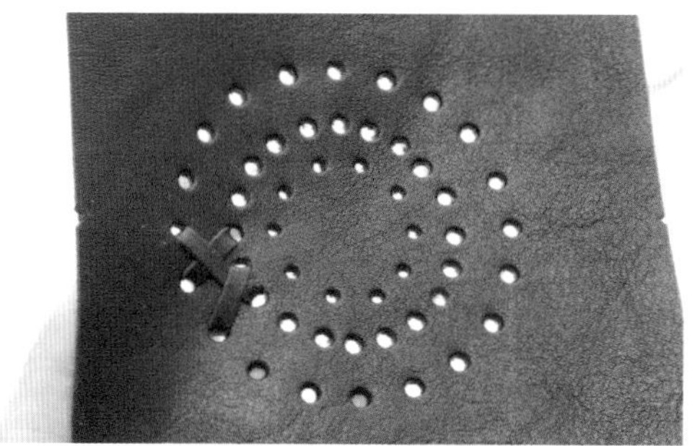

15 将皮绳从最外圈向前一个的孔里穿过。

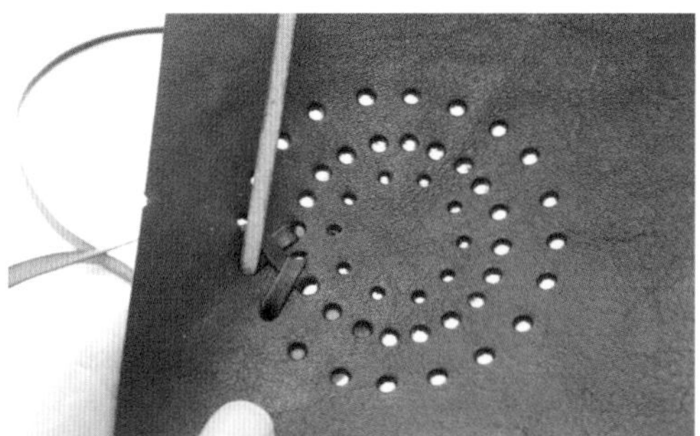

16 接着将皮绳从背面穿到最外侧向前一个孔，这个动作同步骤12一样。

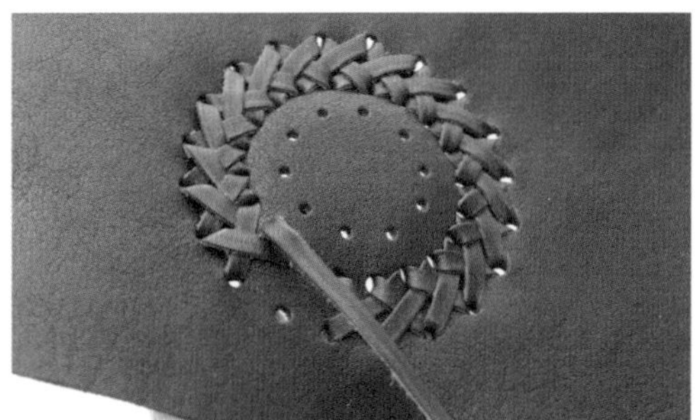

17 重复步骤08～步骤13，编织一圈。

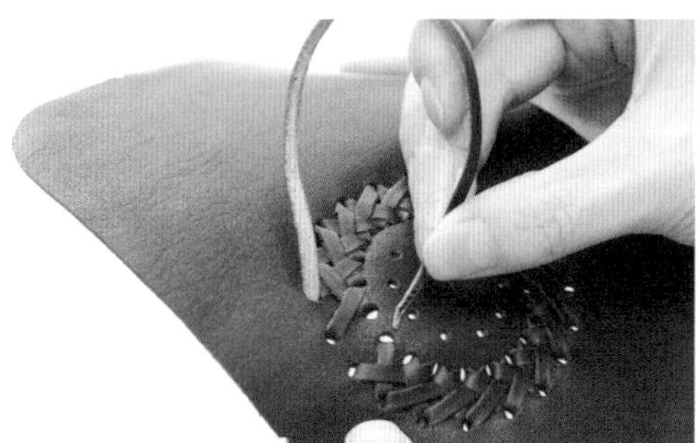

18 穿到最后一个孔时，将皮绳穿过最初通过的孔。

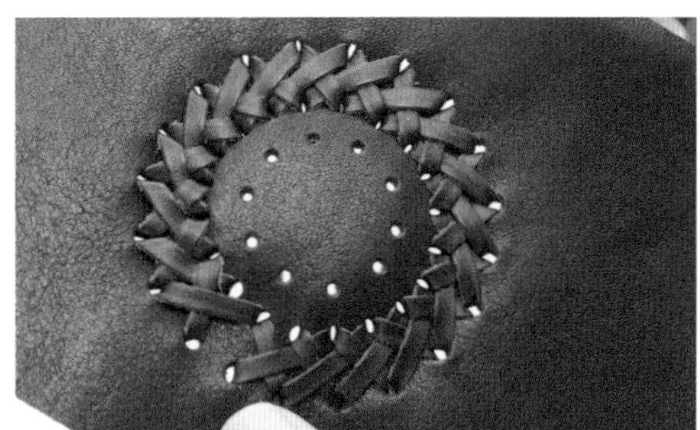

19 拉紧皮绳。样子如图所示。

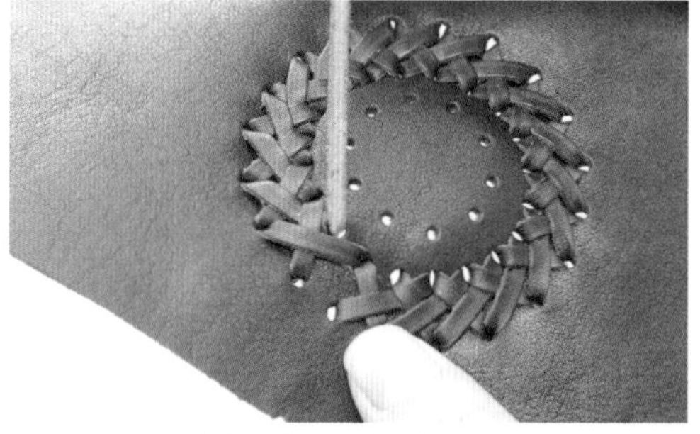

20 将皮绳从内侧往中间列的前一个孔穿出。

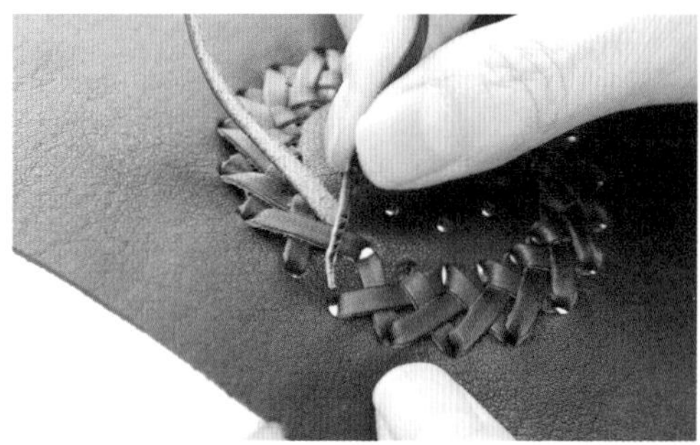

21 在步骤20的状态下，将皮绳从内侧穿到最外侧，向前两个孔。

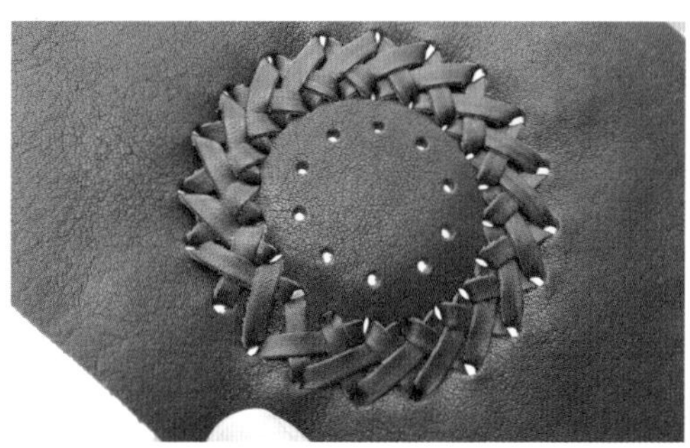

22 在步骤21的状态下拉紧皮绳，状态如图所示。

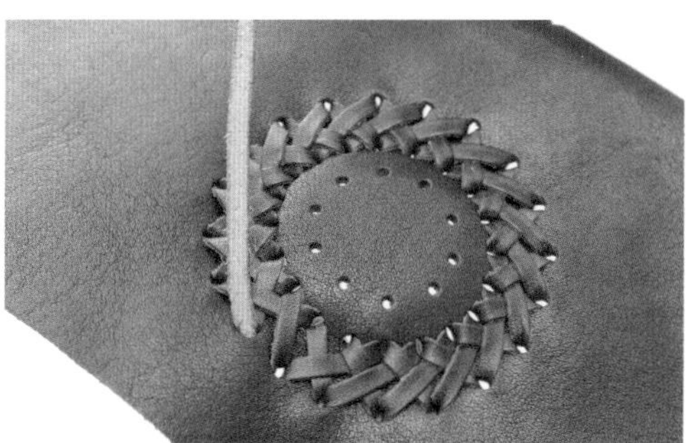

23 从内侧往前一个孔穿出。

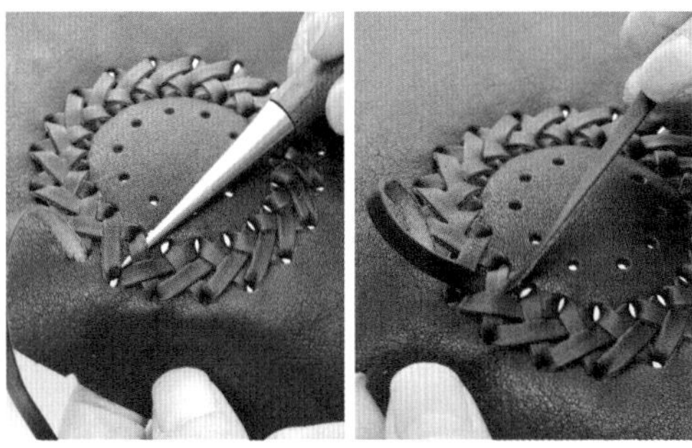

24 在照片中的位置上插入圆锥，空出空间以便穿过皮绳。

25 皮绳穿过之后，再从穿出位置下的孔里穿过。

26 将穿出内侧的皮绳以如图所示方式从背面的皮绳下穿过。

27 前端涂上木工胶，粘接固定。

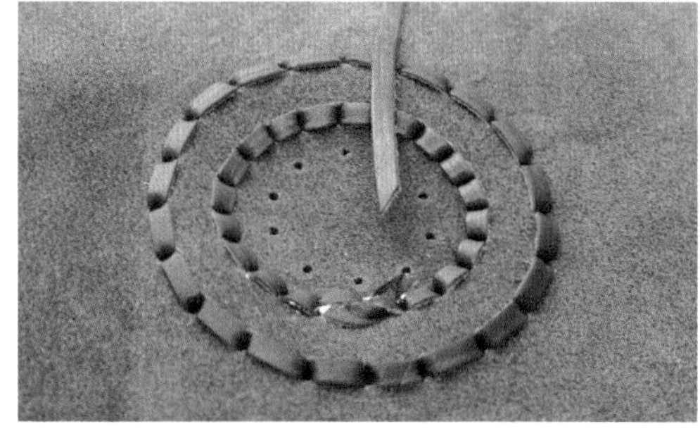

28 皮绳粘接完成后剪掉多余部分。

29 用铁锤从里面敲打，让编织的地方更服帖。

30 本体的正面部件便制作完成。

制作侧边皮

侧边由宽 28mm 的拉链和皮革部件构成，要将皮革部件两端在缝合拉链之前向内折，这样就可以做出精细的作品。

制作侧边部件

01 准备侧边部件和拉链。

02 将侧边部件的两侧短边床面削薄约20mm。

03 在步骤02削薄的部分上涂上树脂胶。

04 将短边向内折10mm。

05 将向内折的部分用滚轮压紧，两端工序相同。

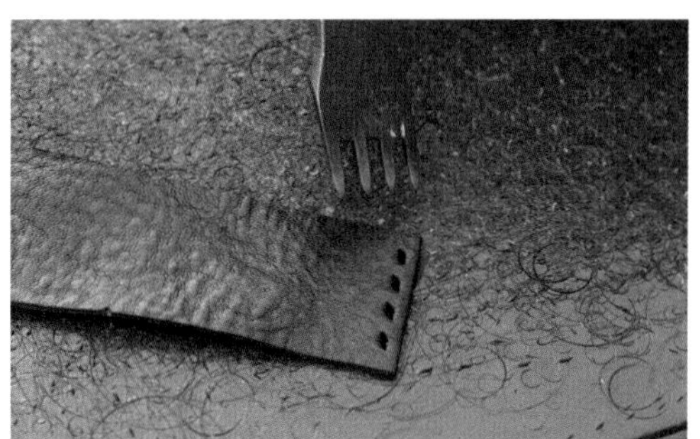

06 在内折的部分距边缘3mm的位置上打孔。

要点

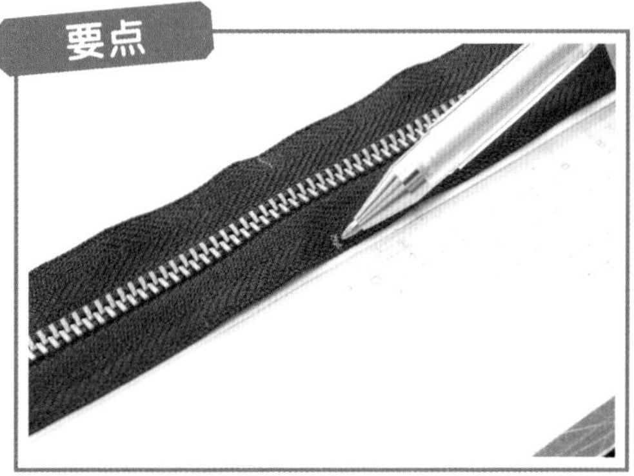

07 在拉链的中心位置用银笔做出记号。

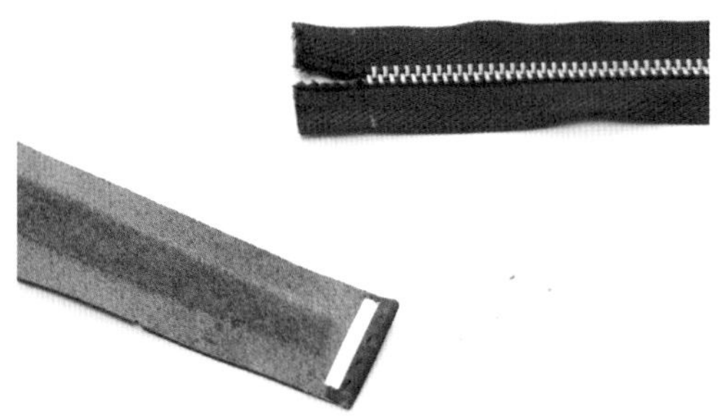

08 在侧边内侧的开孔旁贴上3mm宽的双面胶。

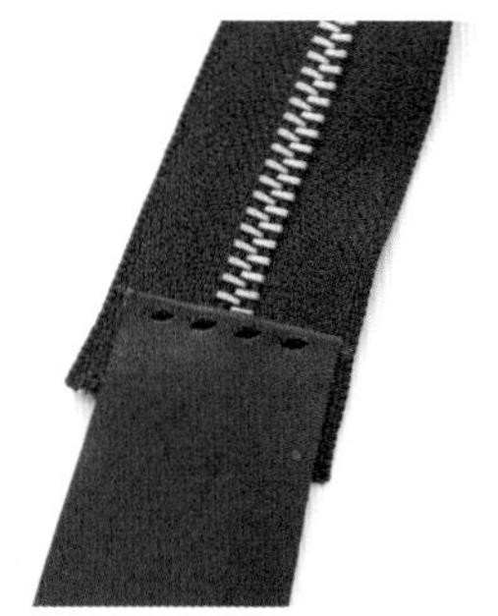

09 对齐侧边部件的边缘位置后与拉链粘合。

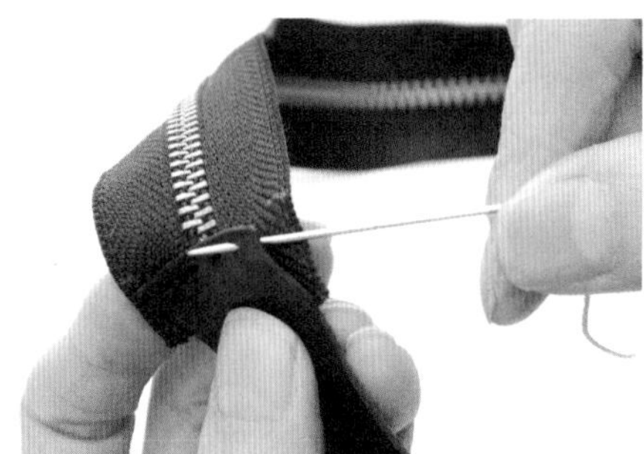

10 穿好针线，从皮料内侧向外穿针。

11 缝合至另一端。

12 缝到最后一个孔后再向后缝，缝到第一个孔。

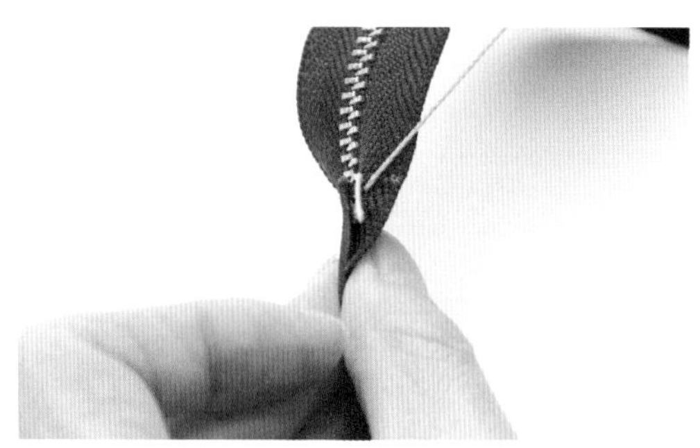

13 线头从最初穿入的位置穿出，打结固定。

14 图为侧边皮料与拉链缝合的状态。另一侧工序相同。

装上拉片

15 准备长80mm、宽5mm的皮条，在床面侧涂上树脂胶。

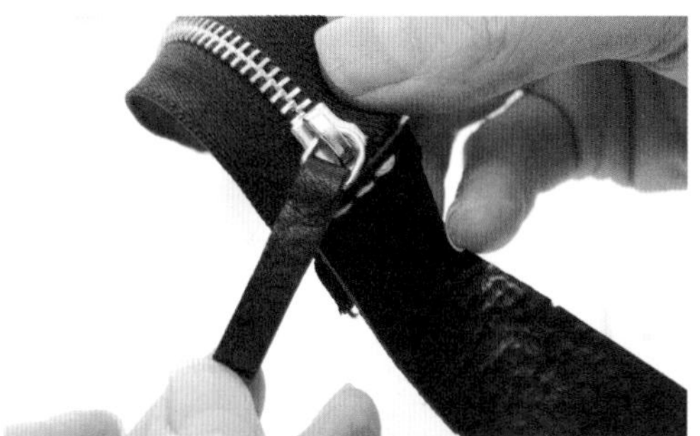

16 将皮条穿过拉链上的环，将床面互相贴合起来。

17 将贴合的部分用铁锤砸紧。

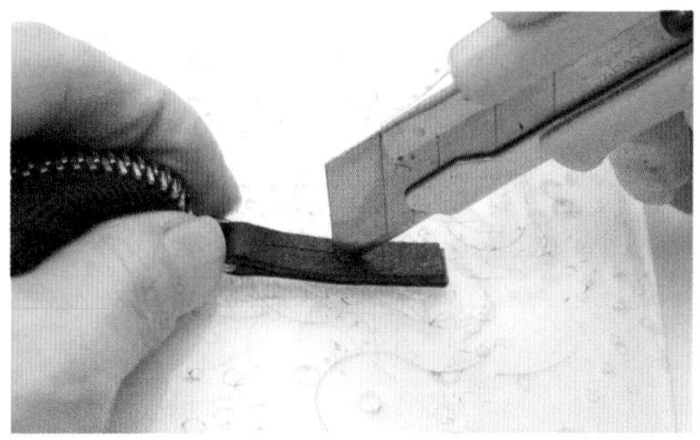

18 两端各留下10mm长度，剩下的长度在中线上裁出一道刀口。

19 从后端向前折，穿过切出的刀口。

20 重复两次，就会形成图中这个样子。

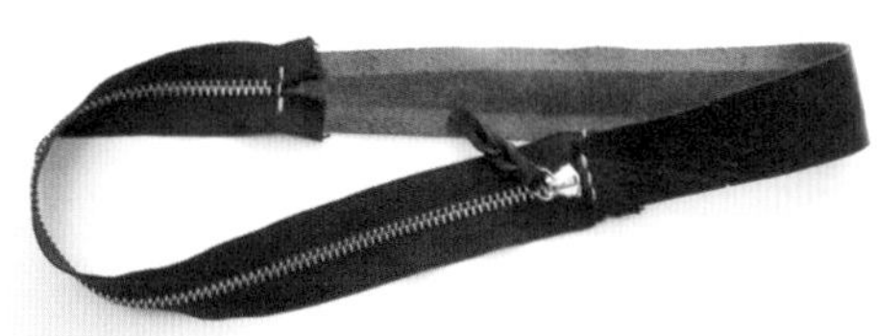

21 侧边部件暂时完工。

缝合本体部件

本体与正面、背面、侧边缝合，做出钱包本体。侧边部件和本体的结合要内缝，粘贴时不要搞错方向。

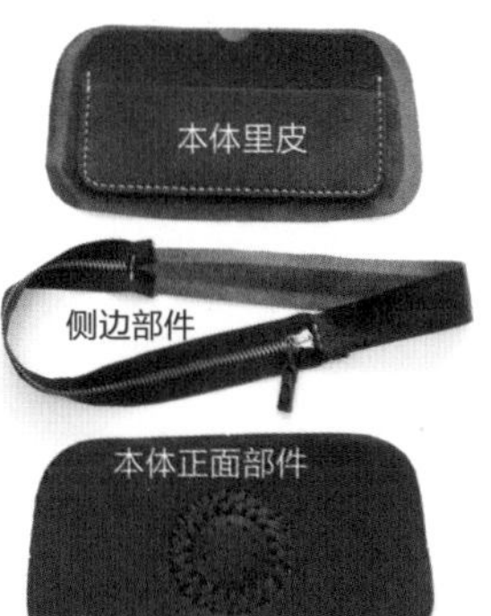

01 图为完工的本体里皮、本体正面部件和侧边部件。

背面与侧面的缝合

02 在背面部件的皮料正面周围一圈贴上3mm的双面胶。

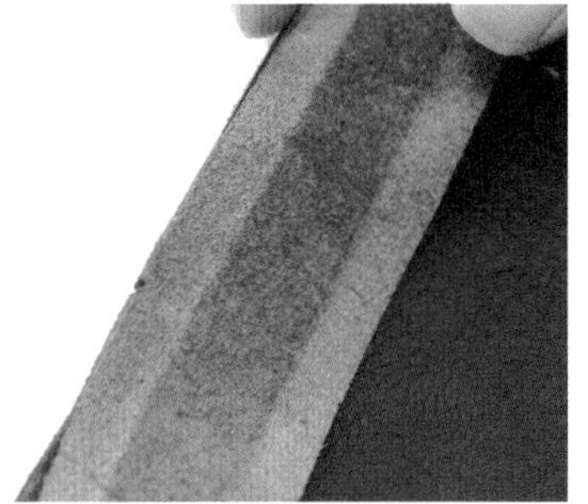

03 将侧边部件的中心对齐背面部件的下缘中心，慢慢贴合。

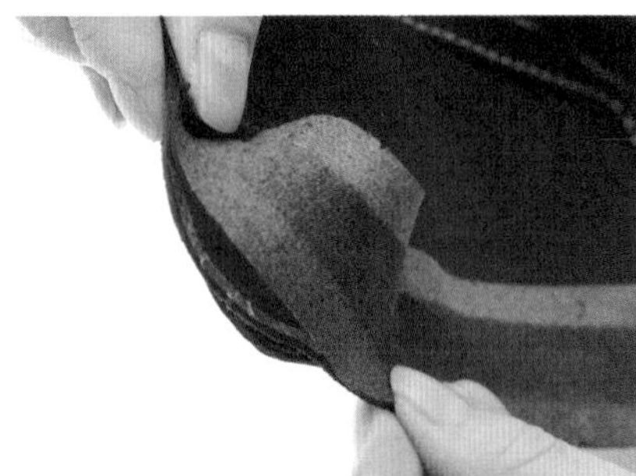

04 转角的部分最后贴合，先沿着底部边缘贴合侧边部件。

要点

05 本体上缘的中心要对准拉链的中心位置来贴合。

06 最后，将剩下的转角部分沿本体边缘贴合。

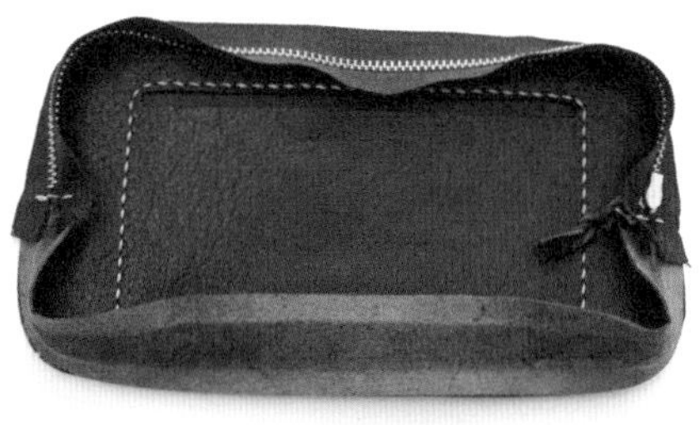

07 图为侧边部件与本体背面部件贴合完成的状态。

08 在与侧边贴合好的本体床面侧画上宽3mm的缝线记号线。

09 按照步骤08的记号线，用菱斩做出打孔记号。

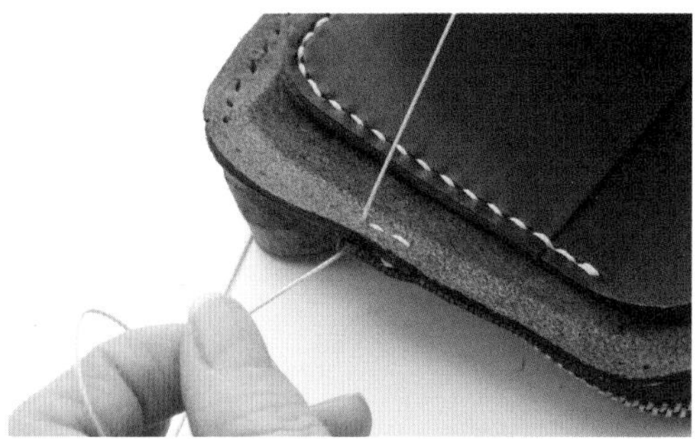

10 可以从任意位置开始缝制。这次选择从拉链开始的地方开始缝制。

11 沿着本体周围缝制一圈。

要点

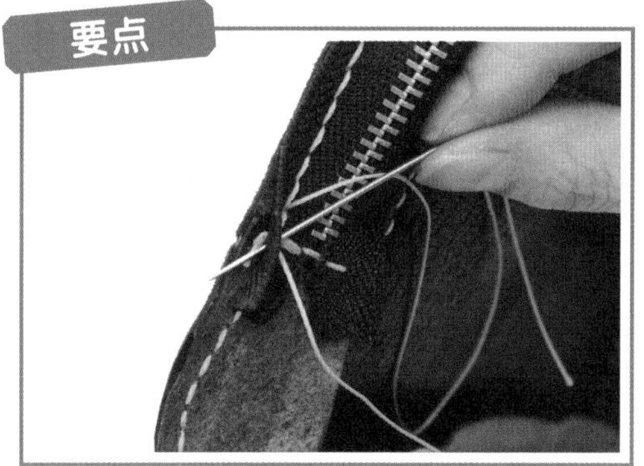

12 回针一次，将线从拉链和侧边部件之间穿出。

13 在拉链与侧边部件之间将缝线打结固定。

14 打结固定后，剪掉多余的线。

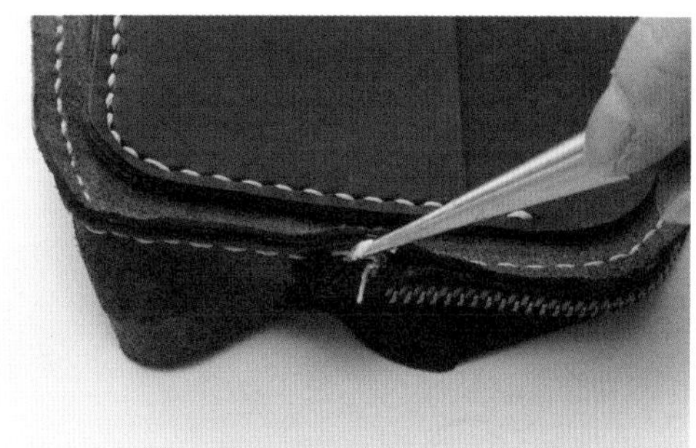

15 在线头上涂上木工胶。

16 在缝合处用滚轮滚压，压开针脚。

17 针脚压开后，将侧边部件翻到正面，确认缝制状态。

正面部件与侧边部件缝合

18 在正面部件的皮料正面周围贴上一圈宽3mm的双面胶。

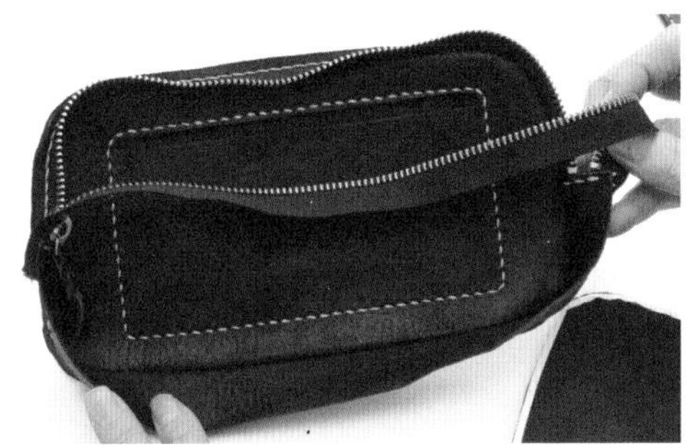

19 将刚才翻到正面的侧边部件再翻回去，拉开刚才缝好的侧边部件上的拉链。

20 对齐侧边部件与正面部件各自底边的中心点，贴合。

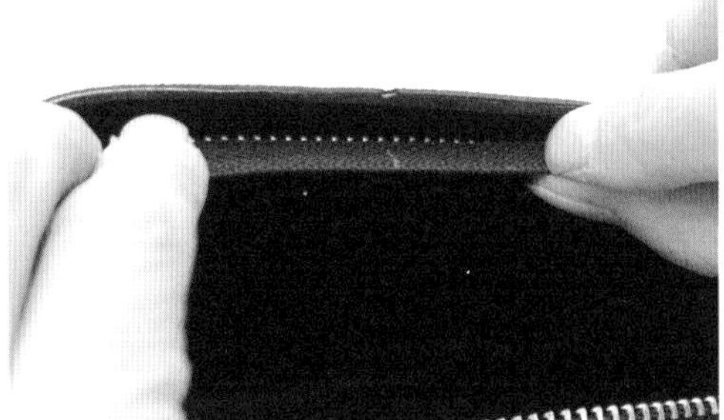

21 留下转角先不粘，按照底边，侧边的顺序粘合，最后对齐拉链中点与正面部件上缘的中点，粘合。

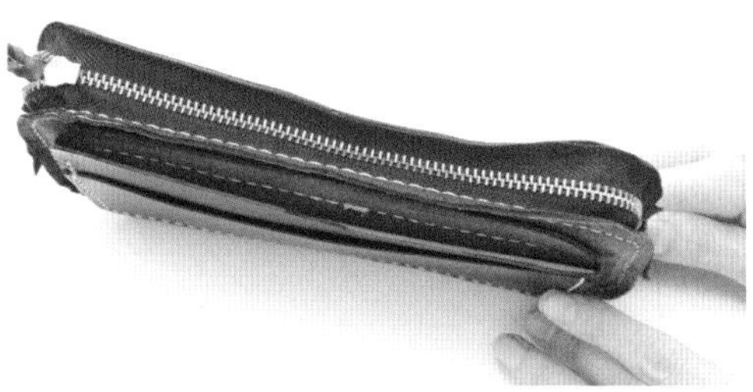

22 四边粘合好后最后粘合转角。

23 在粘合好的位置打孔，这个工序不容易做，要注意不要打偏。

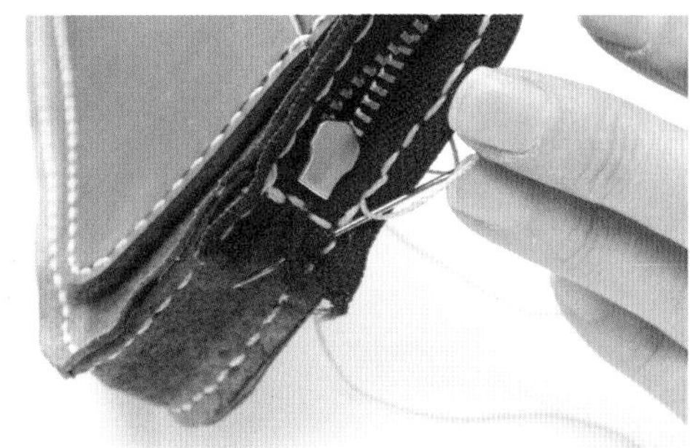

24 用和缝合背面部件相同的方法缝合正面部件与侧边部件。

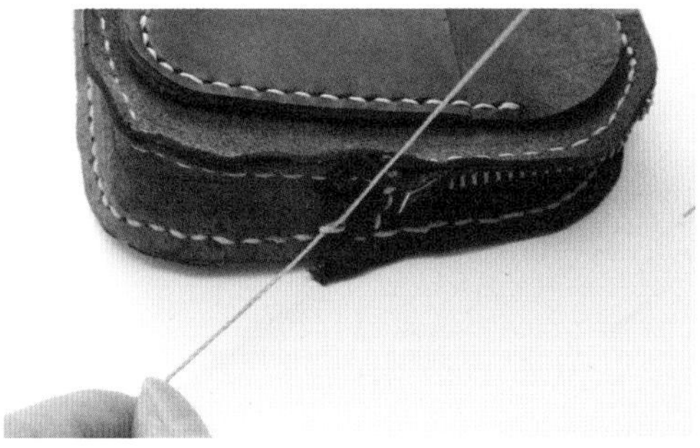

25 缝合结束后。将线从拉链和侧边部件中间拉出来，打结固定。

26 打结固定后剪掉多余的线。

27 在打好的结上涂上木工胶。

28 图为正面部件、背面部件和侧边缝合完成的状态。

翻包

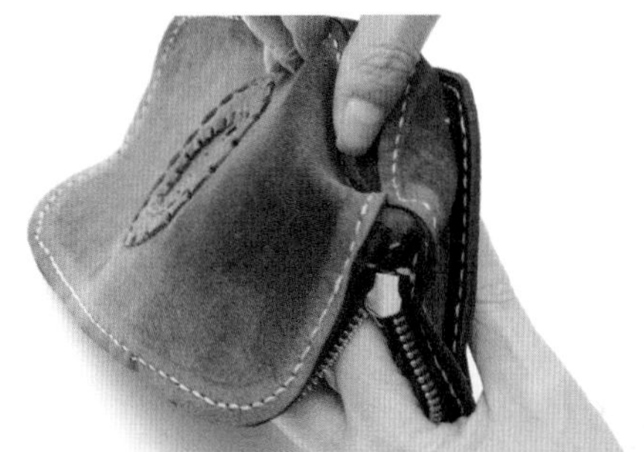

29 在拉开拉链的状态下，将边角的部分按下去。

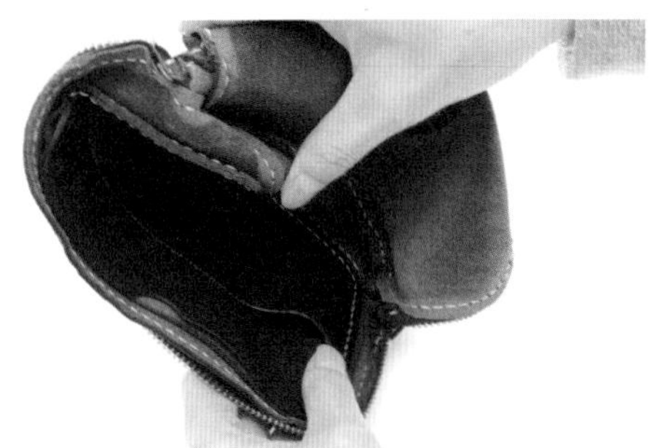

30 当把角落按压到一定程度后，压住底边，将整个包翻到正面。

31 将本体翻到正面之后，将拉链部分向内折，压出折线。

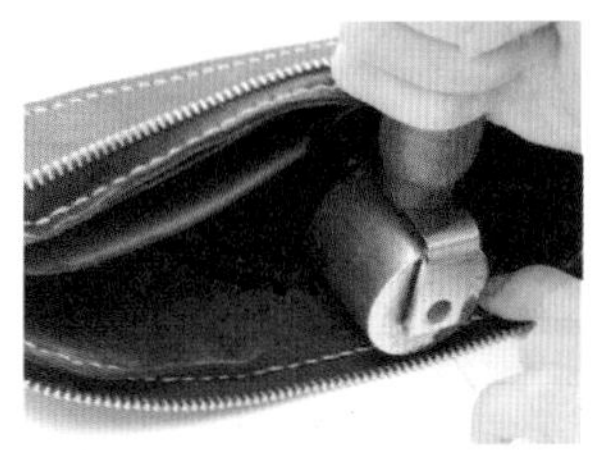

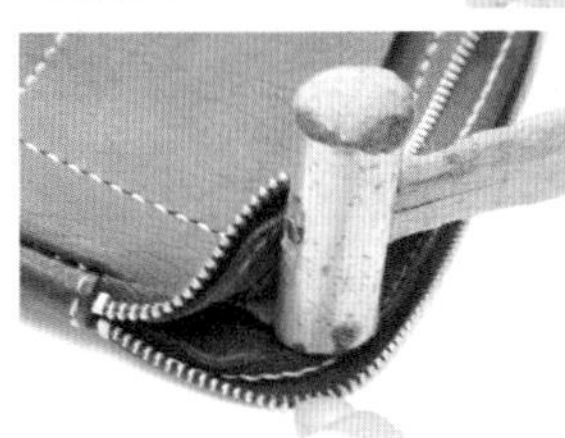

用滚轮和铁锤从内侧对拉链部分进行整形。

32

33 确认拉链开合无碍后本体就完工了。

制作卡位及钞袋

卡位及钞袋是集成于一体的部件，
卡位有6个，与本体之间有一个钞袋。

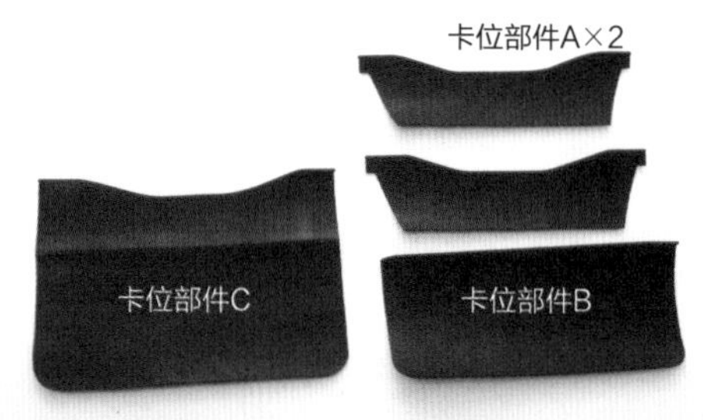

01 准备卡位部件A、B、C。红色标记的部分要先加工好皮边。

02 在需要加工的皮边上涂上CMC皮面处理剂并打磨。

03 把卡位部件B要与卡位部件A、C贴合的位置刮粗。

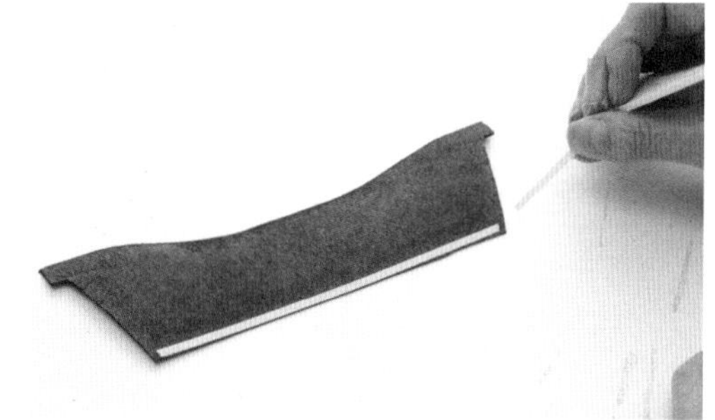

04 在卡位部件A的床面下缘位置贴上双面胶。

05 在步骤03刮粗的地方涂上树脂胶。

06 在卡位部件A的床面侧凸出部分也涂上树脂胶。

07 在卡位部件B上贴上上方的卡位部件A。

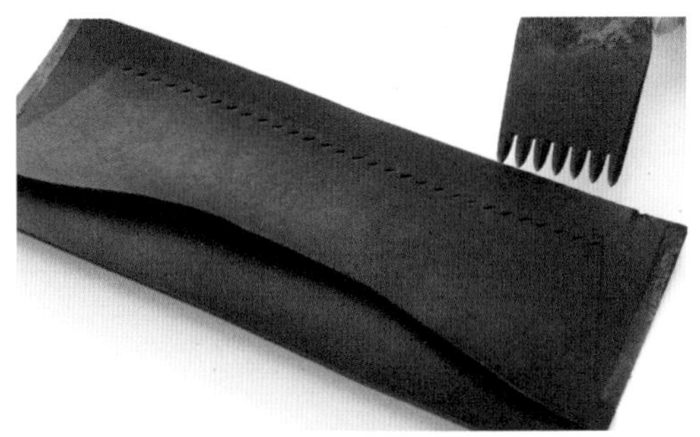

08 与卡位部件B贴合后，沿着卡位部件A的下缘打孔，线孔数目为偶数。

要点

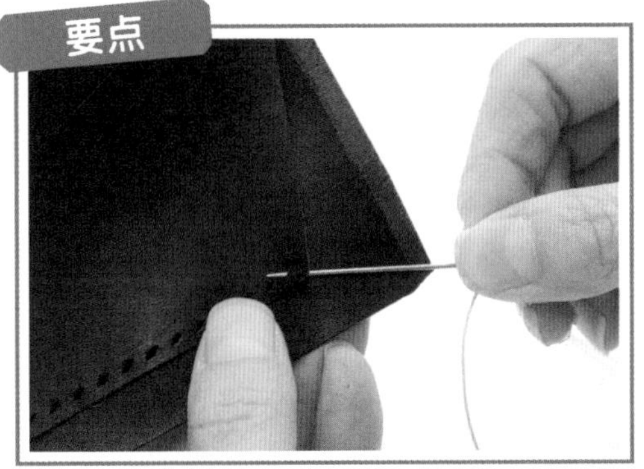

09 在手缝线的一头穿好针，另一头的线头打好结，将线穿过卡位部件A与B之间。

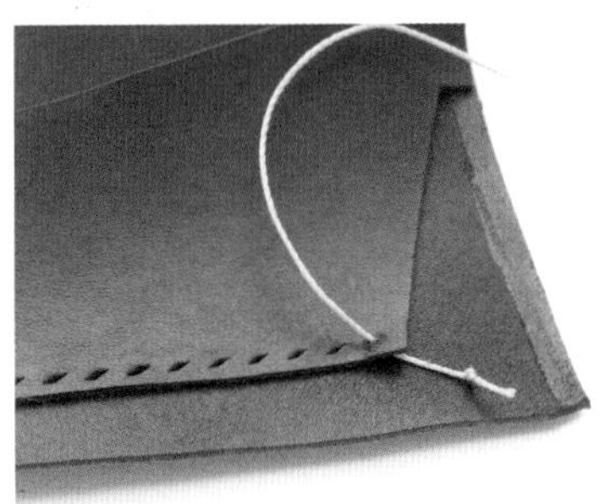

10 穿好线之后的状态是这样，打好的结会藏在卡位之间。

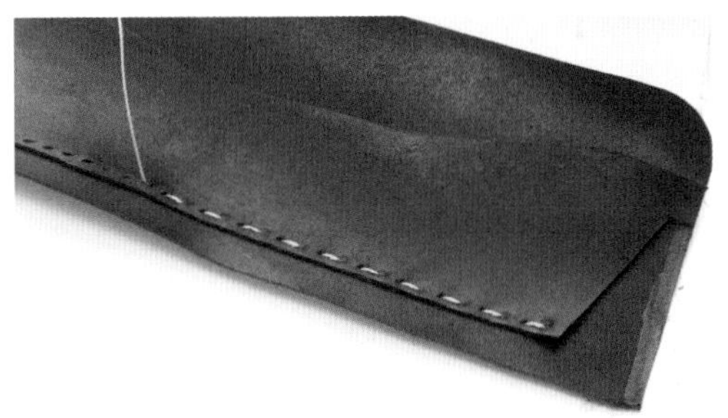

11 将卡位部件A下缘用并缝法缝合。

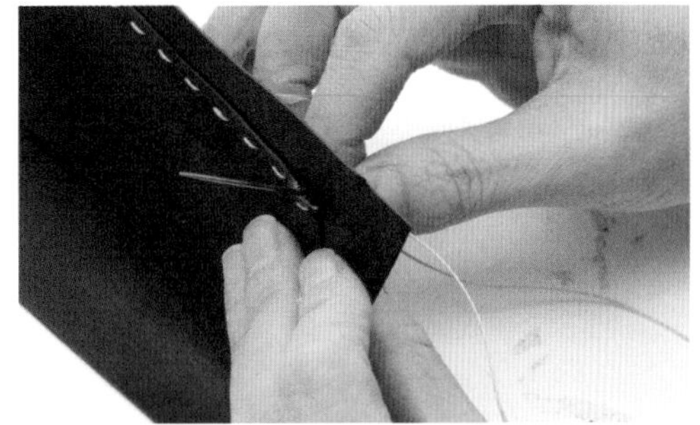

12 缝合至另一端后，回一针，将缝线从卡位部件A与B之间穿出。

要点

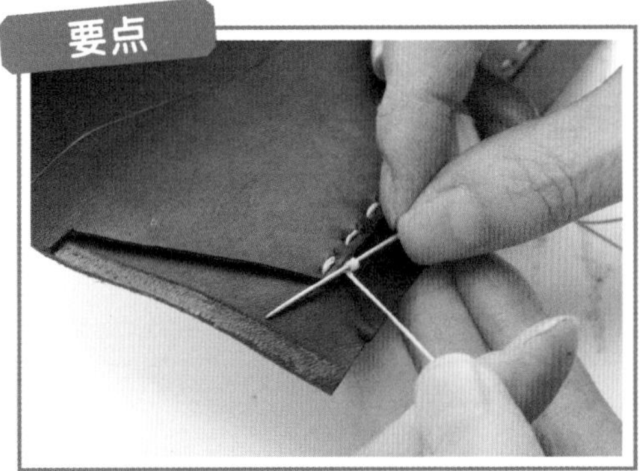

13 将步骤12中穿出的线头打好结，把打好的结藏在卡位之间。

将第二片卡位部件A贴合在卡位部件B上，并沿着下缘打好线孔。
14

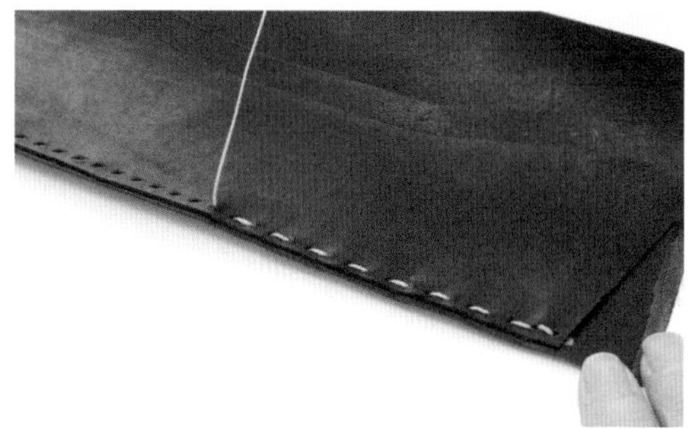

15 与第一片卡位部件A一样，从下缘开始缝合。

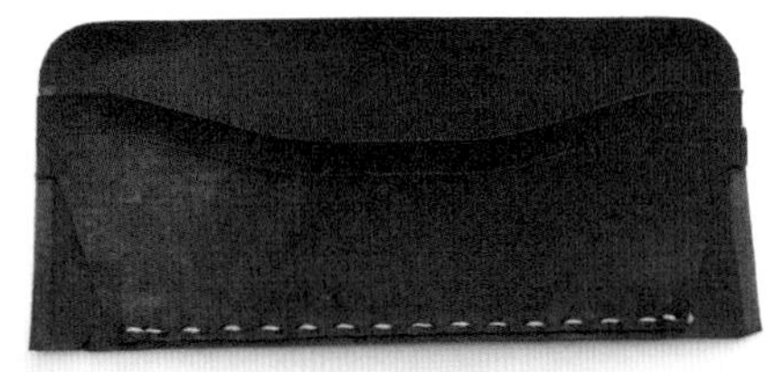

16 图为2片卡位部件A都与卡位部件B缝合完成的状态。

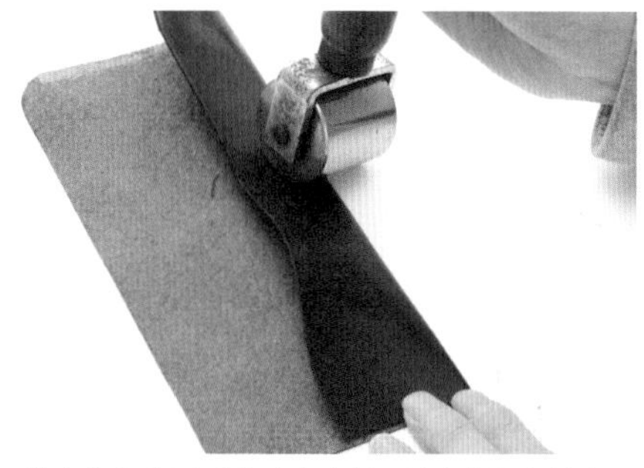

17 将卡位部件C底边部分向上折，用滚轮压出折痕。

要点

18 在卡位部件C将要与卡位部件B缝合的位置涂上树脂胶。

19 如图所示，将卡位部件C叠放在两片卡位部件A的下方，贴合。

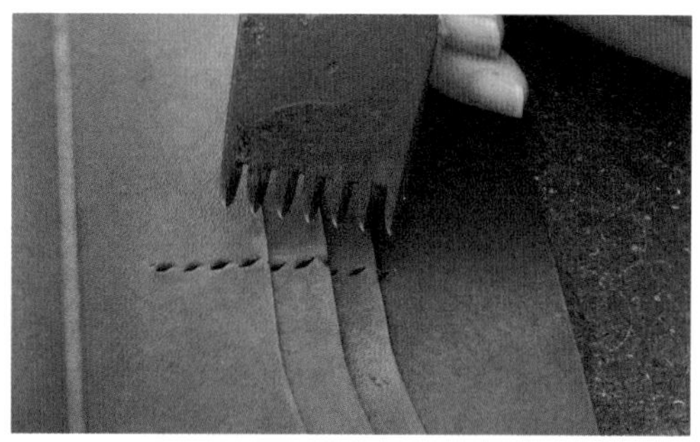

20 避开有高低差的地方，沿卡位部件的中线，在两个基准点之间打孔。

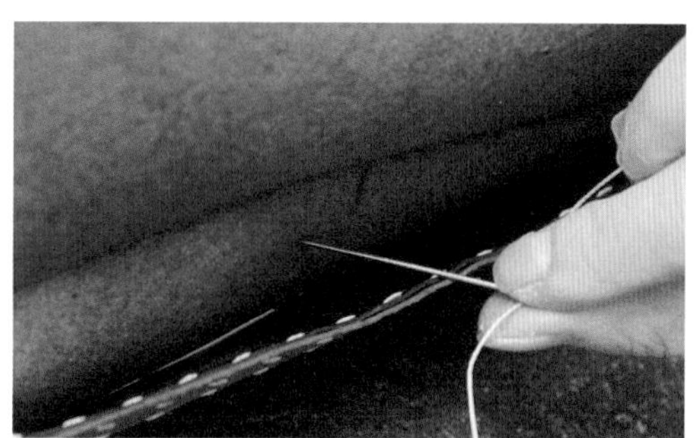

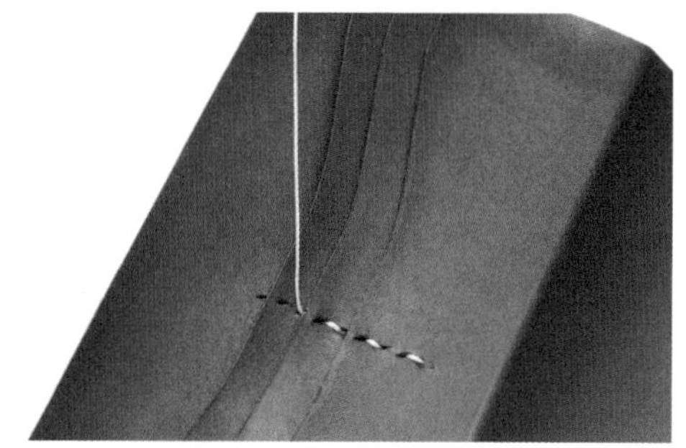

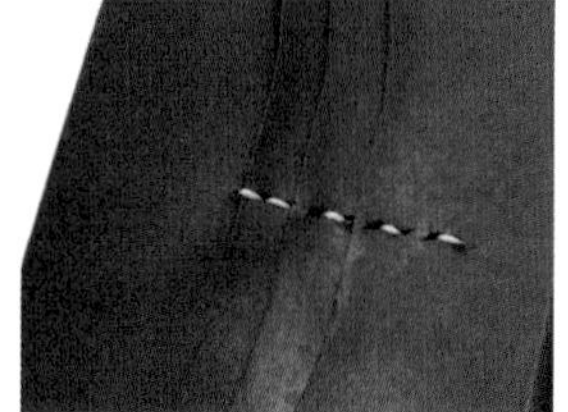

单侧穿针，用并缝法缝合卡位部件B与C之间的部分，缝线方向由下至上。

21

缝合至最上缘的线孔后回针，缝合完成的线头像刚开始一样，在卡位部件B和C之间打结，并用木工胶固定。

22

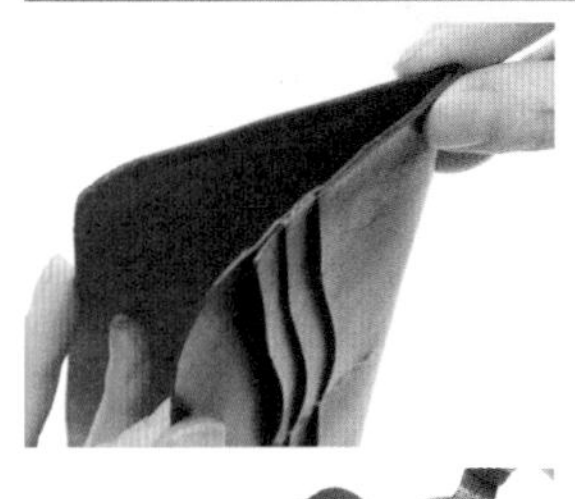

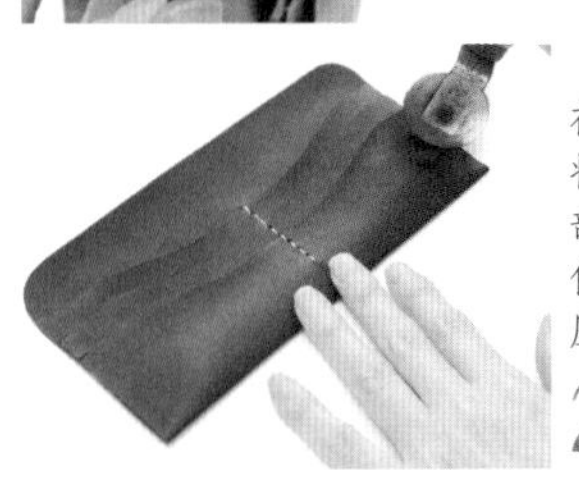

在卡位部件B的床面侧将与卡位部件C粘合的部分涂上树脂胶，将卡位部件C向后折，用滚轮压平。

23

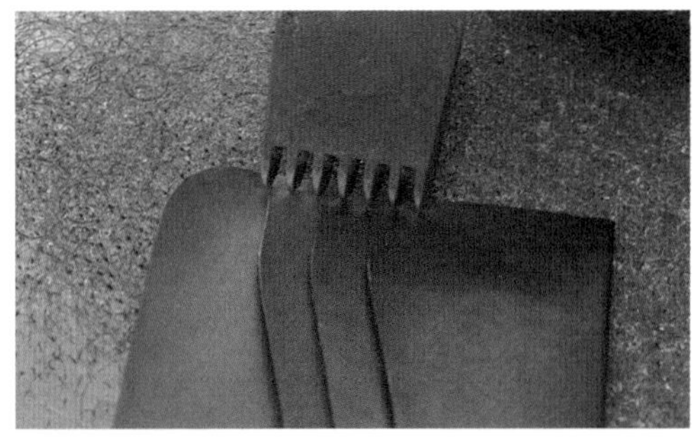

24 避开高低差的位置，在卡位部件的边缘做打孔记号。

要点

25 卡位部件下缘的两个转角各斜切一刀。

26 根据打孔记号开线孔。

27 开始缝线，在有高低差的地方要缝双重缝线。

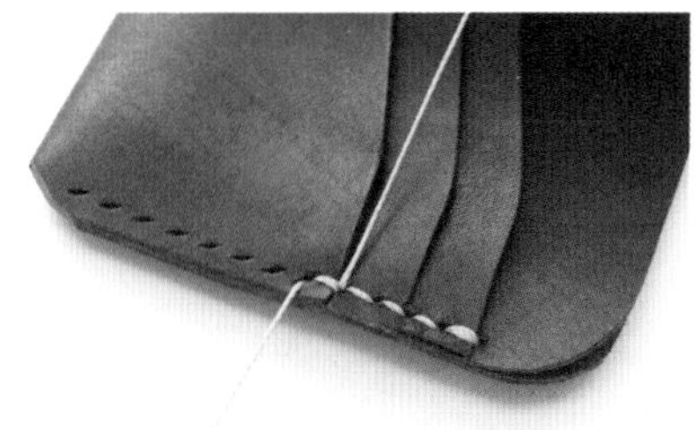

28 缝制侧边时所有有高低差的地方都要缝双重缝线。

将缝好之后的线从卡位部件之间穿出，打结固定，之后剪掉多余的线。

29

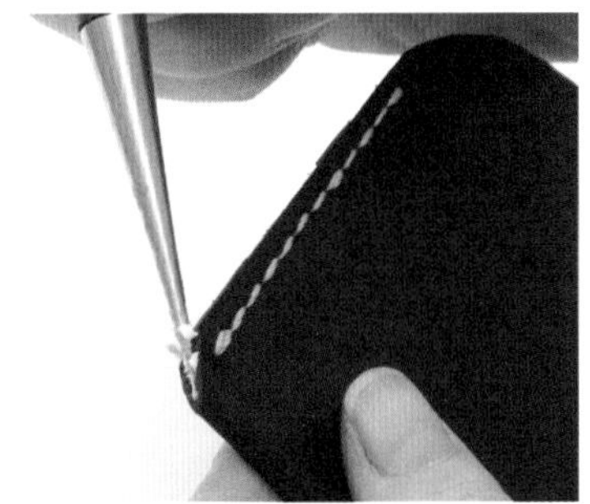

30 用木工胶固定打结的地方，另一边同样处理。

31 使用刨子削平皮边并整形。

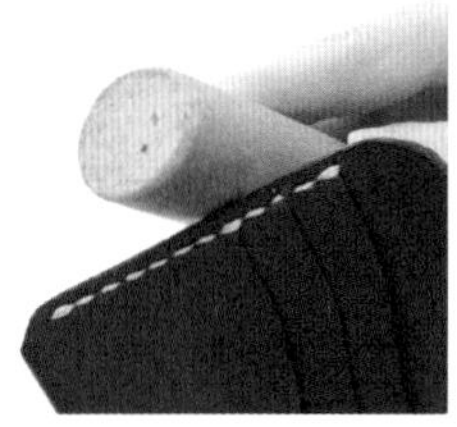

32 整形之后在皮边上涂上CMC皮面处理剂，然后打磨处理。

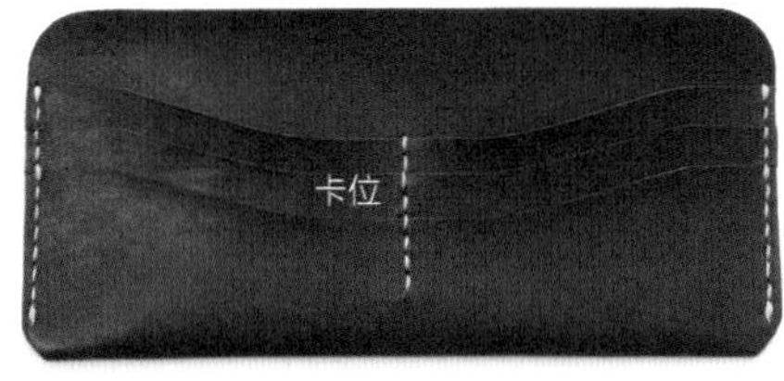

33 卡位和钞袋部件完工。

完成

轻松使用的大容量

卡位和钞袋部分可以靠增加卡位格子等方式制造出更方便的长钱包。请一定要尝试一下。

店铺信息

NASUKONSHA

有着美丽颜色与柔和设计的皮制品

高田寿子 女士

NASUKONSHA的设计与制作负责人。掌握了机缝和手缝的丰富技术，持续设计出充满女性柔美的设计作品。

NASUKONSHA的店铺位于东京的吉祥寺与神乐坂，是由高田小姐负责设计制作的皮具店。本次采访的吉祥寺店位于从吉祥寺车站徒步约5分钟的位置。店面气氛优雅，以皮包为中心，还陈列着钱包和各种皮小物。商品以有着美丽色调及女性柔和感的设计为主。随时保持上新，可以在官网浏览各式商品。另外，两个店面随时都开设有皮艺培训课，如果还在犹豫要不要开始皮具制作的学习，请咨询店家。

1. 卡包与钥匙包等小物陈列在桌面上。
2. 背包类的商品颜色和款式都很繁多。
3. 钱包和笔袋等能和包具搭配的商品。
4. 令人印象深刻的大面积装饰缝线。

NASUKONSHA 茄子组社 吉祥寺店

东京都武藏野市吉祥寺南町2-6-5 Y's大楼1F

Tel：0422-47-7373

营业时间 11:30~20:00

休息日 每周二（法定假日除外）、暑期假期、新年假期

NASUKONSHA 茄子组社 神乐坂店

东京都新宿区筑地町19小野大楼1F

Tel:03-3269-2646

营业时间 12:00~20:00

休息日 每周二、暑期假期、新年假期

CLUTCH
手拿长钱包

盖子用磁扣固定的手拿式款式，有 12 个卡位和两个钞袋，容量很大，可以放入长度小于 13.97cm（5.5 英寸）的手机。有着让人放心用的四合扣固定住的零钱包盖子。

摄影：小峰秀世

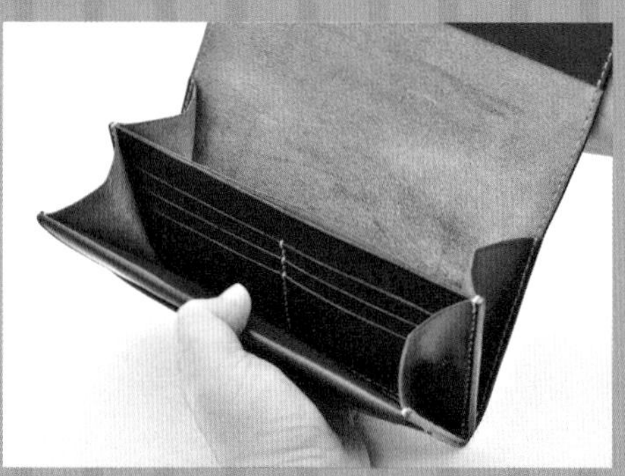

材 料　制作时使用了 1.5mm 与 1mm 厚度的植鞣牛皮。

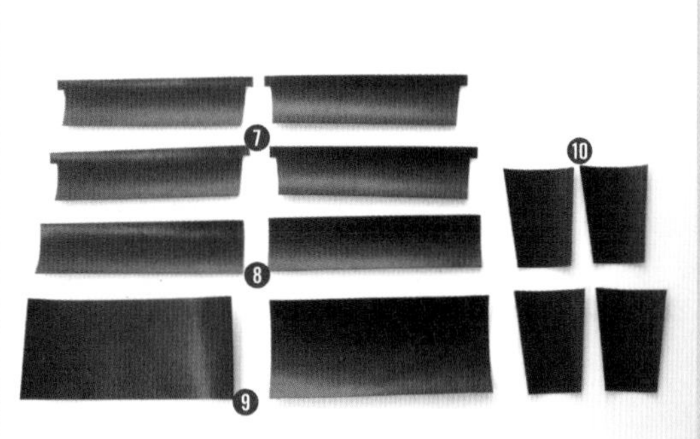

❶ 本体：植鞣牛皮，厚度1.5mm
❷ 盖子里皮：植鞣牛皮，厚度1mm
❸ 零钱包：植鞣牛皮，厚度1mm
❹ 零钱包正面：植鞣牛皮，厚度1mm
❺ 磁扣：直径14mm
❻ 四合扣：大
❼ 卡位部件A：植鞣牛皮，厚度1mm×4
❽ 卡位部件B：植鞣牛皮，厚度1mm×2
❾ 卡位部件C：植鞣牛皮，厚度1mm×2
❿ 侧边部件：植鞣牛皮，厚度1mm×4

工 具　缝制时要使用内缝法，粘合时需要使用树脂胶。

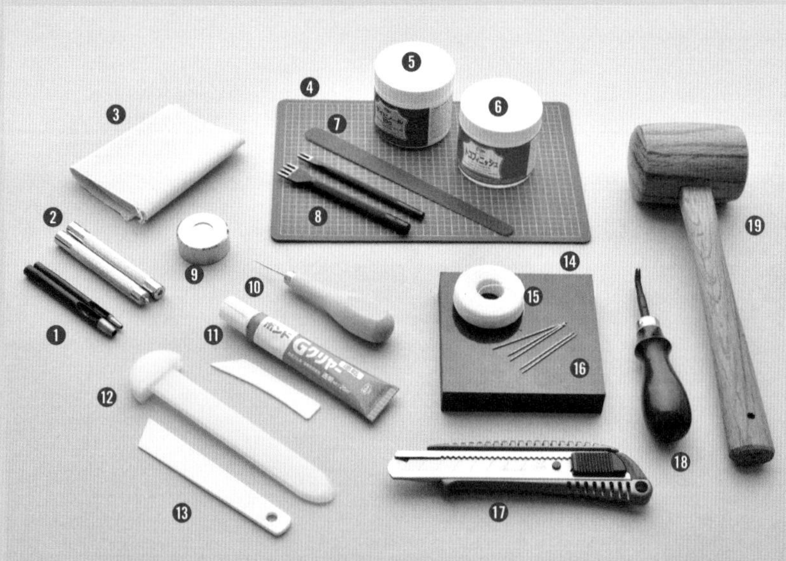

❶ 圆冲：10号（直径3.0mm）、18号（直径5.5mm）
❷ 四合扣工具：大
❸ 磨边帆布
❹ 切割垫板
❺ 白胶
❻ 床面处理剂
❼ 打磨片
❽ 菱斩：2齿、4齿
❾ 打台
❿ 圆锥
⓫ 快干胶
⓬ 多用磨边器
⓭ 上胶片
⓮ 塑胶板
⓯ 手缝线：细
⓰ 手缝针
⓱ 美工刀
⓲ 削边器
⓳ 木槌
※其他
打火机、直尺、糨糊、厚卡纸、染料、棉花棒

各部件的床面处理

除了盖子里皮之外，其他部件的床面都是直接使用的。各部件的床面都需要涂抹床面处理剂并打磨，本体需要粘贴里皮的部分不打磨。

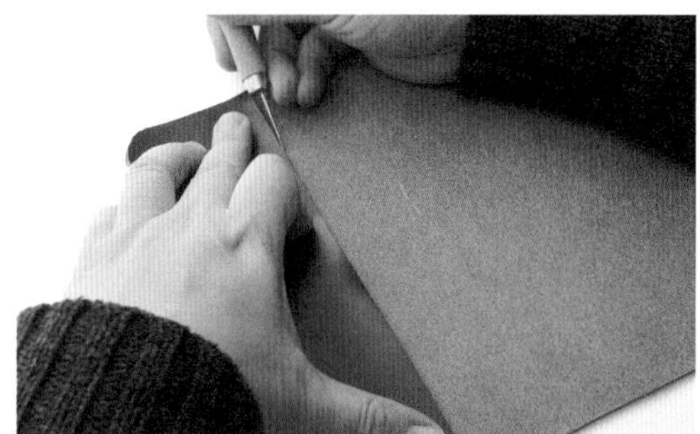

01 将本体盖子部分的里皮叠在本体部件的床面上，画出粘贴位置的记号线。

要点

在画线部分以外的位置涂上床面处理剂。02

03 用多用磨边器的长柄部分打磨涂了床面处理剂的床面部分。

04 其他部件的床面也需要涂上床面处理剂。

05 所有涂抹了床面处理剂的床面部分都需要用多用磨边器的长柄打磨。

06 本体盖子部分的里皮之外的部分都用同样的办法处理。

各部件的皮边处理

皮料切断面所形成的皮边都需要打磨成形才能美观。完工后无法打磨的皮边必须在皮料还是分散的部件状态下先行打磨处理。

01 图中红色标记的皮边都需要在皮料还是分散的部件状态下先行打磨处理。

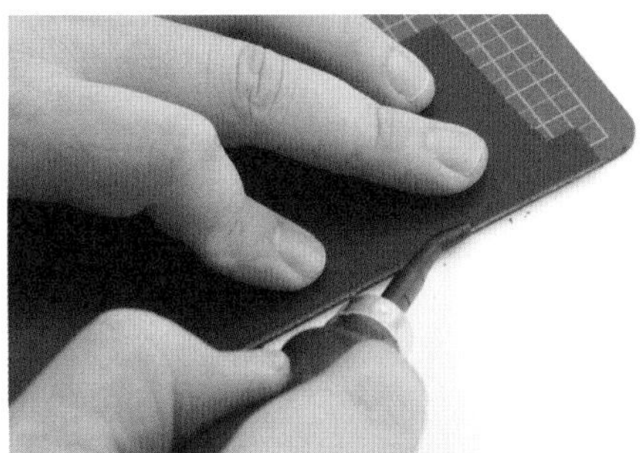

02 皮边的正反两面都要用削边器削边。

03 将削边后的皮边用打磨片打磨成半圆形。

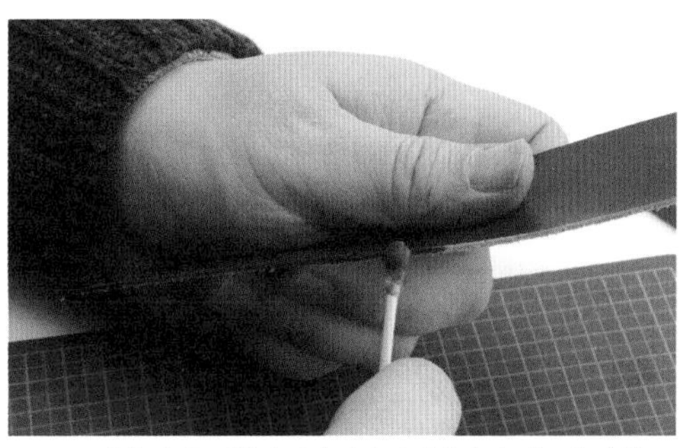

04 在打磨成形的皮边上涂上比本体颜色稍深的染料。

05 染色之后涂上床面处理剂。

06 用磨边帆布打磨涂好床面处理剂的皮边。

07 打磨到一定程度后将部件放到工作台上，正反面都用磨边帆布精细打磨。

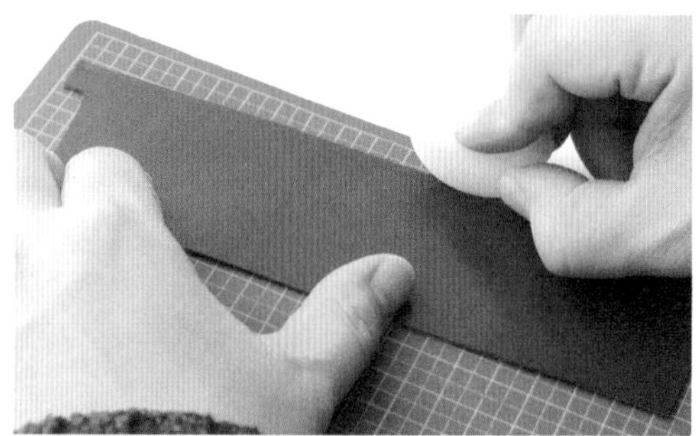

08 使用多用磨边器上2mm的沟槽，在磨好的皮边上画线。这个工序称为“拉沟”。

要点

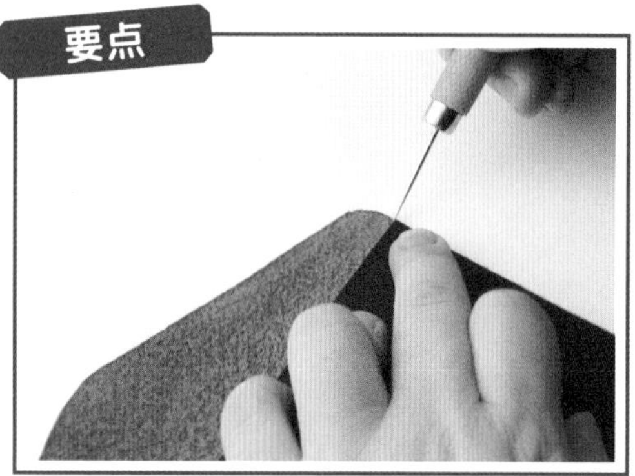

09 将零钱包部件与正面对齐，在固定位置上做好标记。

10 在零钱包的掀盖部分的边缘使用步骤09的方法拉沟。

11 对其他部件也用同样的办法处理皮边。

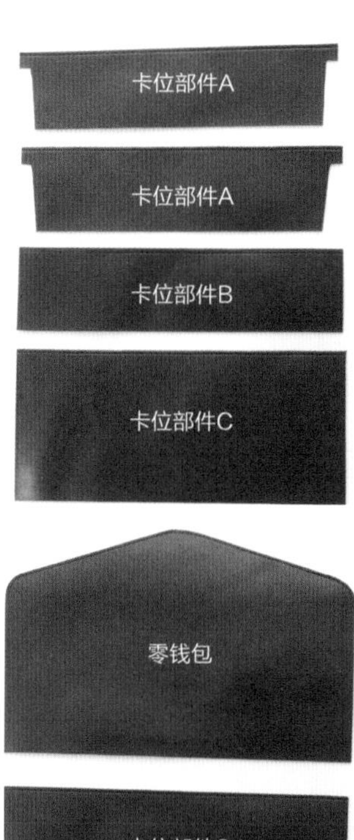

零部件预加工步骤完成，确认一下有没有忘记加工的地方。

12

开始制作卡位

开始制作卡位部件。这款长钱包有两个卡位部件，卡位格子有3层，每边各有6个卡位。

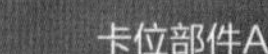

准备两片卡位部件A，卡位部件B与卡位部件C各一个。这是一组卡位的零部件。

01

02 将卡位部件根据实际的缝合顺序排列，分别在固定位置上做记号。

03 将最上方的卡位部件A重合在卡位部件C上，将重合部分之下的卡位部件C的边缘刮粗，宽3mm。

04 对齐最上方的卡位部件A，沿着它的下缘在卡位部件C上画线。

05 将步骤04画线的部分刮粗，宽3mm。

刮粗卡位部件A的凸出部分与下缘的床面边缘，宽3mm。

06

07 把步骤06中卡位部件A刮粗的地方涂上白胶。

08 在卡位部件C将要贴合的部分也涂上白胶，之后与卡位部件A贴合。

09 在卡位部件A的下缘画出距边缘3mm的缝线记号线。

10 对齐缝线记号线做出的打孔标记，中间留出一段距离，左右各打出数目为偶数的线孔。

检查

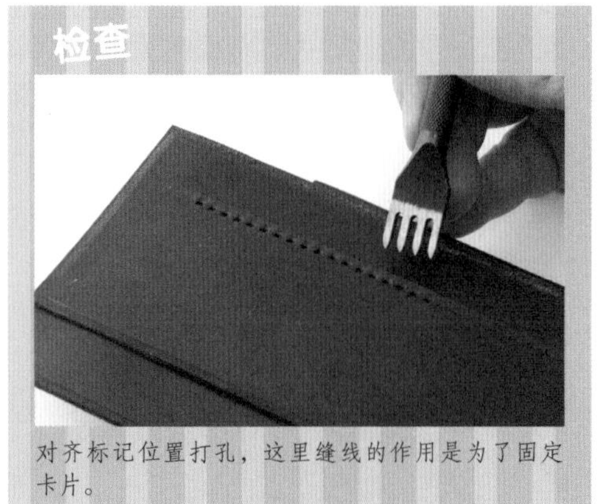

对齐标记位置打孔，这里缝线的作用是为了固定卡片。

要点

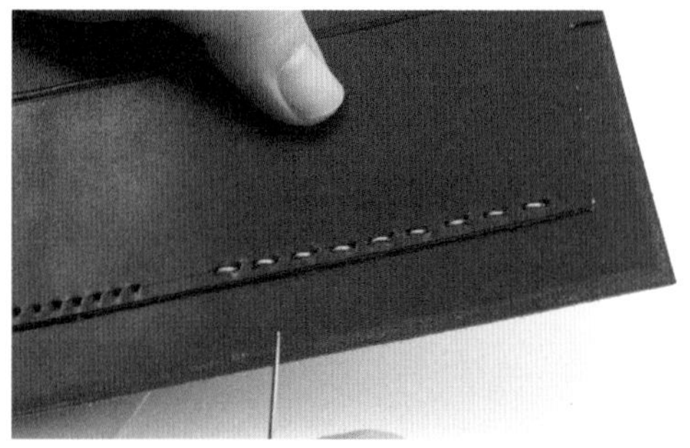

11 准备长位部件C长度2倍的缝线。在最边缘的线孔穿过缝线之后，用打火机烧熔，固定好床面侧最后的线头。

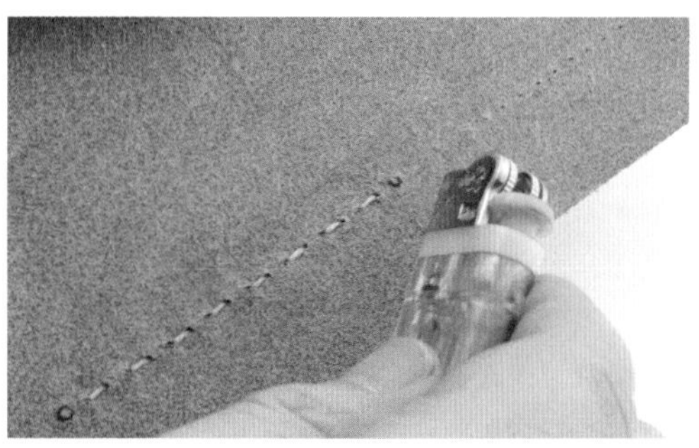

12 对卡位部件A下缘的部分使用并缝法缝制。

13 缝制完成后用烧熔法固定收尾。

14 图为最上方的一片卡位部件A下缘缝合完成的状态。使用木槌的腹部敲打缝线，让针脚更服帖。

15 将第二片卡位部件A对齐位置，沿着其下缘画出记号线。

16 将画线的部分刮粗，宽3mm。

17 将卡位部件A侧面的凸出部分及部件下缘的床面层沿边缘刮粗，宽3mm。

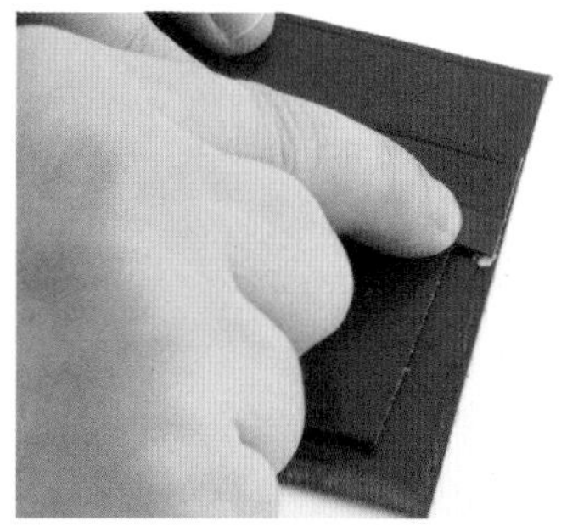

18 在两个部件贴合的位置涂上白胶，将卡位部件A的凸出部分粘合起来。

19 重复画线及打孔，然后用并缝法缝合卡位部件A的下缘。

20 缝合好下缘后，使用木槌的腹部敲打，使针脚更服帖。

21 图为第2片卡位部件A缝合完成的状态。

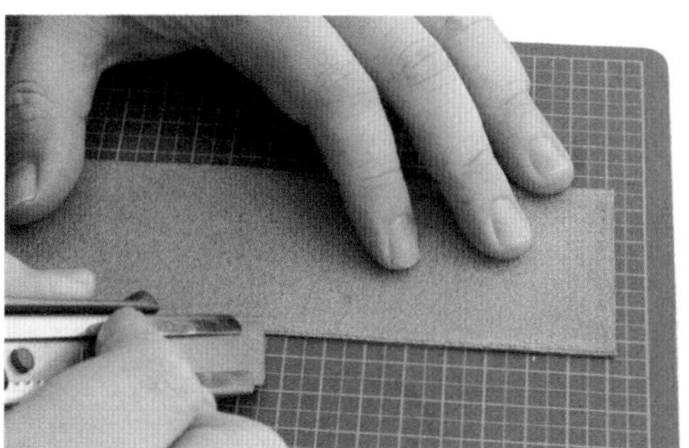

22 将卡位部件B的床面沿边缘刮粗，宽3mm。除了上缘之外的3个边缘都要刮。

23 将步骤22中刮粗的部分涂上白胶。

24 对齐位置，将卡位部件B粘贴在卡位部件C上。

25 粘好卡位部件B后，沿中线画出卡位缝合所需要的基准线。

26 按照步骤25画出的线，用菱斩做出线孔记号。

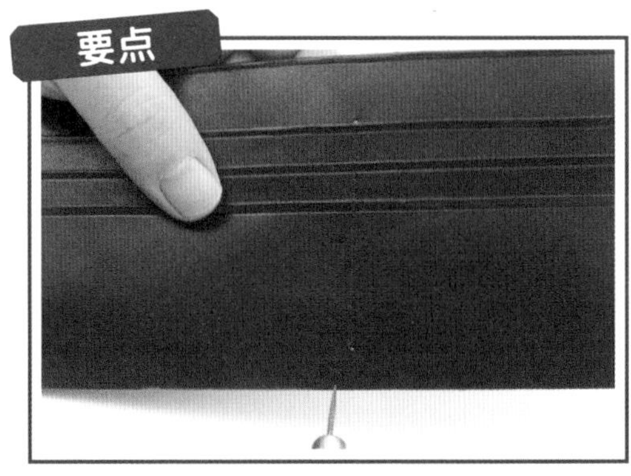

27 在上下的线孔记号上用圆锥开孔。

28 根据线孔记号打出线孔。

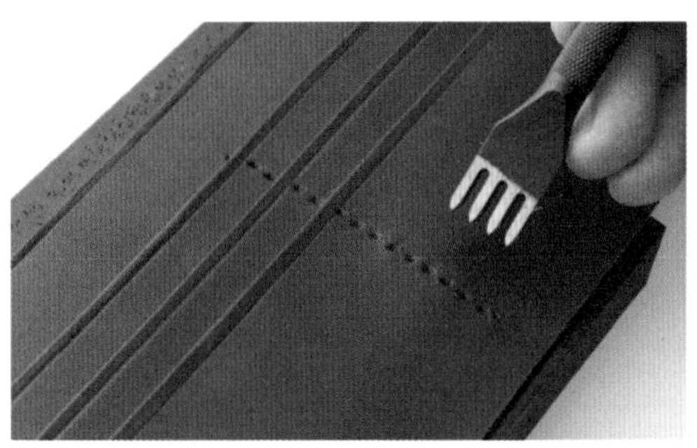

29 图为打好线孔的状态。

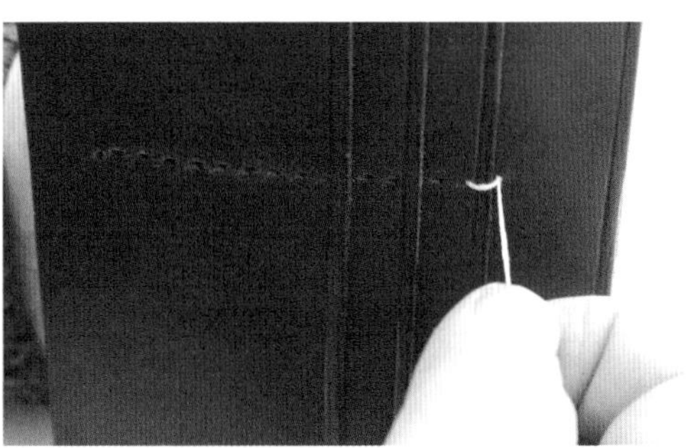

30 回针一次，先在卡位部件A的边缘进行双重缝线后再开始缝制。

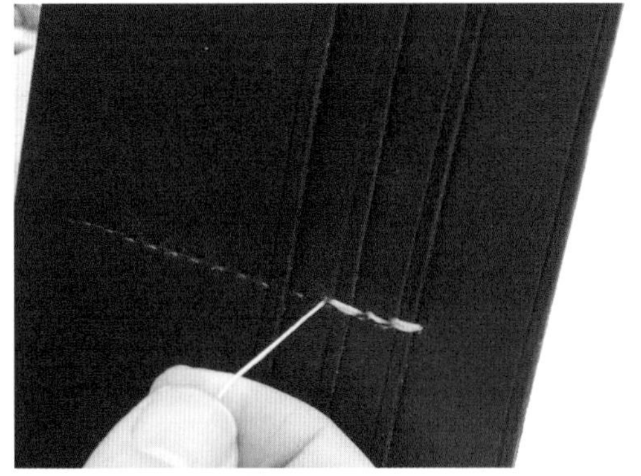

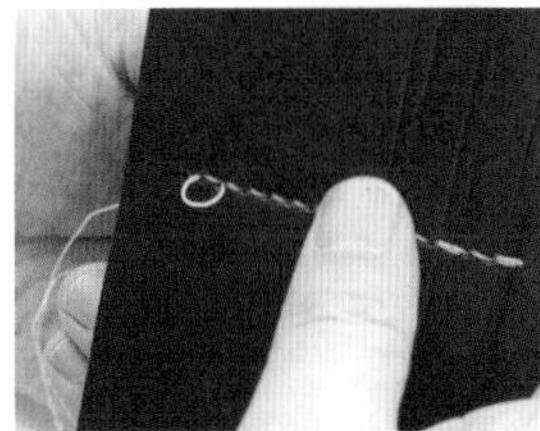

有高低差的位置都要进行双重缝线，最后缝合完毕的位置也一样。缝制结束后的线头要从背面穿出。

31

32 将穿出的缝线留下2～3mm，多余的剪掉，用打火机烧熔固定。

33 图为卡位部件中间缝线完成的状态。接着再制作一个和这个一模一样的卡位部件。

34 将制作好的两个卡位部件除上缘外的边缘全部沿边缘刮粗，宽3mm。

35 在刮粗的地方涂上白胶。

36 将两个卡位部件背对背粘接起来。

37 在左右两侧的边缘上分别画出距皮边3mm的记号线。

38 沿卡位部件的下缘也画出一条记号线，距离皮边3mm。

要点

39 在下缘画出的记号线上标出打孔位置。现在不用处理侧边。

40 按照记号位置打出线孔。

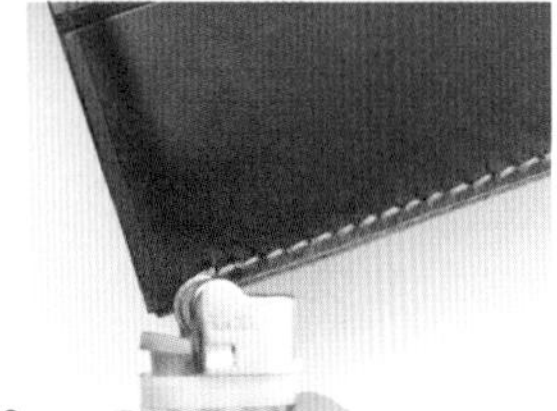

将卡位部件的下缘缝合起来。
41

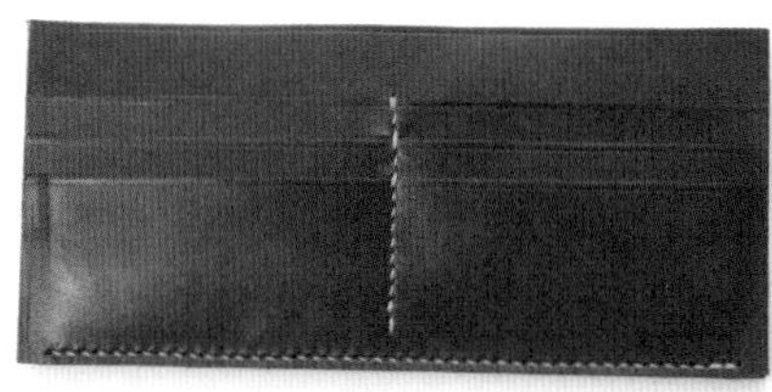

42 卡位部件暂时就做到这里，之后两侧的边缘会与本体的侧边缝合在一起。

制作零钱包

零钱包的掀盖部分使用四合扣固定。四合扣的装配比较简单，可以先固定，也可以在本体缝合之后再固定。

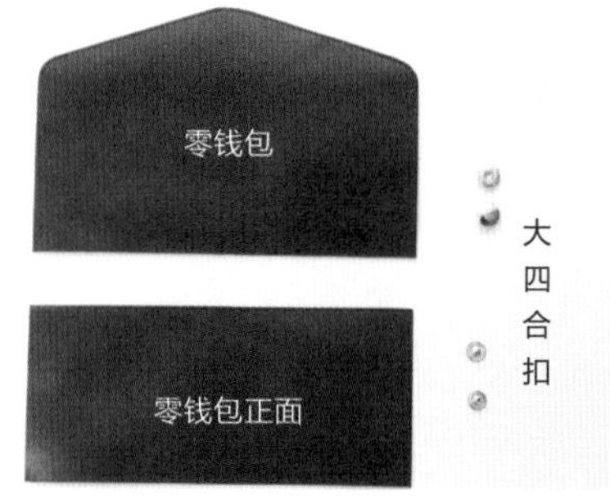

01 准备零钱包本体与正面的部件，以及一套大四合扣。

在掀盖部分用18号圆冲打孔，这个孔将用来固定四合扣的母扣。
02

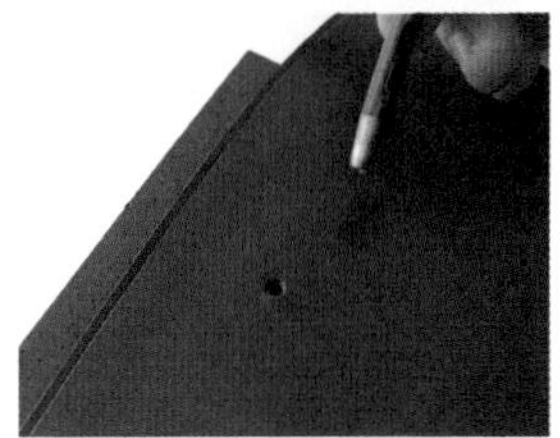

在零钱包正面用10号圆冲打孔，用来固定四合扣的公扣。

03

04 在掀盖部件的孔上放好母扣，位于床面一侧。

05 在打台上放置与母扣组合的上内扣。

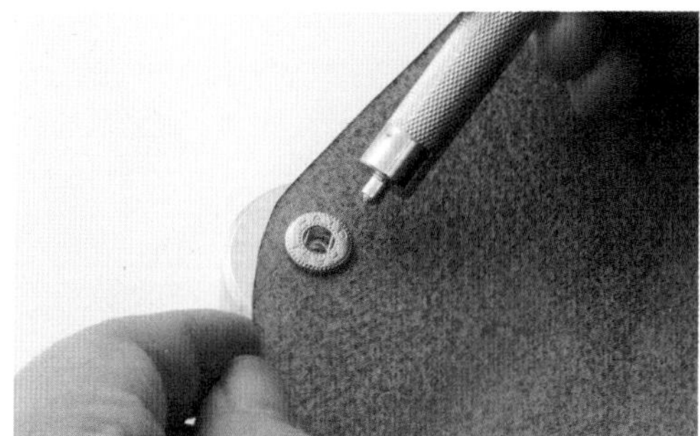

06 在扣环上覆盖母扣。

要点

用四合扣固定工具敲打，使扣环固定住母扣，对四合扣固定工具必须用木槌垂直敲打。

07

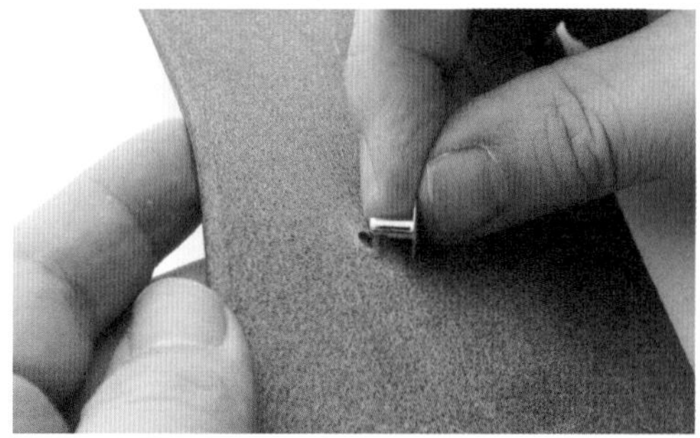

08 从零钱包正面开孔的床面一侧放置与公扣组合的下内扣。

检查

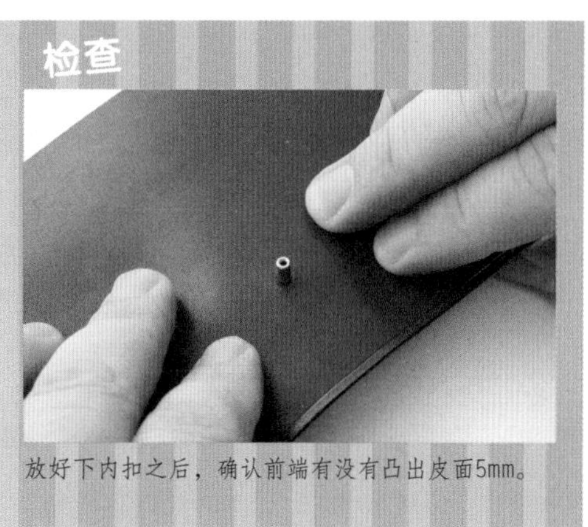

放好下内扣之后，确认前端有没有凸出皮面5mm。

09 将公扣盖在下内扣伸出的位置上。

10 用四合扣工具敲打，使公扣固定在下内扣上。

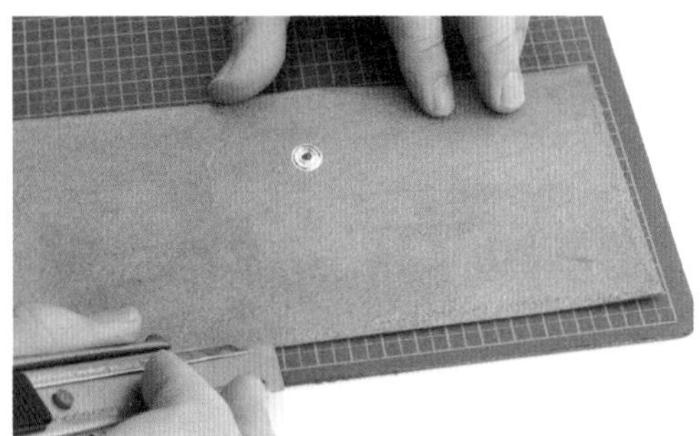

11 将零钱包正面部件的床面一侧沿边缘刮粗，宽3mm。注意掀盖侧的边缘不刮。

要点

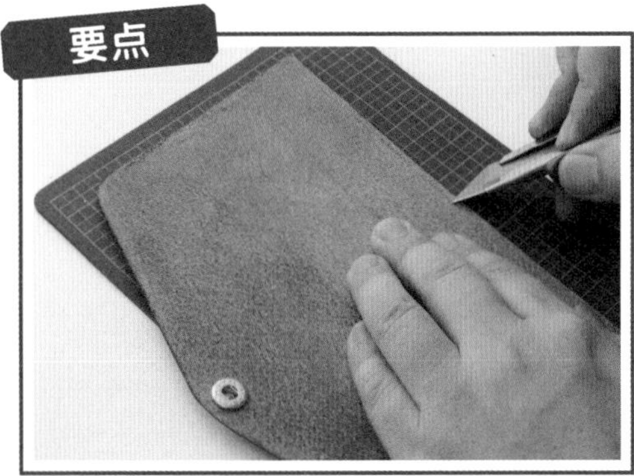

12 把零钱包本体部件将要与零钱包正面部件粘接的3条边缘的床面一侧刮粗，宽3mm。

13 将刮粗的地方全部涂上白胶。

14 对齐位置，粘合零钱包本体与零钱包正面部件。

15 沿零钱包正面部件的边缘画记号线，距皮边3mm；上缘不画。

要点

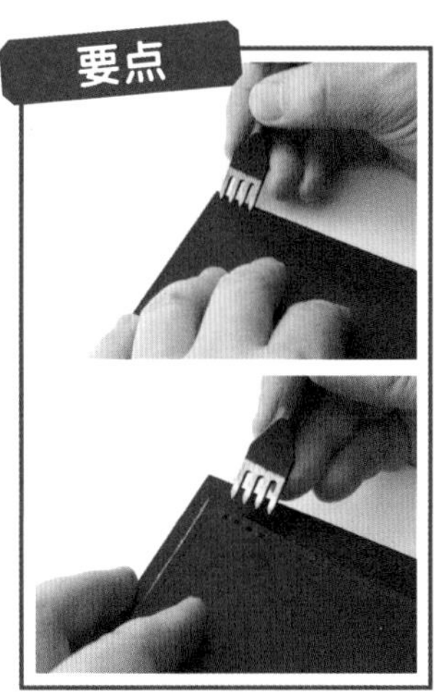

在距离侧边缘皮边1齿的位置开始做打孔记号，做到另一端的同样位置。然后根据记号打孔。

16

17 图为沿下缘开完缝线孔的状态。

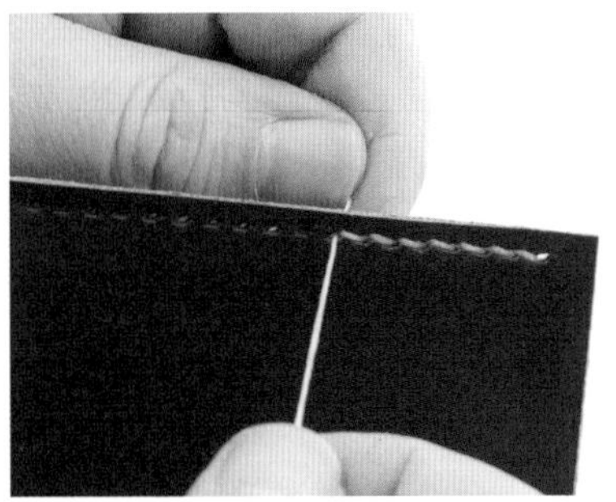

18 用平缝法缝好这条线。

19 直接缝到最后的线孔。

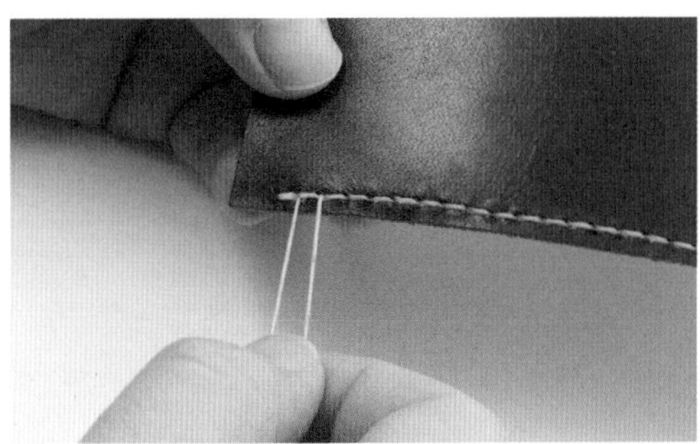

20 回缝2针，将缝线从内侧穿出。

21 留下2～3mm的线头，用打火机烧熔固定。

22 零钱包暂时加工到这个状态。之后会将两侧夹在本体部件与侧边部件之间缝合。

本体皮料的预加工

本体正面与掀盖的里皮部分要装上磁扣。正面为母扣，皮内部为公扣。另外，本体正面皮料的皮边要先行加工。

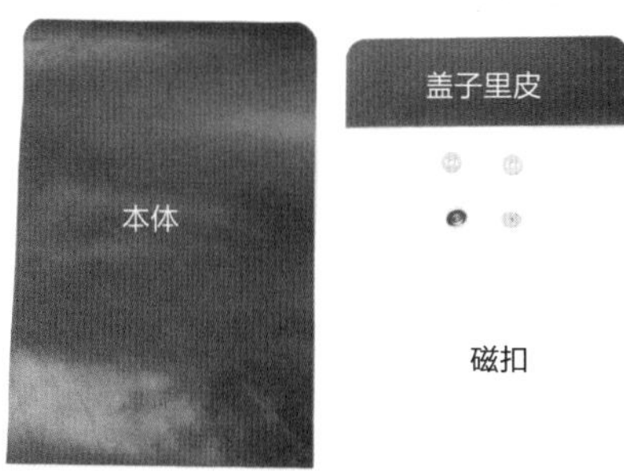

01 准备本体与本体盖子的里皮，以及磁扣一组。

02 将本体的皮边进行削边处理（上图为皮料的下缘）。

03 对削边之后的皮边用打磨片打磨成半圆形。

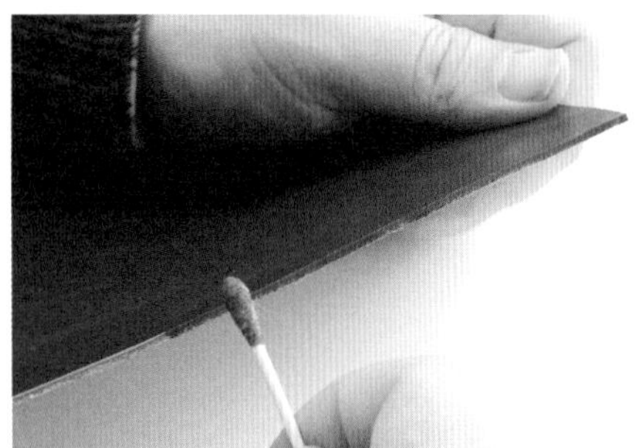

04 成形后涂上染料。

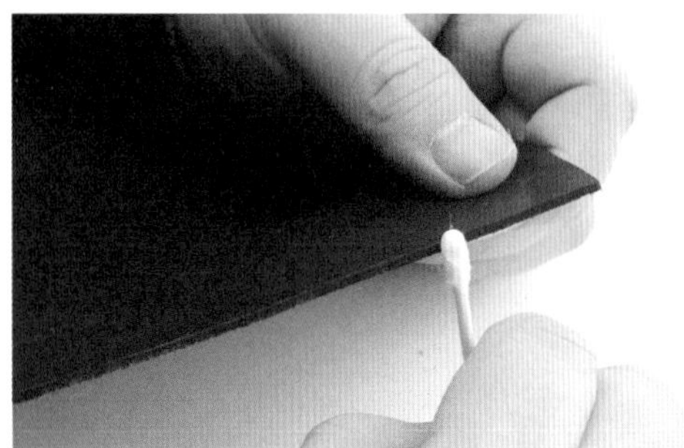

05 在上完染料的部分涂上床面处理剂。

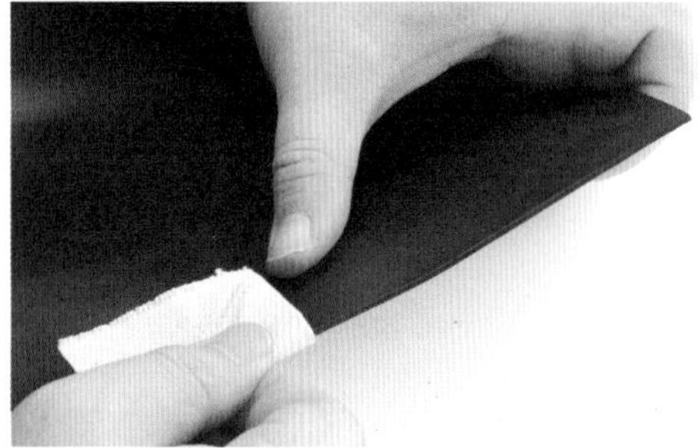

06 涂好床面处理剂后，用磨边帆布夹住皮边打磨。

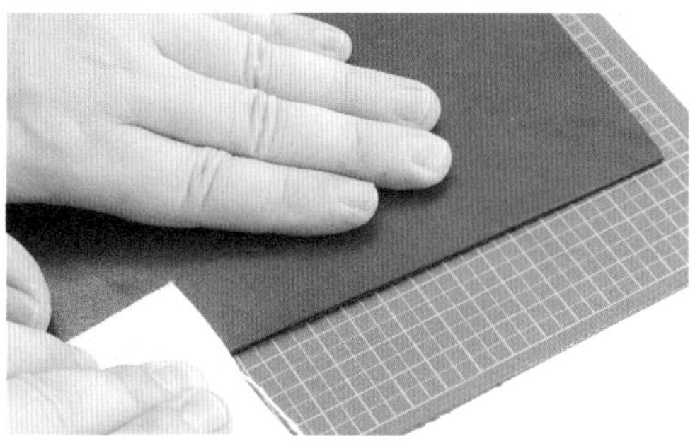

07 打磨到一定程度后，将本体皮料放在工作台上，正反两面都用磨边帆布打磨。

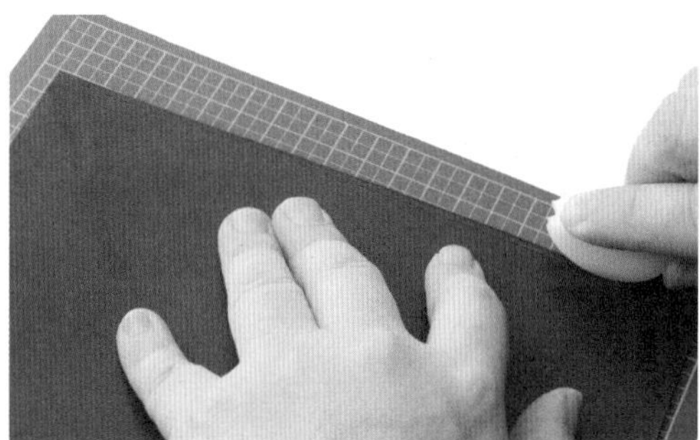

08 用多用磨边器的2mm沟槽拉沟，完成皮边的加工。

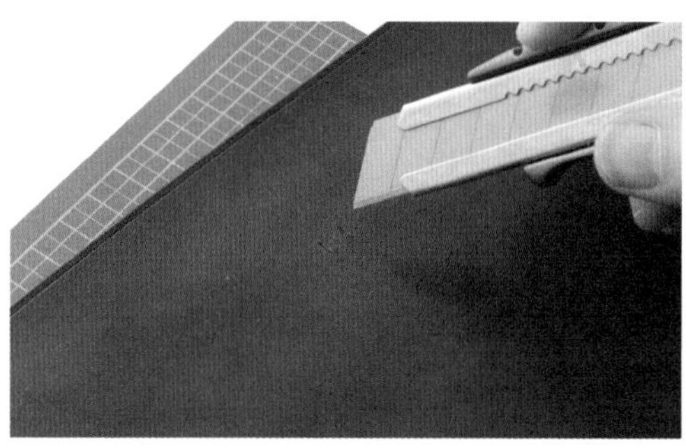

09 对齐纸样上装设磁扣的位置，在本体正面部件的皮料上用美工刀割开安装孔。

10 在安装孔处穿入磁扣的母扣。

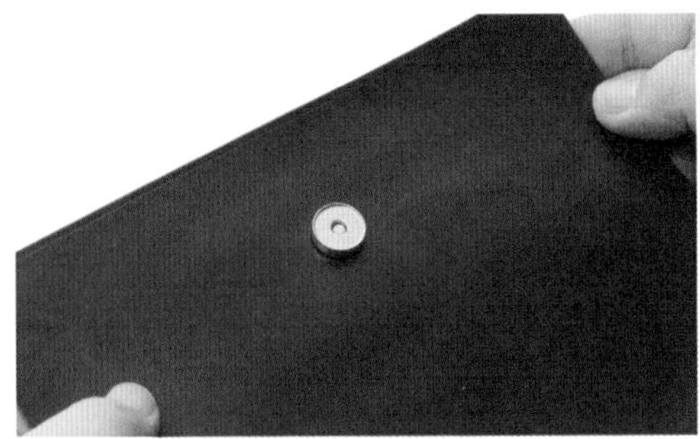

11 将磁扣内侧贴合皮料表面。

检查

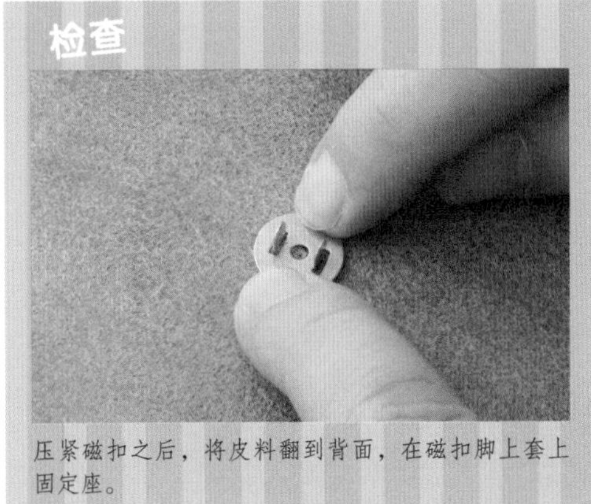

压紧磁扣之后，将皮料翻到背面，在磁扣脚上套上固定座。

12 套好固定座后，将磁扣的脚向外折，可用钳子将磁扣脚折弯后用木槌砸平磁扣脚。

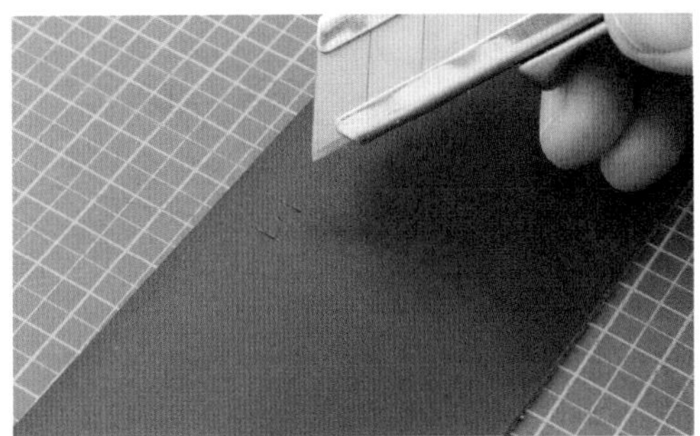

13 对齐纸样上安装磁扣的位置，在掀盖部件里皮的皮料上用美工刀划开安装孔。

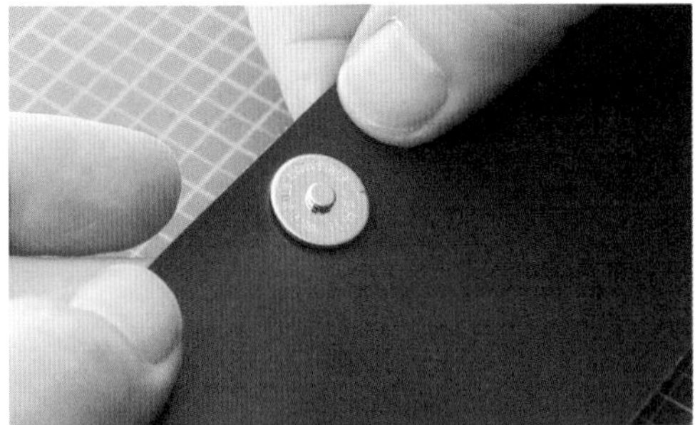

14 在安装孔中穿入磁扣的公扣，压到底。

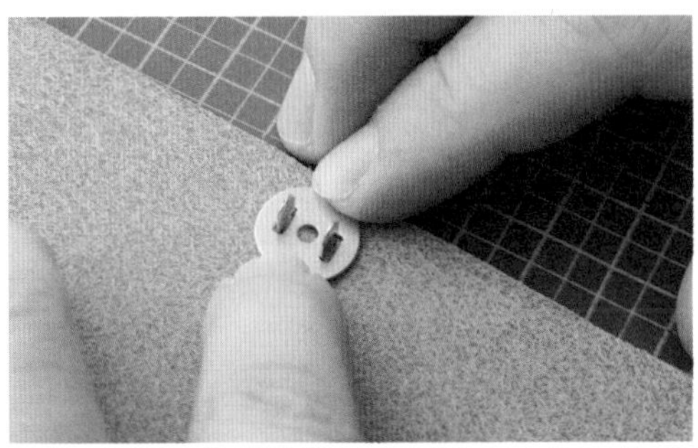

15 在背面的磁扣脚上套上固定座。

16 和另一侧相同，把磁扣脚往外折弯并固定。

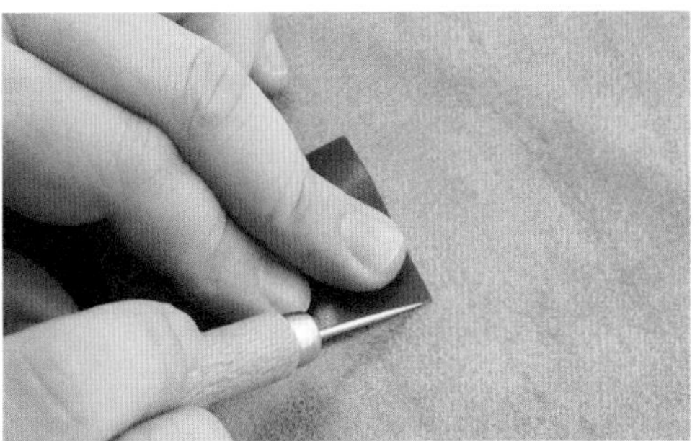

17 正面部件上安装的磁扣内侧目前是外露的，需要切出可以遮住磁扣脚及固定座大小的皮料。画线做出记号，确定遮挡皮料的大小。

18 用打磨片刮粗记号线的内部部分。

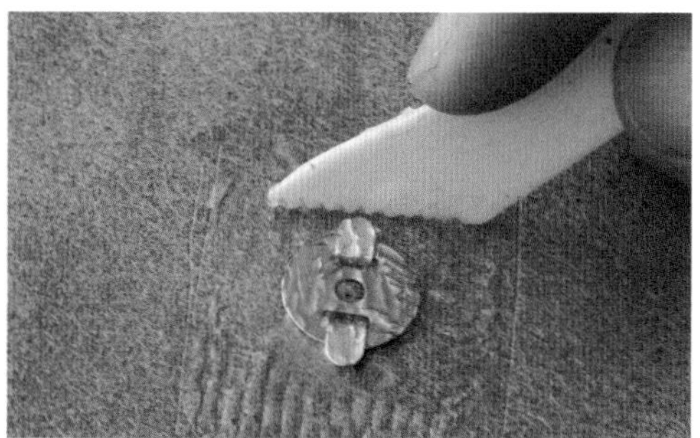

19 在刮粗的部分涂上快干胶。

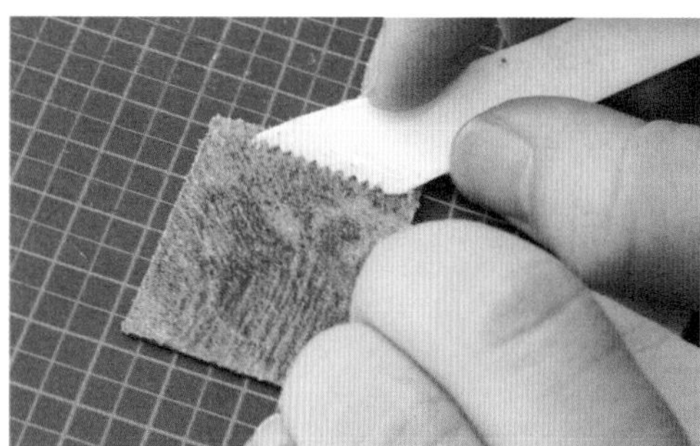

20 切下遮盖皮料所需的大小，在遮盖皮料的内侧也涂上快干胶。

21 待快干胶干燥到不粘手的程度，就可以对齐粘合了。

22 图为本体和盖子里皮都装好磁扣的状态。

缝合本体与各部件

与本体缝合的部分有盖子里皮，零钱包和侧边部件。侧边部件有 4 个，其中 2 个粘在零钱包内侧，2 个直接贴在本体部件上。

要点

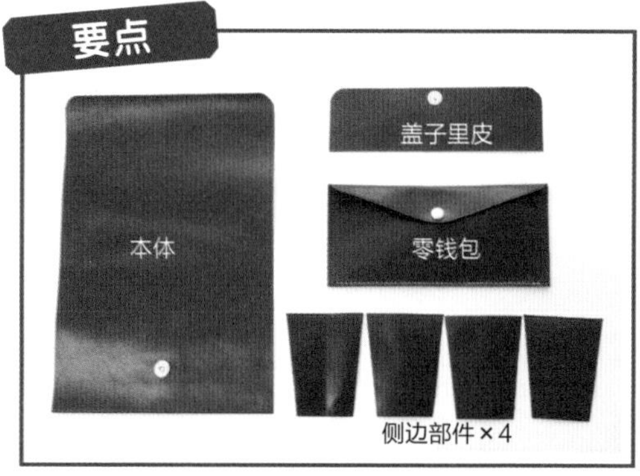

01 准备好本体、盖子里皮、零钱包和侧边部件。

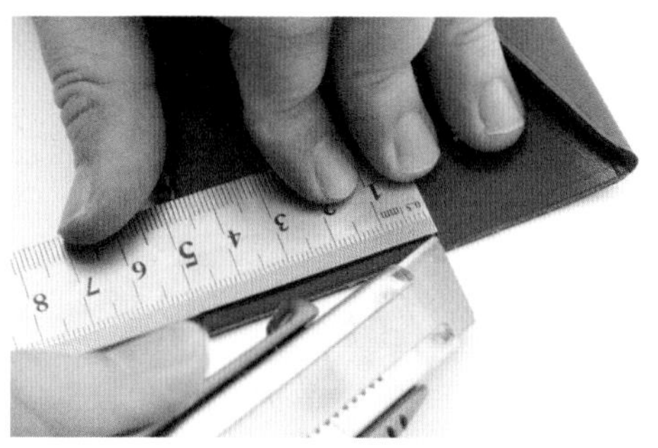

02 在零钱包正面距下缘50mm处刮粗3mm的宽度。

03 将零钱包内侧的两侧边缘由底部至掀盖部分刮粗3mm宽度。

04 在侧边部件皮料两侧的床面，沿边缘刮粗，宽3mm。

05 将步骤02刮粗的地方涂上白胶。

06 将本体床面需要贴合的位置刮粗并涂上白胶。

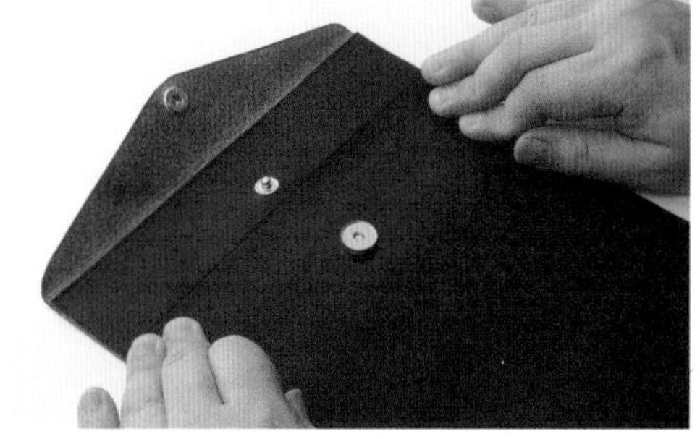

07 将零钱包与本体贴合。

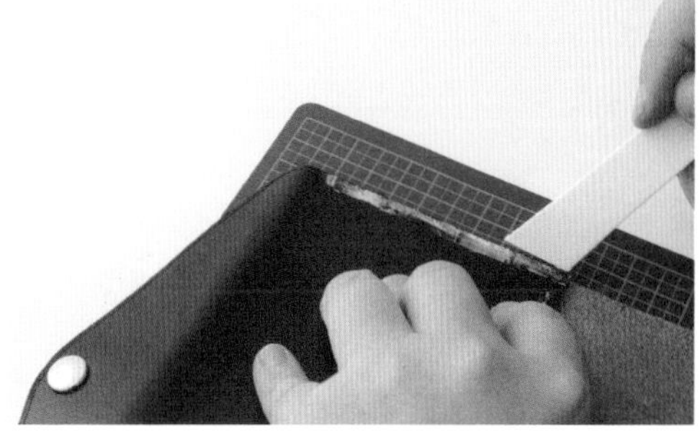

08 在零钱包内侧刮粗的部分涂上白胶。

09 确认侧边部件的固定方向，刮粗与零钱包贴合的位置，涂上白胶。

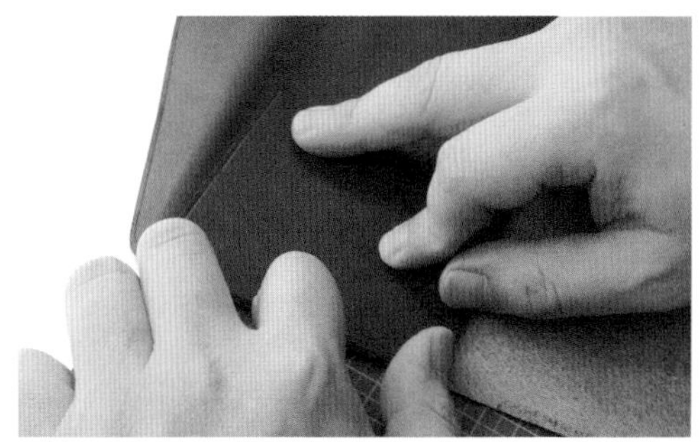

10 对齐下缘，在零钱包内侧贴上侧边部件。

对另一侧的侧边部件也同样处理，在零钱包内侧贴合。

11

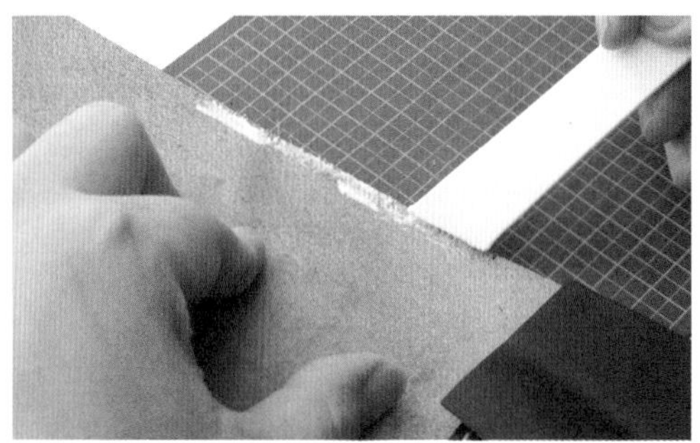

12 将本体直接贴合侧边的部分也刮粗并涂上白胶。

13 将侧边部件贴合的部分也涂上白胶。

14 在本体部件上贴上侧边部件。

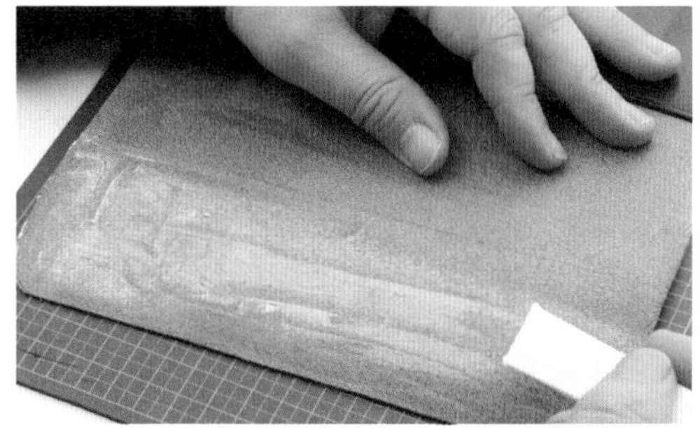

15 在本体上将要贴合盖子里皮的位置涂上白胶。

16 在盖子里皮的床面上也涂上白胶。

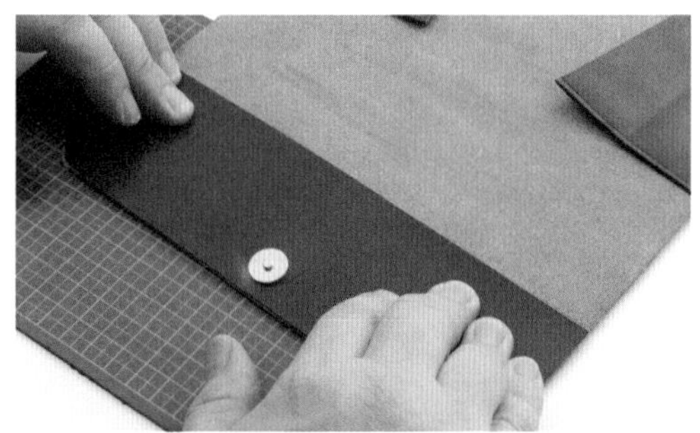

17 对齐位置，贴合本体与盖子里皮。

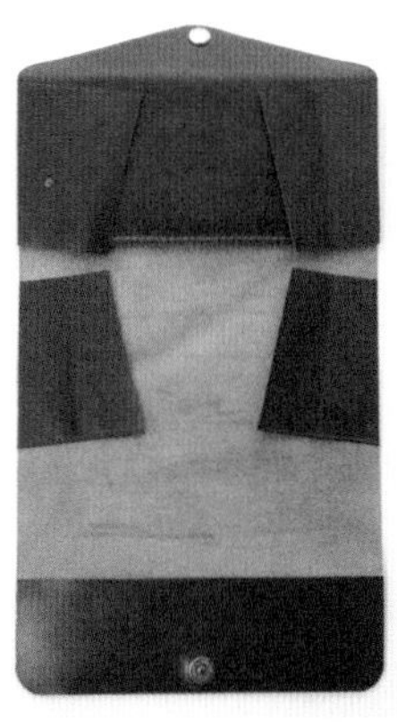

将本体与各零件粘合后，就是图中的状态。

18

19 用打磨片打磨贴合好部件的皮边，打磨到高度一致为止。

要点

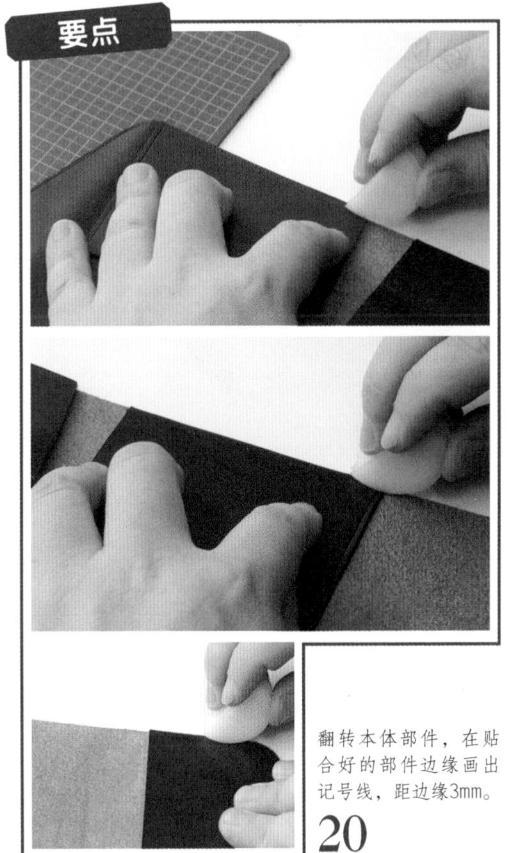

翻转本体部件，在贴合好的部件边缘画出记号线，距边缘3mm。

20

21 在与零钱包贴合的皮边上缘开圆孔。

各个皮边的上缘与下缘转角，以及里子部分有高低差的位置，都要开圆孔。

22

23 将本体部件翻到正面，沿四周边缘画缝线记号线，距边缘3mm。

24 以在里皮上开的圆孔为基准，对齐记号线，用菱斩做出打孔记号。

25 按照标记打出缝线孔。

26 已经开好的圆孔处不要再次用菱斩打孔。

27 转角的位置用2齿菱斩就可以顺利打好缝线孔。

要点

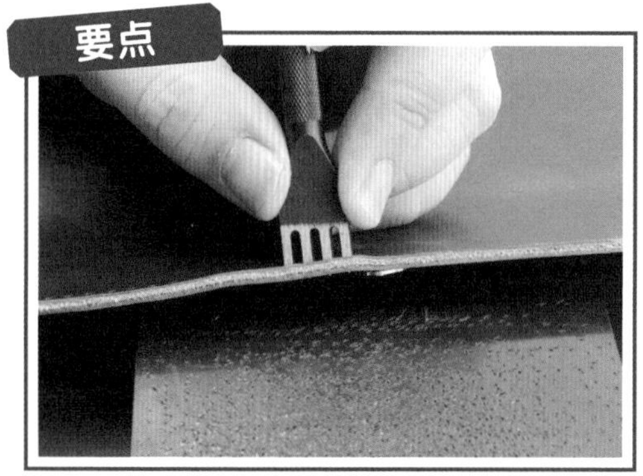

28 打孔时若遇到有磁扣的部分，用塑胶板垫出高低差再打孔。

图为本体上打好线孔的状态。
29

30 从位于正面上部转角边缘的圆孔向回数第二个线孔穿线，先往圆孔处回缝。

31 回缝到圆孔后，再向另一个方向缝制。

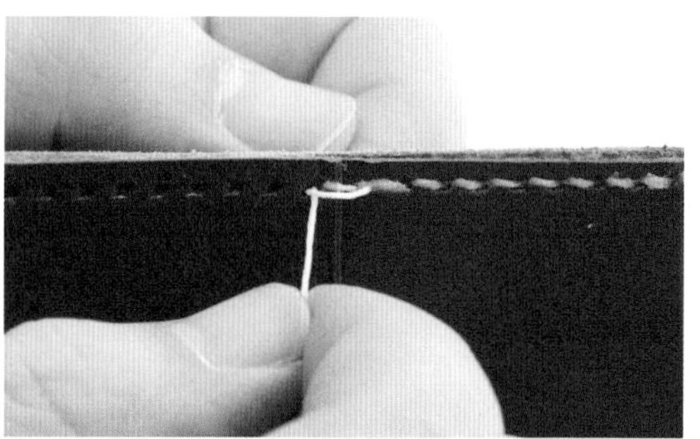

32 有高低差的部分都需要采用双重缝法。

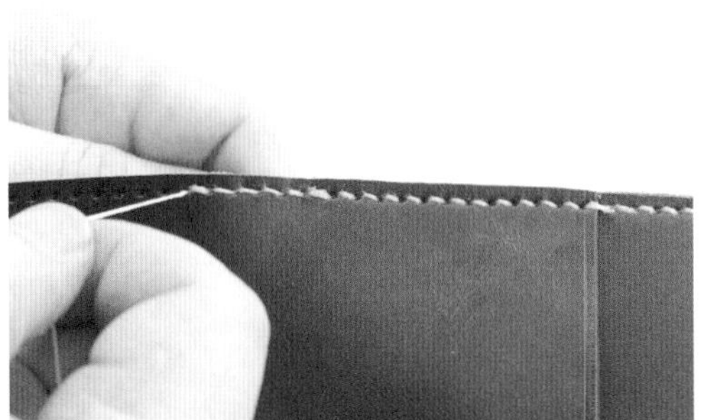

33 在没有粘上部件的地方缝线时，拉线太紧会在皮面形成褶皱，需要多加注意。

34 里皮有高低差的部分要采用双重缝线。

35 缝到另一侧的边缘后，进行双重缝线后再往回缝。

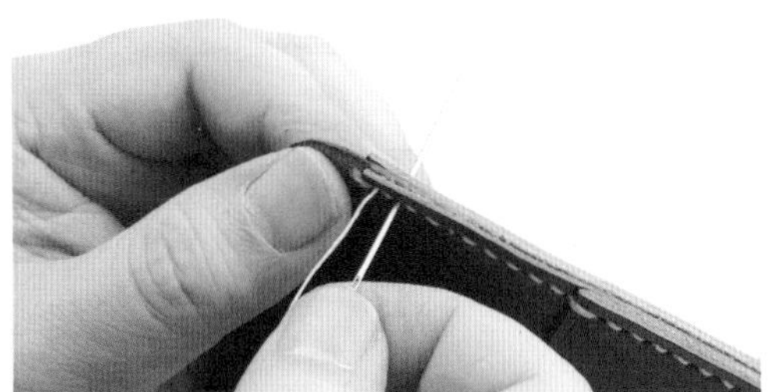

36 内侧往回缝1针，正面往回缝2针，缝完后将两根线都从内侧穿出。

37 缝制结束后，缝线保留2～3mm，将多余的线剪掉，用打火机烧熔并固定线头。

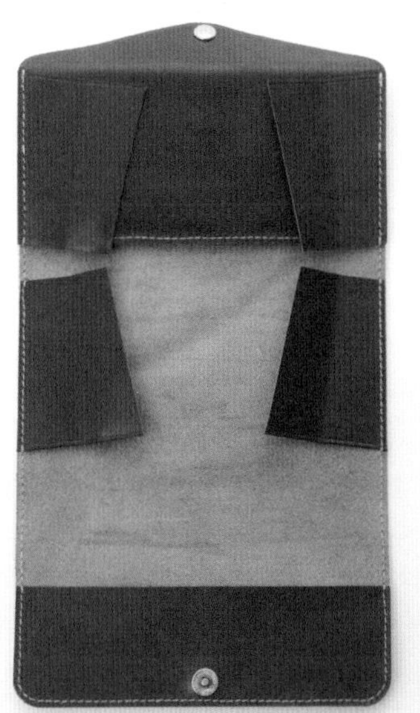

38 图为本体与各部件缝合完成的状态。

缝合卡位

卡位夹在两侧的侧边部件中间。缝合时需要将粘好的皮边拉出来缝制，因此事先仔细粘合好侧边部件与卡位部件非常重要。

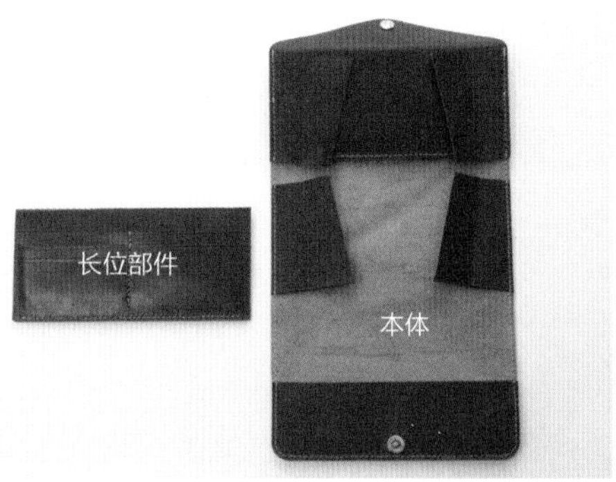

01 准备好已经缝合好各部件的本体与卡位部件。

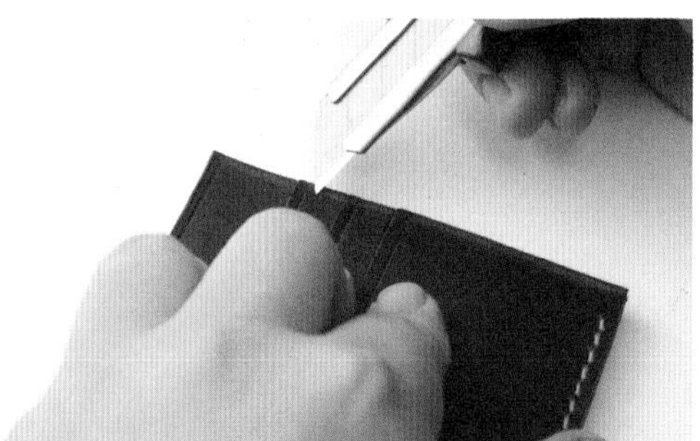

02 将卡位部件侧边缘画好的线的外侧刮粗。

03 在卡位部件刮粗的部分涂上白胶。

04 对折已经缝合在零钱包上的侧边部件，并将刮粗的部分涂上白胶。

05 对齐上下边缘，粘合卡位部件与侧边部件。

06 对折的侧边部件在粘接时很容易移位，粘合时要小心。

07 将侧边部件与卡位粘合，粘合后两侧侧边的边缘必须对齐。

08 对齐位置并压紧，直到粘紧之前都要用手压紧。

09 将卡位部件与侧边部件的另一侧也用白胶粘合。

10 将本体向后折，压紧粘合侧边部件与卡位部件。

要点

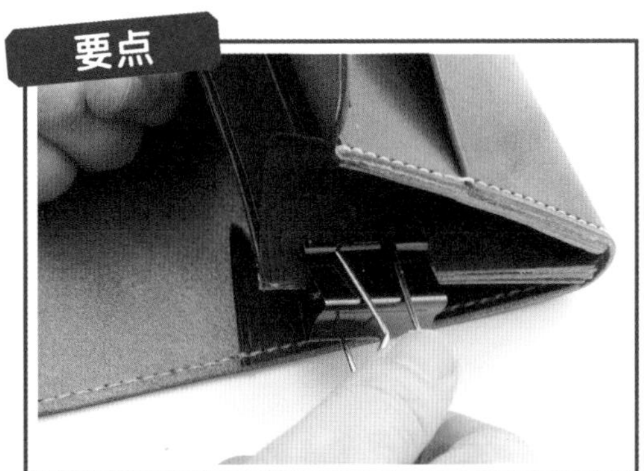

11 对齐位置后，用长尾夹固定侧边顶端，等待白胶完全干燥。

12 待白胶完全干燥后，拿掉长尾夹，用打磨片打磨边缘。

13 拉出侧边部件皮料，在距皮边3mm处画记号线。

14 按照记号线用菱斩做出打孔记号。

15 按照记号打孔。

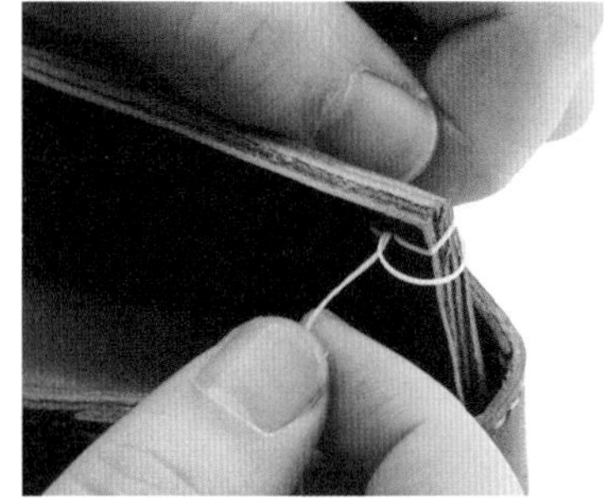

从最上方的线孔向下数第二个线孔穿针，先回缝，在边缘缝出双重缝线，之后缝合整条边。缝合后用打火机烧熔固定线头。

16

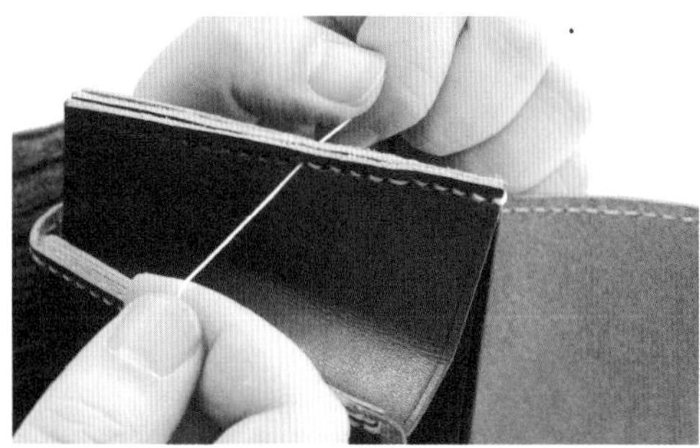

17 另一侧也用相同的方式缝合。

18 将侧边部件与卡位部件缝合后，钱包就基本成形了。

磨边加工

将最后缝合完成的皮边打磨加工后，作品就完成了。多重复制作几次的作品完成度会更好，请重复处理出自己认为完美的皮边。

01 对缝合后的皮边用打磨片打磨，使其高度一致。

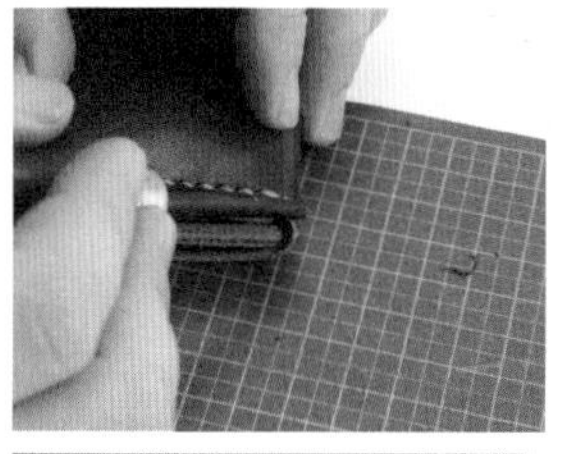

皮边的正反面都要进行削边处理。

02

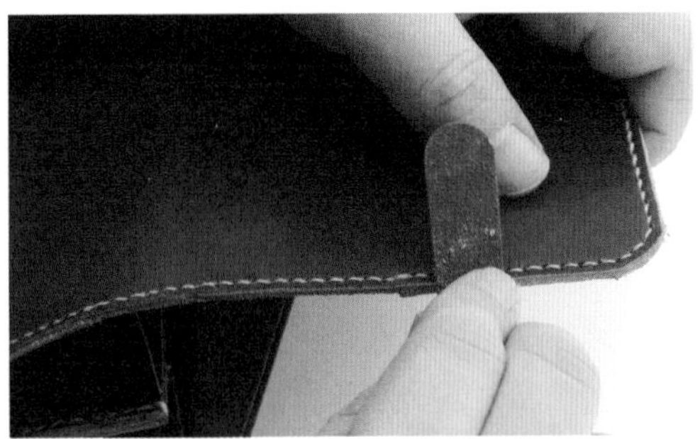

03 削边后用打磨片将皮边打磨成半圆形。

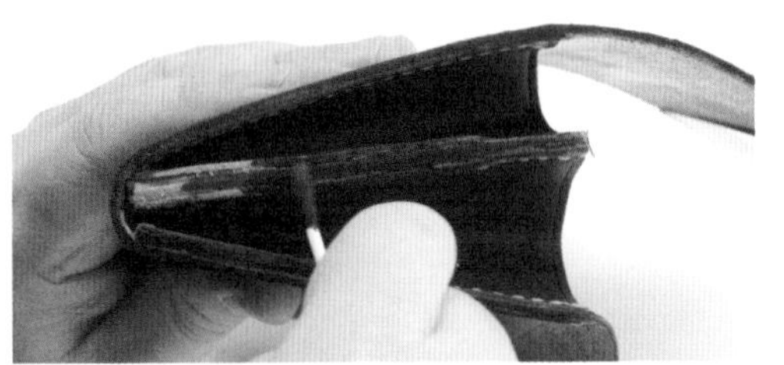

04 侧边成形后涂上染料。

05 上完染料后，涂上床面处理剂。

06 用磨边帆布打磨涂上床面处理剂的皮边。

07 最后用多用磨边器上的沟槽打磨，完成皮边的加工。

可容纳大量的卡与钞票

卡位和钞袋各有两个，是容量非常大的长钱包。

CLIP
口金长钱包

此款包包是采用大口金制作的长钱包，卡位是可分离式，使用上十分方便。如果不放入卡位部分，钞袋内的空间可放入长度小于 12.7cm(5 英寸)的手机。

制作：荻原敬士（LEATHERCRAFT MACK）/ 摄影：小峰秀世

材 料

需使用已经打好手缝孔的五金零件。

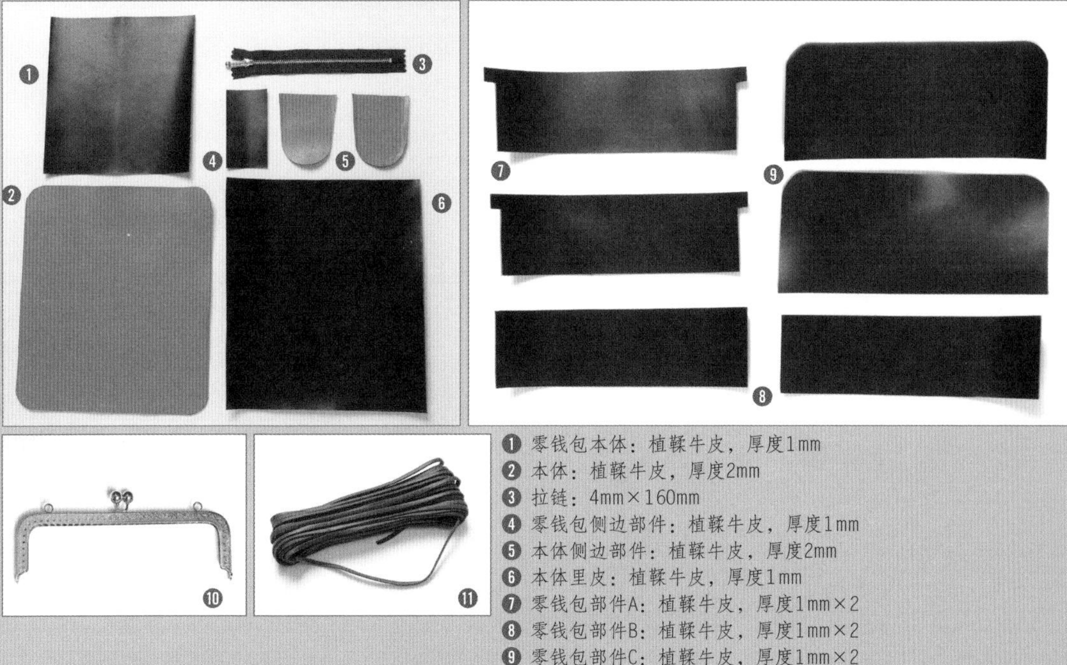

❶ 零钱包本体：植鞣牛皮，厚度1mm
❷ 本体：植鞣牛皮，厚度2mm
❸ 拉链：4mm×160mm
❹ 零钱包侧边部件：植鞣牛皮，厚度1mm
❺ 本体侧边部件：植鞣牛皮，厚度2mm
❻ 本体里皮：植鞣牛皮，厚度1mm
❼ 零钱包部件A：植鞣牛皮，厚度1mm×2
❽ 零钱包部件B：植鞣牛皮，厚度1mm×2
❾ 零钱包部件C：植鞣牛皮，厚度1mm×2
❿ 口金：有缝线孔，200mm
⓫ 皮绳：宽3mm

工 具

在本体上开孔，如果有菱钳会比较方便操作。

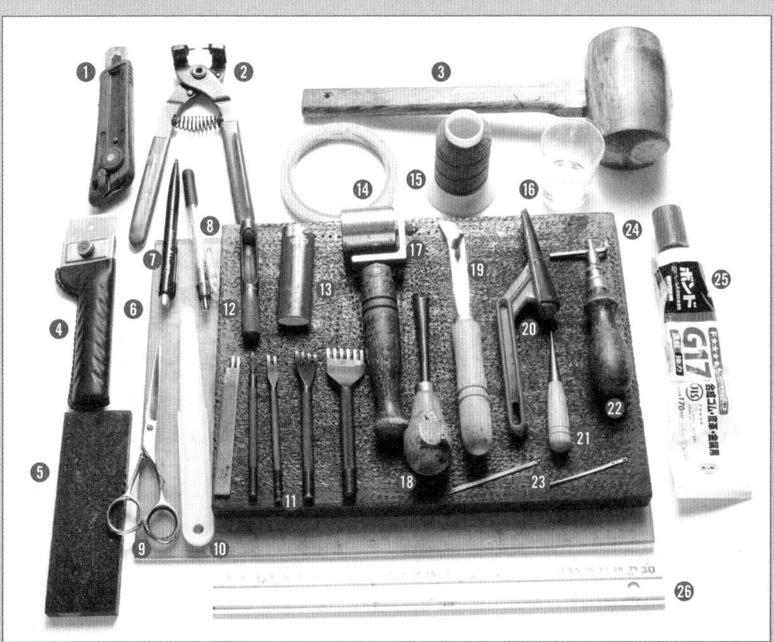

❶ 美工刀
❷ 菱钳
❸ 木槌
❹ 可替式裁皮刀
❺ 塑胶板（小）
❻ 切割垫板
❼ 银笔
❽ 原子笔
❾ 剪刀
❿ 上胶片
⓫ 菱斩：1齿、2齿、4齿、6齿
⓬ 圆冲：35号（直径10.5mm）
⓭ 打火机
⓮ 双面胶
⓯ 手缝线
⓰ 小玻璃杯
⓱ 滚筒
⓲ 削薄刀（译者注：日式）
⓳ 边线器
⓴ 曲面打磨器
㉑ 圆锥
㉒ 拉沟器
㉓ 手缝针
㉔ 塑胶板（大）
㉕ G17快干胶
㉖ 直尺
※其他
CMC皮面处理剂、布

制作零钱包

这款长钱包的零钱包上缘开口使用的拉链，与钱包里皮缝合在一起，必须先完成零钱包的部分。

裁剪零钱包本体

01 将零钱包本体对齐纸样，在零钱包本体上画出固定拉链的开口位置。

02 其中一侧的开口为圆形，使用35号圆冲打孔。

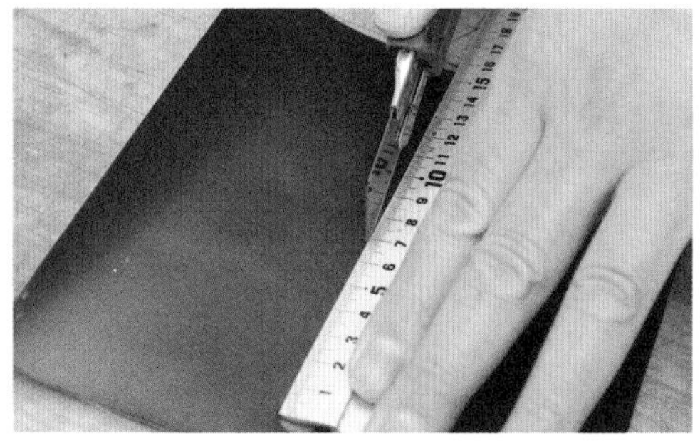

03 剩下的部分用直尺辅助裁断。

固定拉链

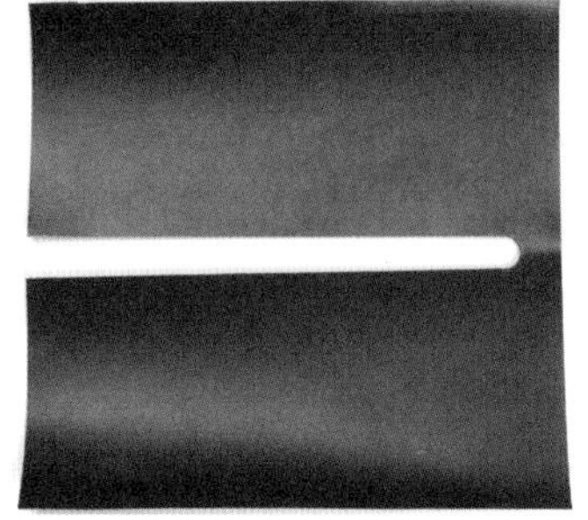

04 图为裁剪好的零钱包本体。中间开口处为固定拉链的位置。

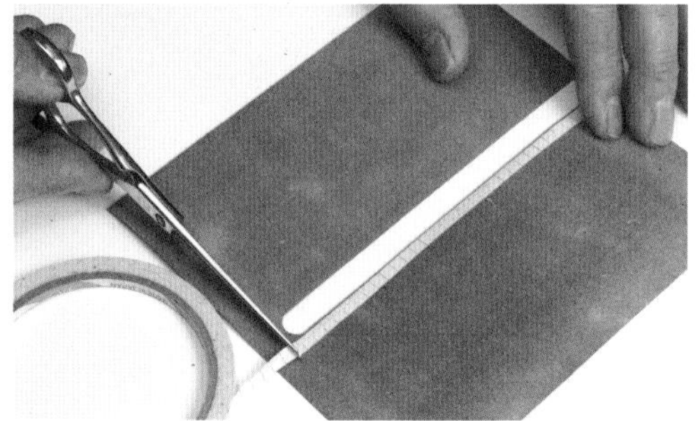

05 在长条开口的床面侧周围贴上宽5mm的双面胶。

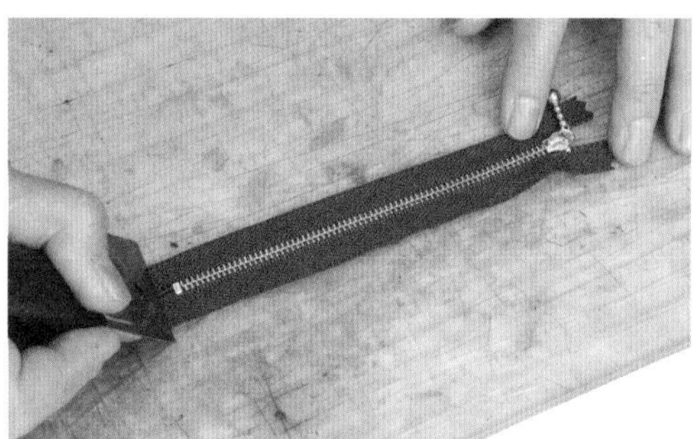

06 保留拉链下摆10mm，其余裁断。

07 将拉链开口处保留5mm，其余裁断。

要点

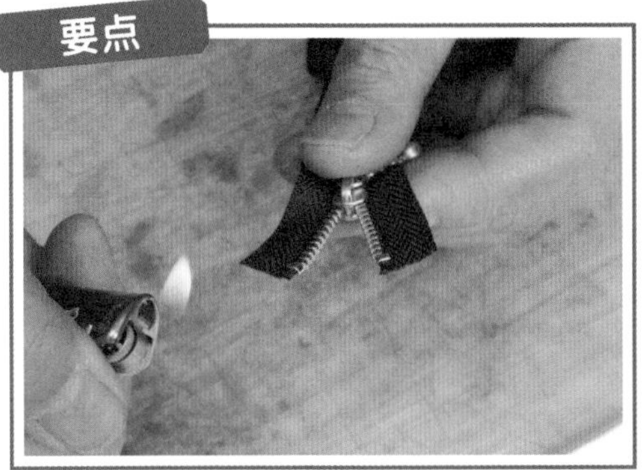

08 用打火机烧熔固定裁断的拉链断头，以免其裂开。

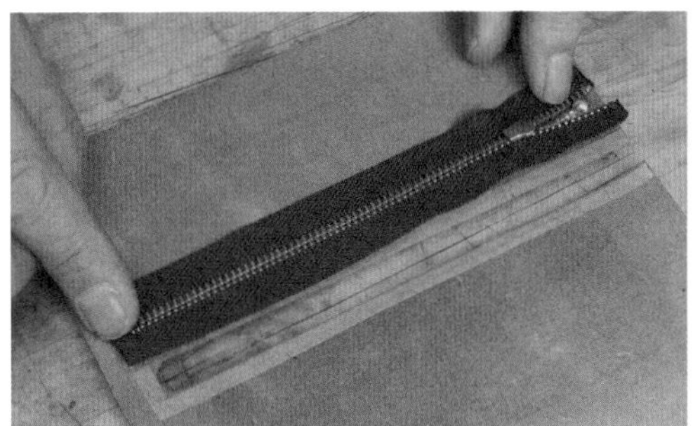

09 将拉链对准长条开口，确认长度是否吻合。

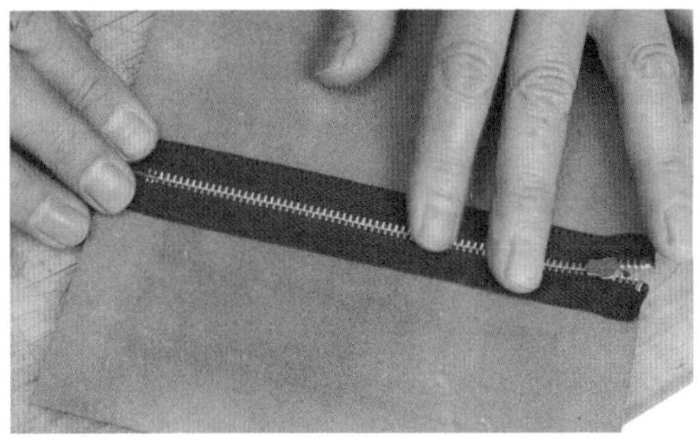

10 确认拉链正反面无误后，将正面与零钱包贴合。

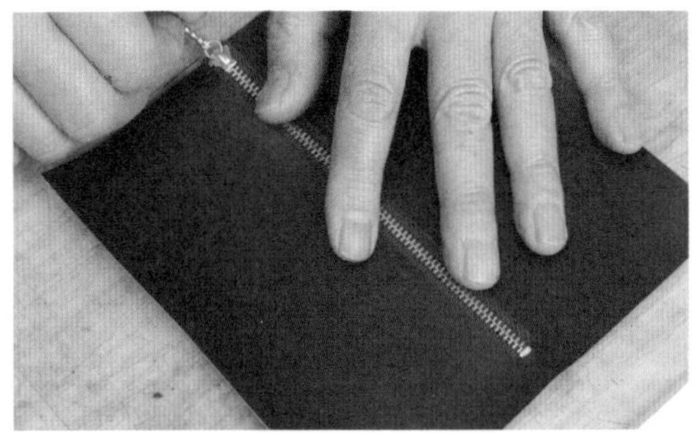

11 翻到正面，确认拉链位于长条开口的正中央。

12 确认拉链位置无误后，用滚筒压紧。

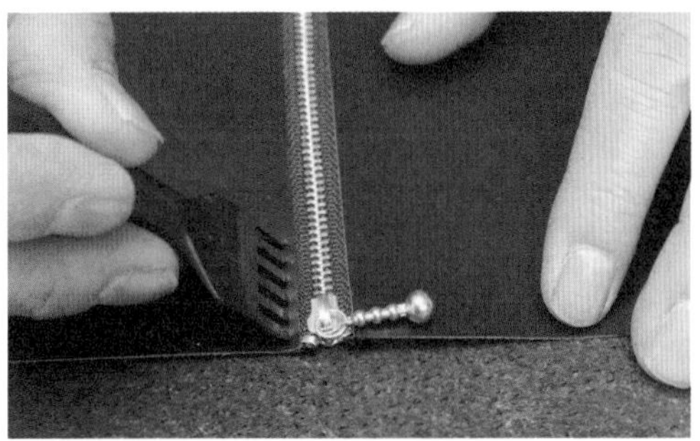

13 在长条开口周围画出距皮边3mm的记号线，用菱斩做开孔记号。

14 根据开孔记号打孔。

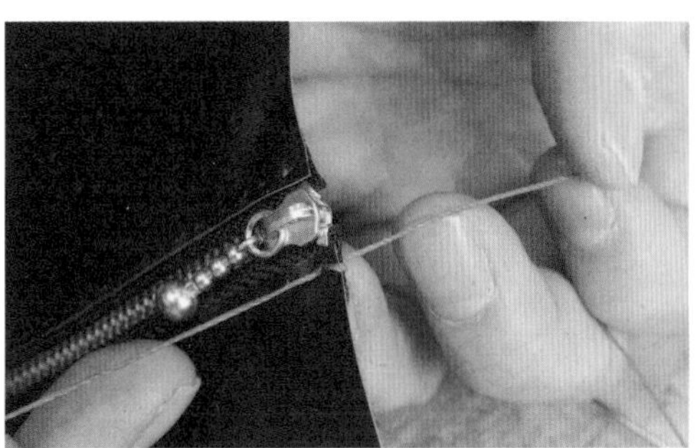

15 在边缘回针缝出双重缝线，之后再向下缝制。

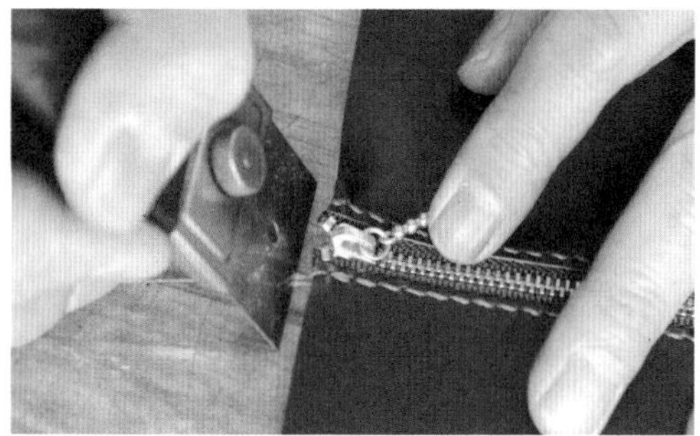

16 缝到另一侧时，将两侧的线在边缘回针，各回针一次。回针后，将正面的线多回一针，穿到背面，将多余的线剪断。

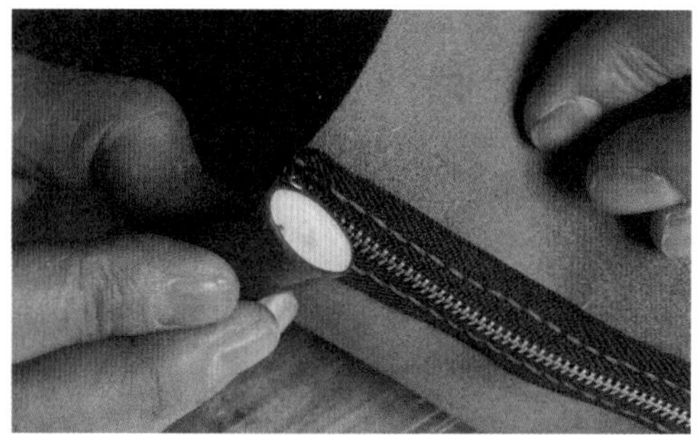

17 将留下的线头烧熔以固定。

18 图为零钱包与拉链缝合完成的状态。

缝合零钱包的侧边部件

要点

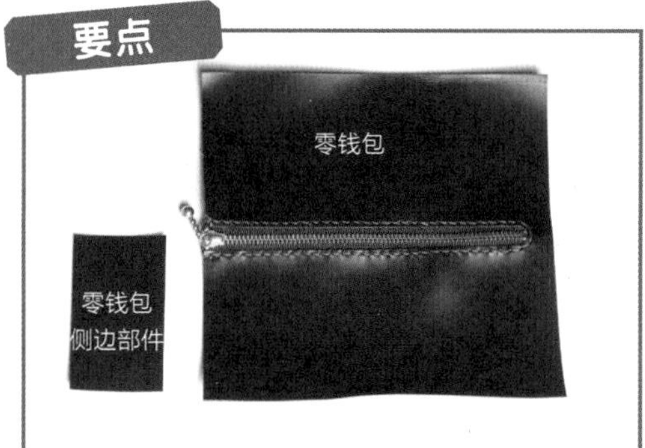

19 当拉链拉上时，零钱包的侧边位于拉链头一侧。

20 将零钱包侧边下缘削薄5mm。

21 刮粗零钱包侧边部件的边缘床面与零钱包将要粘上侧边的边缘床面，涂上G17快干胶并贴合。

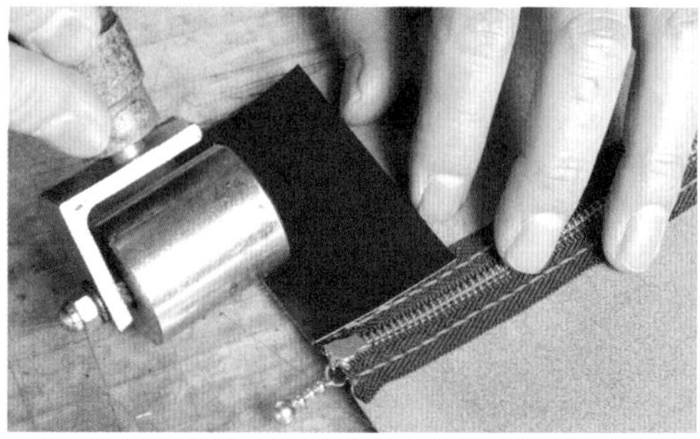

22 将贴合完成的零钱包侧边部件与零钱包边缘用滚筒压紧。

23 将粘合好零钱包侧边部件的边缘打孔，打孔方向是从零钱包方向下斩。

24 缝合零钱包与零钱包侧边部件，将缝线从内侧穿出并固定线头。

25 将单侧已经缝合好的侧边对折，用滚筒压出折痕。

26 将整个零钱包余下的边缘与零钱包侧边部件尚未缝合的边缘都沿床面边缘刮粗3mm宽度。涂上快干胶。

27 将零钱包沿拉链对折并粘合。

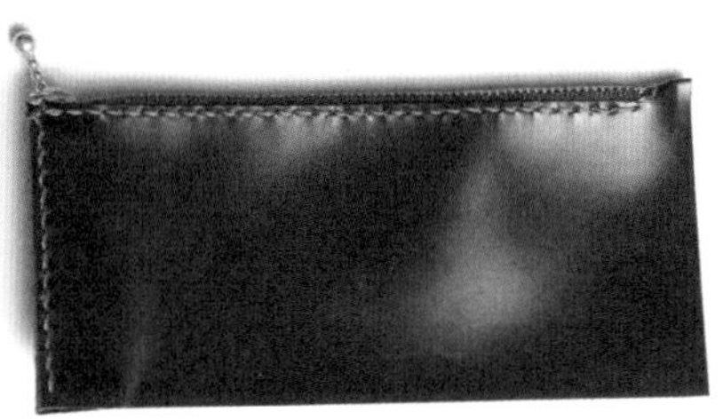

28 零钱包的制作暂时到此。

缝合零钱包与本体里皮

将制作到一半的零钱包与本体里皮缝合，将零钱包尚未缝合的部分与里皮一起缝合。

01 准备好零钱包与本体里皮。

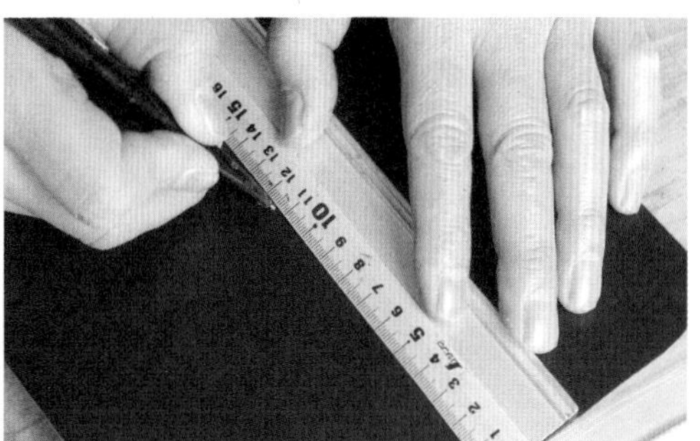

02 在本体里皮的中心位置做出记号。

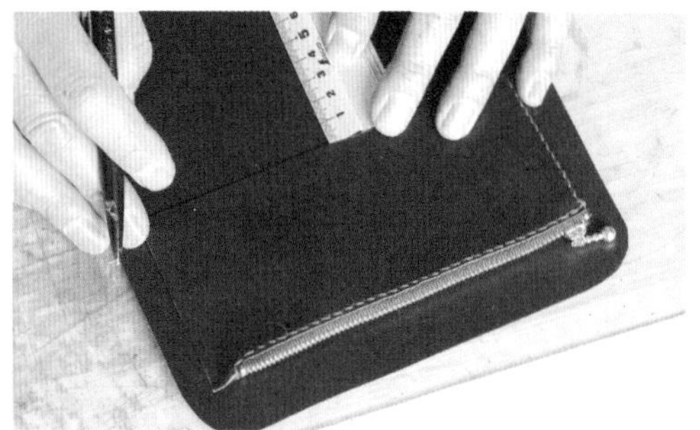

03 定出中线，但不必画线。在中线中心点向上15mm处定点，将零钱包下缘的中心点放在此处。零钱包下缘与中线平行。

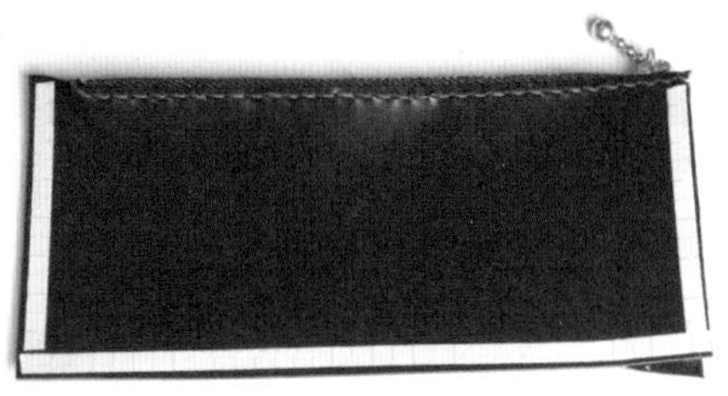

04 除零钱包上缘以外的3条边缘都贴上5mm宽的双面胶。

05 在步骤03定好的位置贴合零钱包。

06 贴合之后用滚筒压紧。

07 在零钱包未缝合的两侧开孔。

要点

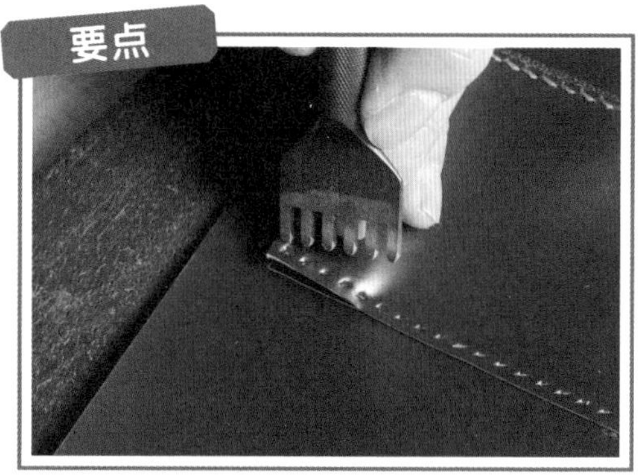

08 与下缘折叠起来的侧边重叠的部分，连侧边一起打孔。

09 将侧边掀开，在下面一侧尚未打孔缝合的边缘上开孔。

检查

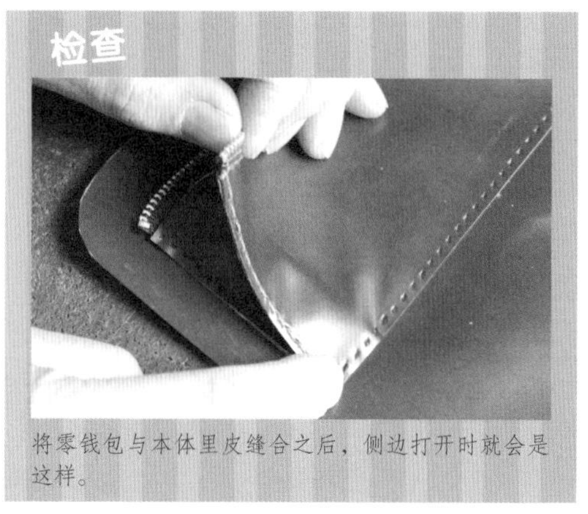

将零钱包与本体里皮缝合之后，侧边打开时就会是这样。

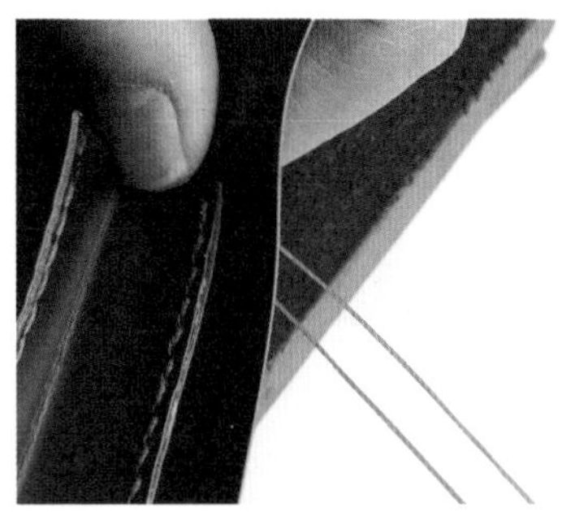

10 从正面看，从右侧的线孔开始缝制。

要点

11 在侧边下缘的部分需要将侧边折起两侧的皮边一起缝住，其余部分只缝与本体里皮粘合的部分。

12 缝到最后一个孔时回针，将缝线从内侧穿出，收尾，固定线头。

13 图为零钱包与本体里皮缝合完工的状态。

贴合本体与里皮

将缝上了零钱包的里皮与本体部件内侧粘合。本体与里皮粘合时，需要沿中线稍微向内折。

01 将本体与本体里皮对齐，在正中间折弯，以确认粘合后的形状。

02 在本体内侧涂上快干胶。

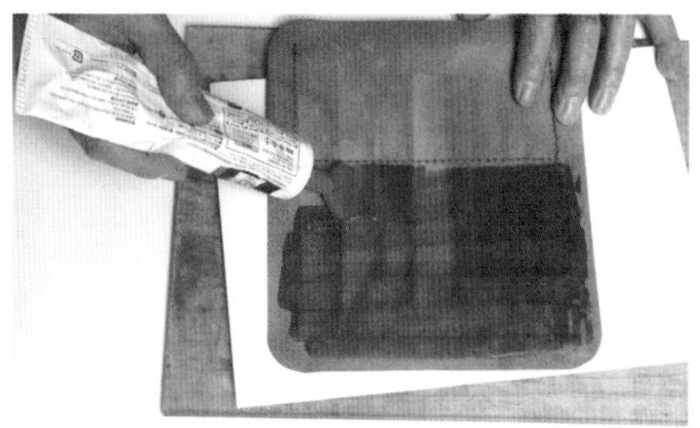

03 本体里皮的背面也涂上快干胶。

04 将与零钱包缝合的半边本体里皮对齐本体部件的边缘，并粘合。

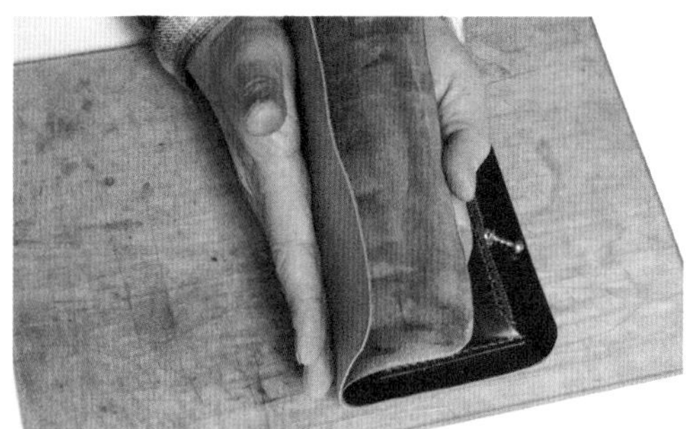

05 在本体沿中线折弯的状态下，粘合剩下的半边。

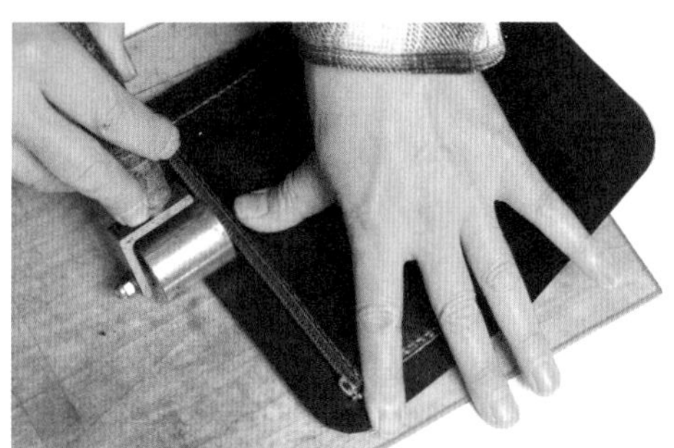

06 全部粘合后用滚轮压紧。

07 本体里皮边缘粘合后会比本体凸出一些，配合本体形状将其裁切整齐。

本体与本体里皮粘合完成的状态。

08

开缝线孔与编织孔

接着要先开好缝合口金用的线孔，以及本体与侧边上的编织开孔。缝合口金部分的线孔可以用圆锥开孔，编织孔可以用菱斩开孔。

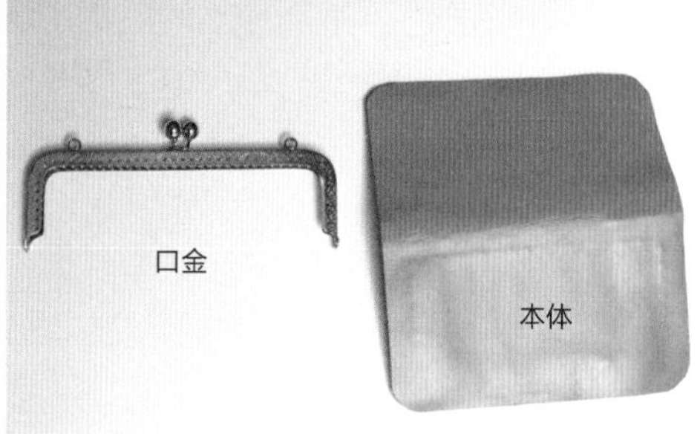

01 准备本体与口金。

02 将本体对齐口金，固定位置。

要点

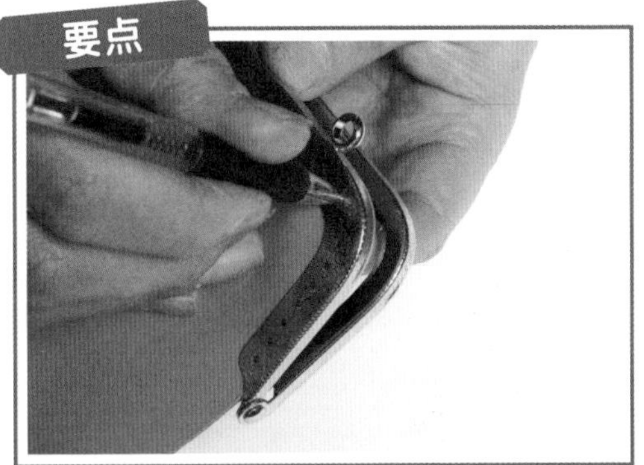

03 透过口金上的开孔在皮料上做记号。

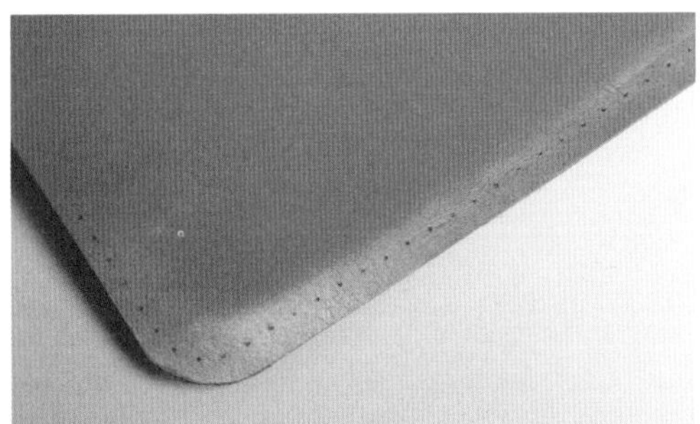

04 将口金放在布料上，透过口金上的开孔在皮料上做记号。

05 根据记号，使用圆锥开孔。

06 在本体两侧边缘开手缝孔。

07 开孔完成后将本体与口金对齐，查看开孔是否吻合位置。

在侧边中央部分没有口金缝合孔的部分用拉沟器画出距皮边8mm的线。

08

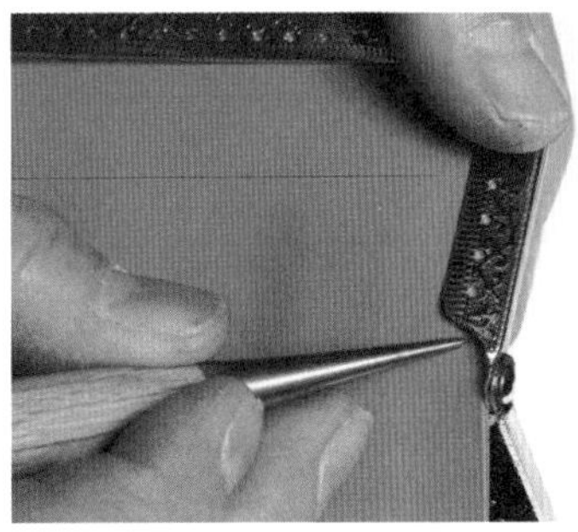

09 画好线后再次将口金组合在皮料上，用圆锥在距离最后一个口金安装孔一个口金孔距的位置做出记号，并穿孔（双侧）。

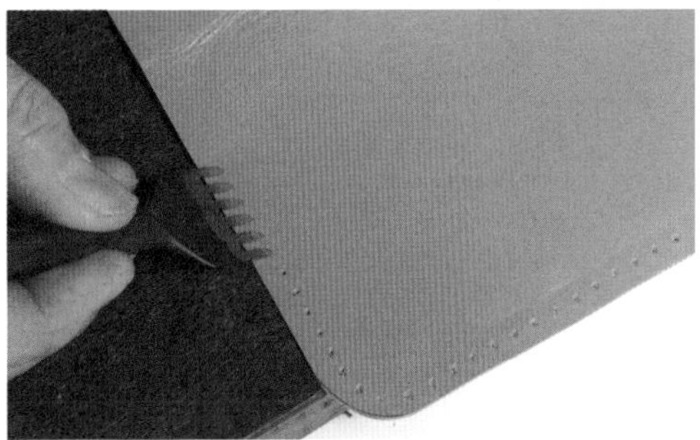

10 在步骤09做的记号位置向前一个菱斩齿距的位置，用菱斩做出线孔记号。

11 对齐记号开编织孔。

12 图为在本体开好口金缝线孔与编织孔的状态。

固定本体侧边部件

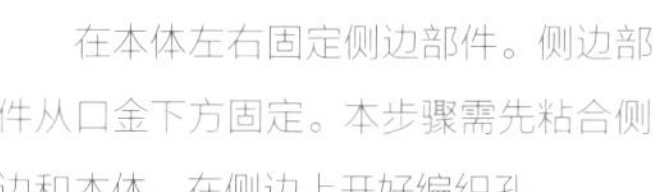

在本体左右固定侧边部件。侧边部件从口金下方固定。本步骤需先粘合侧边和本体，在侧边上开好编织孔。

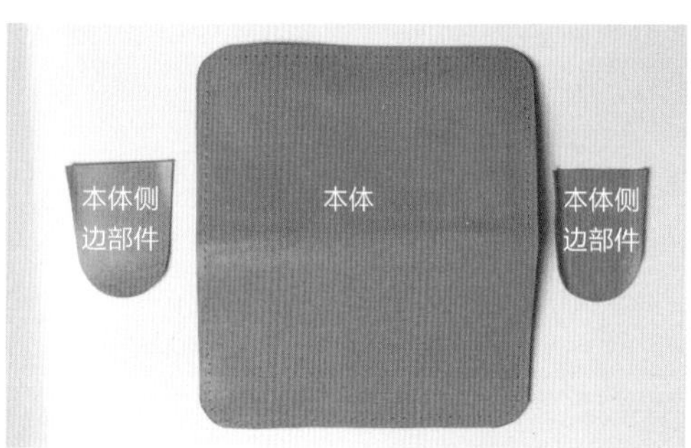

01 准备本体与左右两侧的本体侧边部件。

本体侧边部件的加工

02 将本体侧边部件的各边缘床面侧削薄10mm。注意上缘不要削薄。

03 除了上缘之外，在本体侧边部件的其他边缘的正面，距皮边10mm处画线。

04 在本体侧边部件下缘的正中间开一刀，刀口开到步骤03所绘制的线的位置。

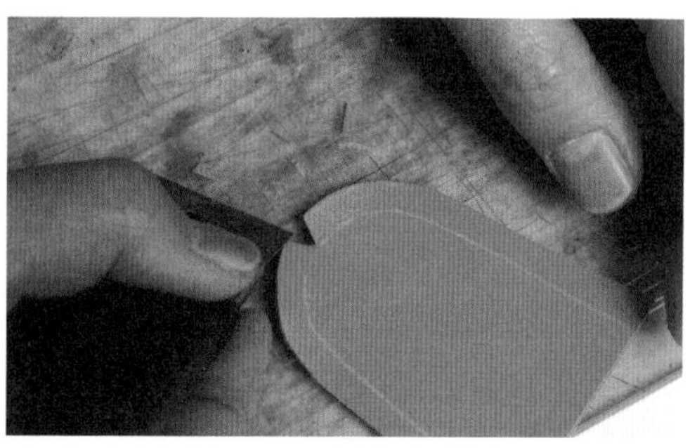

05 左右各斜切一刀，形成图中形状的开口。

06 在本体侧边部件上缘的正中间做出记号。

07 从步骤06的记号位置向两侧连线各切一刀，连线点位于从转角向下量5mm的位置。

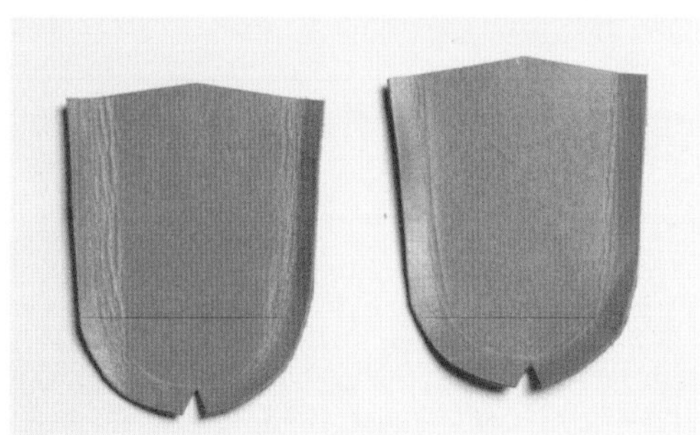

08 本体侧边部件最后是图中的状态。

本体侧边部件与本体粘合，开编织孔

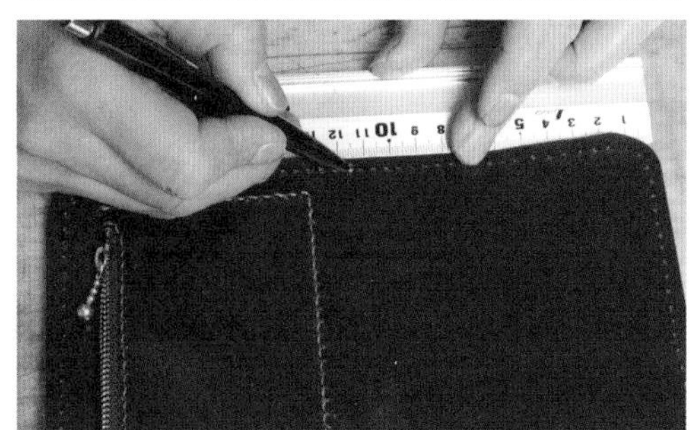

09 在本体里皮的侧边缘中心位置做记号。

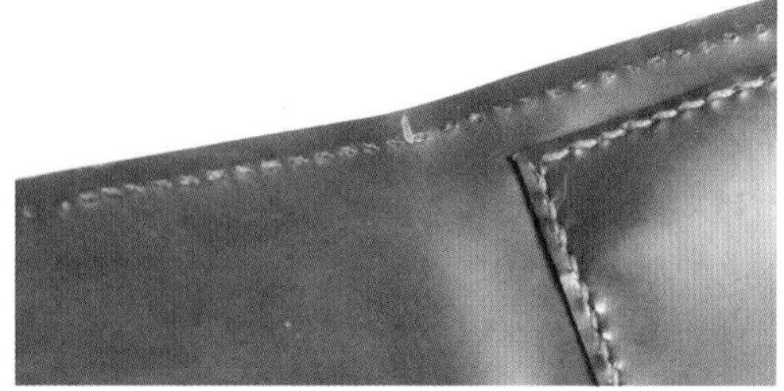

10 以中心位置为基准粘合侧边。

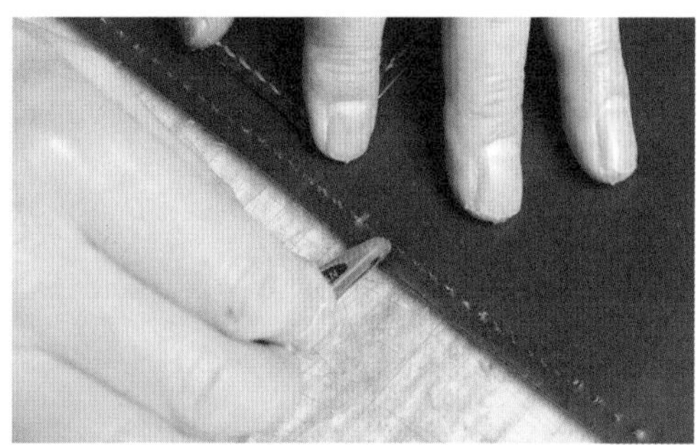

11 编织孔与皮边之间的部分用打磨器打粗。

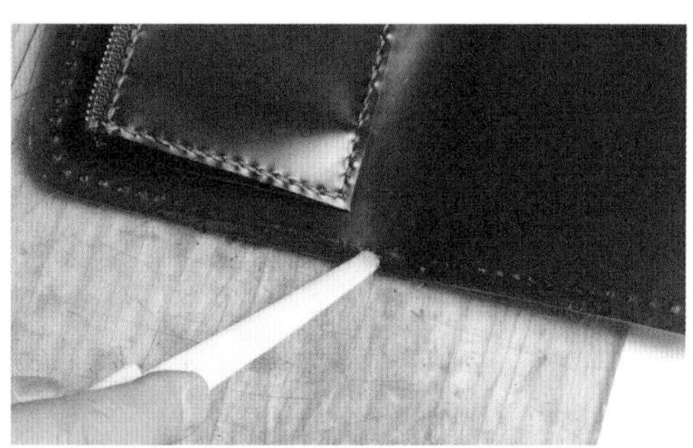

12 将刮粗的部分涂上快干胶。

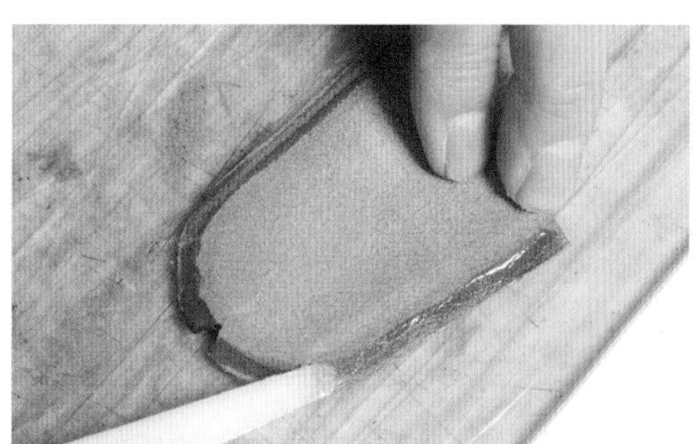

13 在本体侧边部件床面削薄的部分也涂上快干胶。

要点

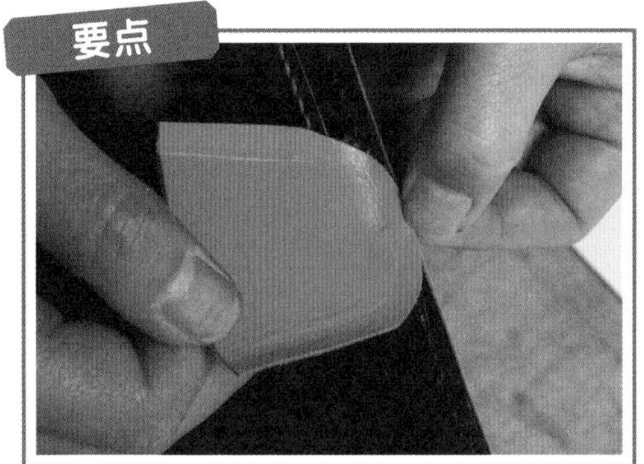

14 将本体侧边底部的切口对齐步骤09时于侧边中心做出的记号，粘合。

15 将本体部分折弯，与本体侧边部件贴合，贴合的地方要用滚筒压实。

16 粘合两侧侧边后，本体就会形成图中的立体状态。

检查

本体侧边部件与本体贴合时，必须再次确认口金的固定位置有没有问题。

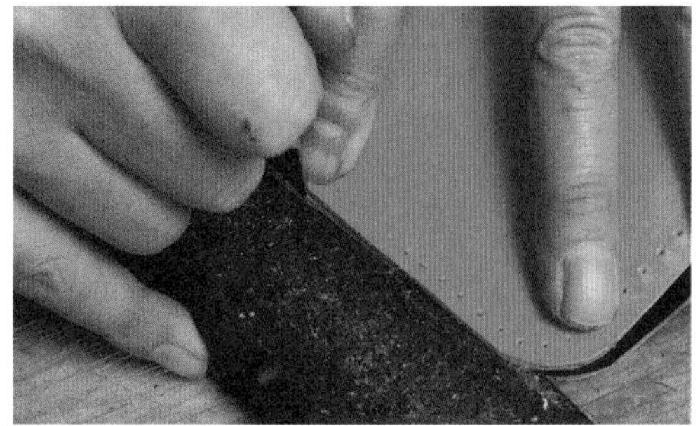

17 如果本体侧边皮边有凸出的地方，必须裁齐成统一高度。

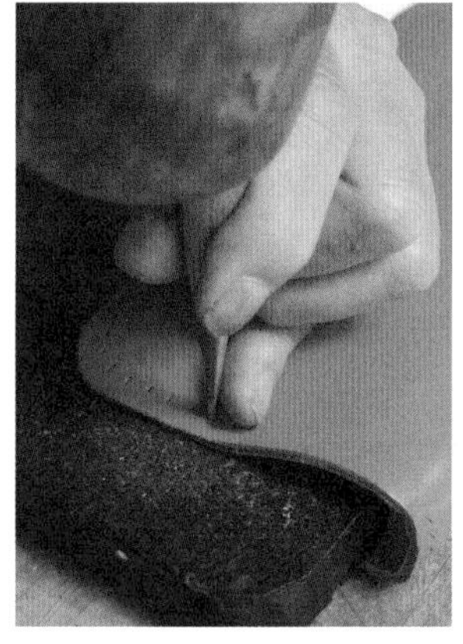

要再次用圆锥穿出口金缝合孔的部分与侧边粘合的部分的侧边缝孔。

18

19 打出来侧边上的编织孔，这部分只需要在原有编织孔的基础上用菱斩再次打孔即可。

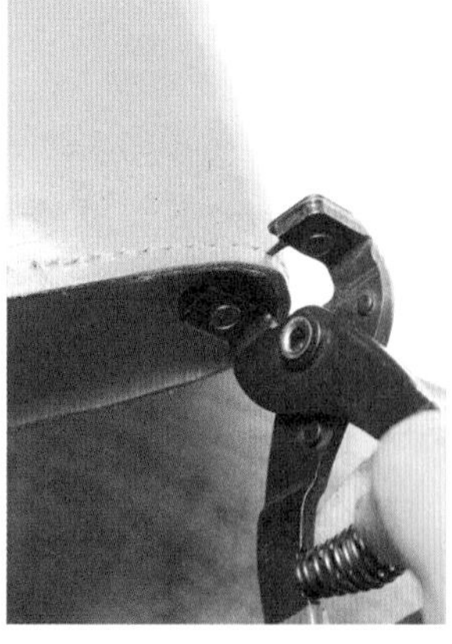

底部转角处用菱斩会比较难打孔，如果用菱钳就会很方便。

20

要点

21 使用菱钳打孔时，每次打孔都要确认打孔位置有没有偏移。

口金缝制与编织

本款式使用开好孔的口金。需要对齐口金上的开孔与本体上的开孔位置，以双针缝（平缝法、马鞍缝）缝合。口金以外的部分用皮绳缠绕编织固定。

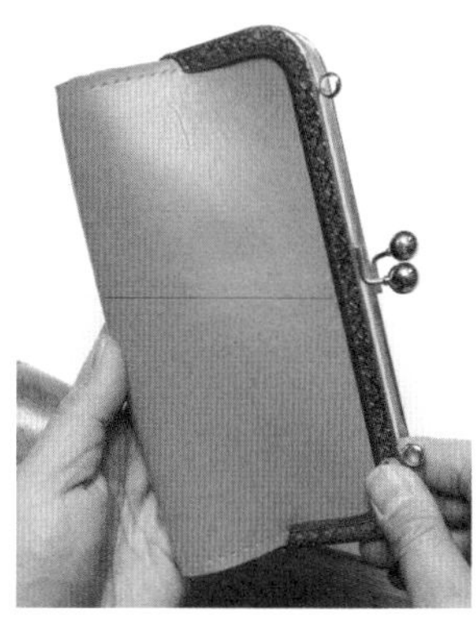

01 本体的开孔位置需要对齐口金上的开孔。

缝合口金

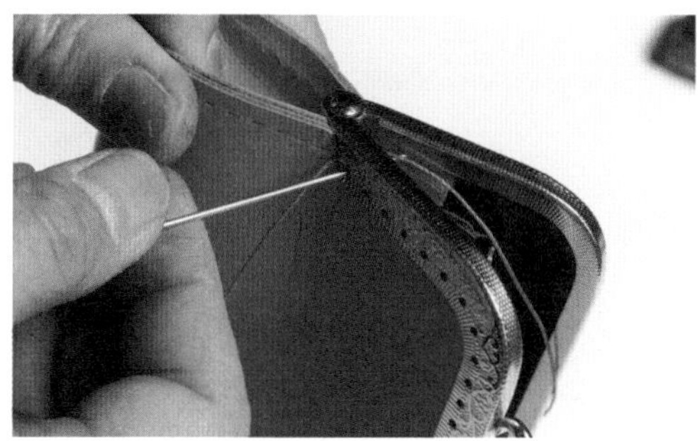

02 从口金旁用圆锥开的圆孔穿线（107页，步骤09），从口金边缘起针。

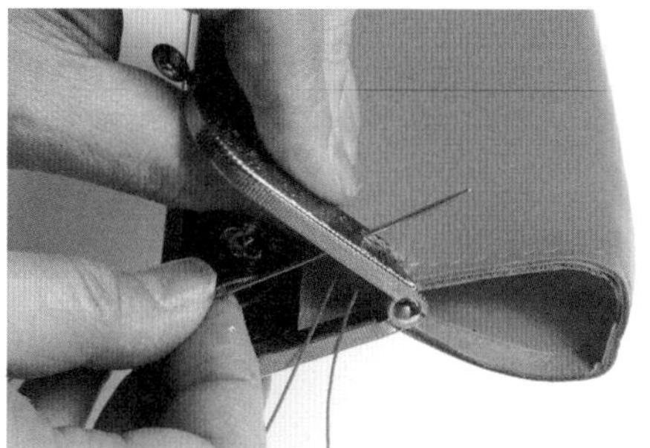

03 用双针缝法缝合至另一侧底端的开孔。

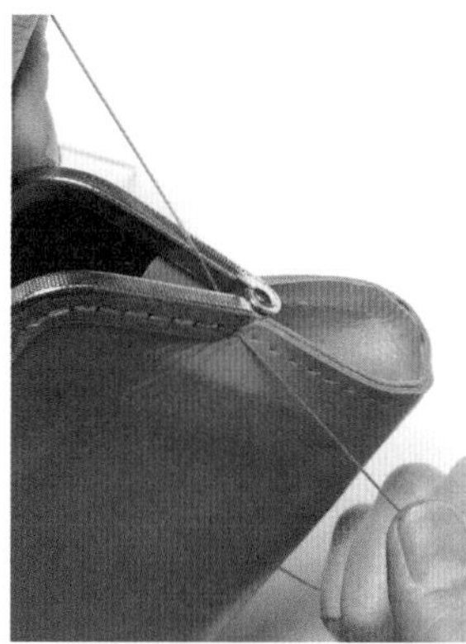

04 缝到口金外的圆孔后回针。

05 回针后将缝线从内侧穿出，用打火机烧熔固定。

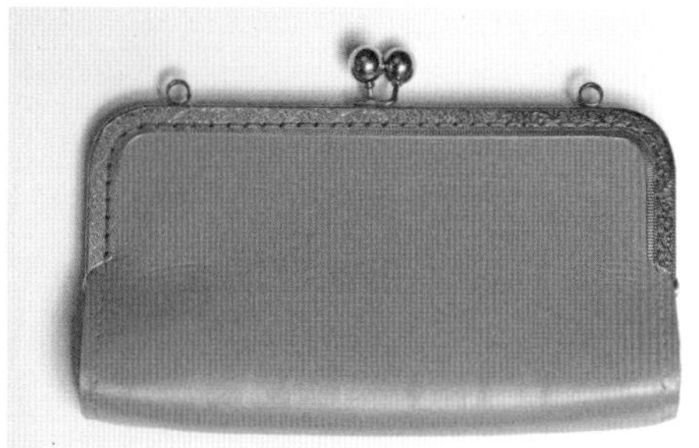

06 图为本体上缝好口金的状态。

侧边的编织

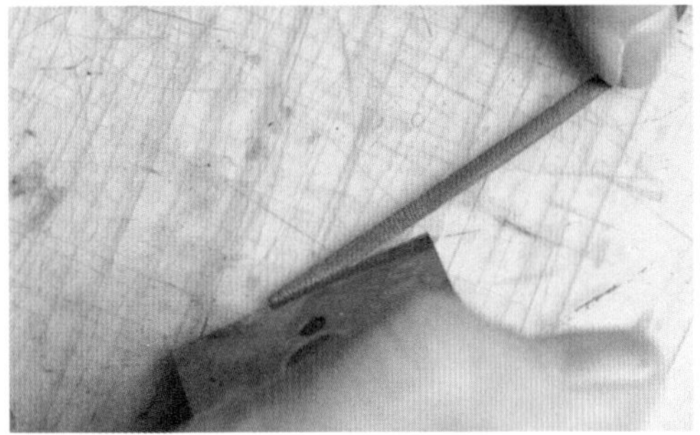

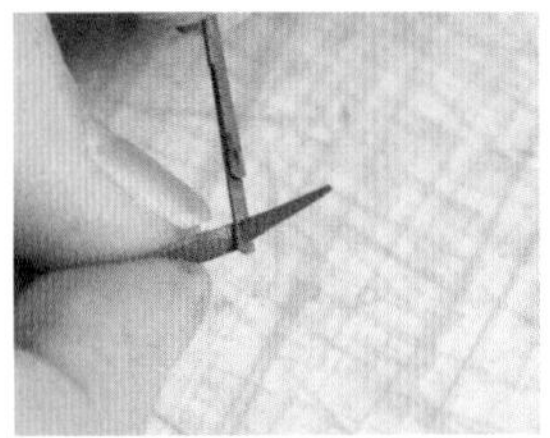

将皮绳的前端斜切一刀，穿过皮绳针。

07

08 将皮绳穿过第一个孔，拉出3cm左右的皮绳。

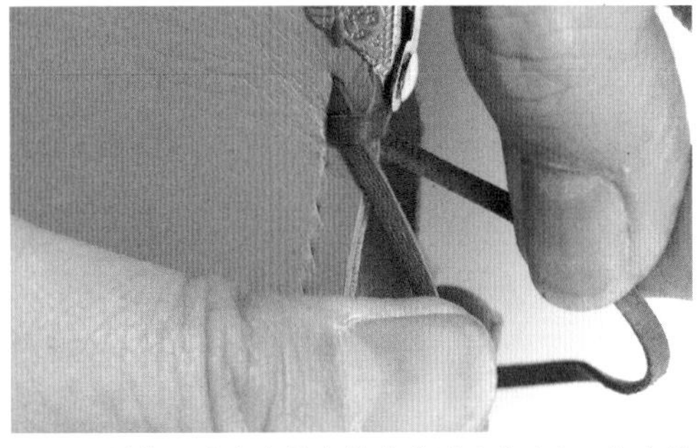

09 用第二孔穿出的皮绳夹住刚才拉出3cm的皮绳头。皮绳头位于穿出的皮绳下方。

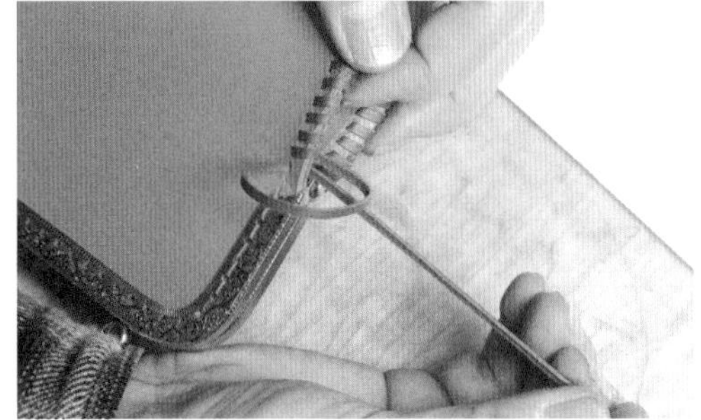

10 继续编织，直到最后。

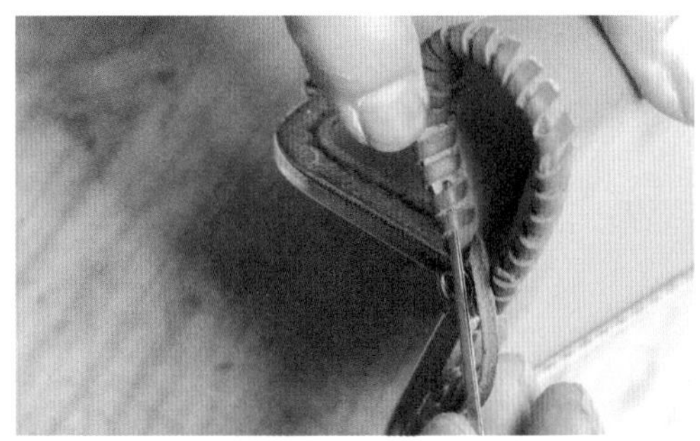

11 编织到最后一个孔时，将皮绳穿到前2个孔的皮绳下方。

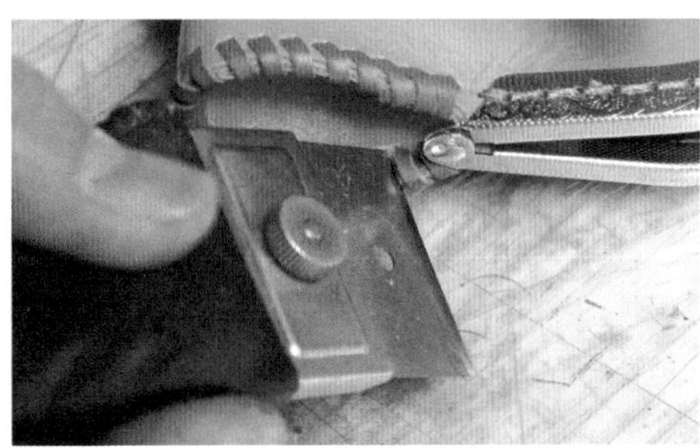

12 拉紧，剪掉多余的皮绳。

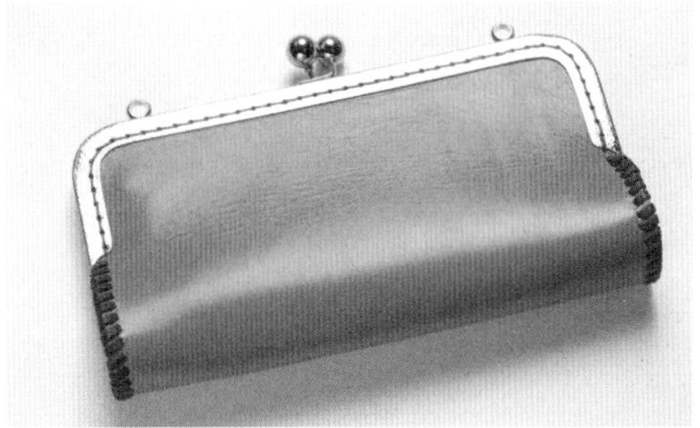

13 本体制作完成。

制作卡位部件

卡位部件为可抽出的独立卡片袋。双面都有卡位，共8个。

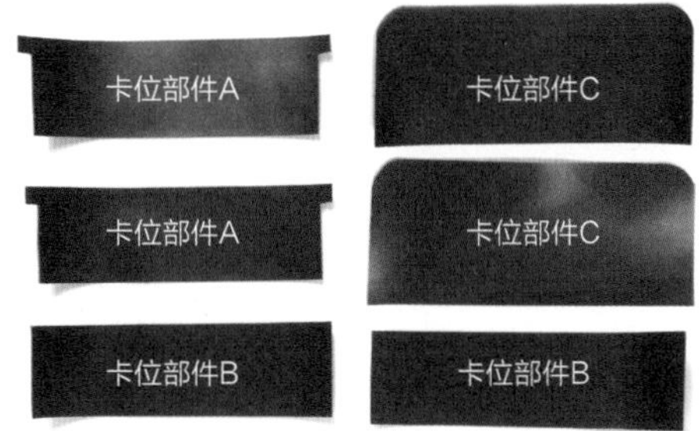

01 准备卡位部件A、B、C。

02 削薄卡位部件C上需要与部件A、B的贴合位置的床面。部件A的下缘与部件B除了上缘的3条边缘床面层也都要削薄。削薄宽度5mm，削薄厚度0.5mm。

检查

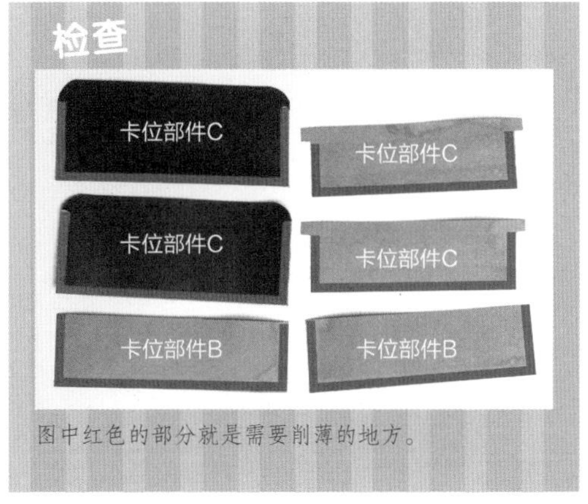

图中红色的部分就是需要削薄的地方。

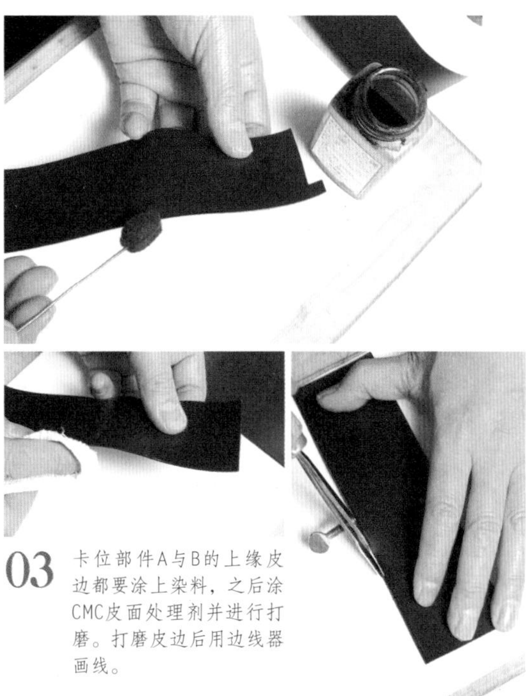

03 卡位部件A与B的上缘皮边都要涂上染料，之后涂CMC皮面处理剂并进行打磨。打磨皮边后用边线器画线。

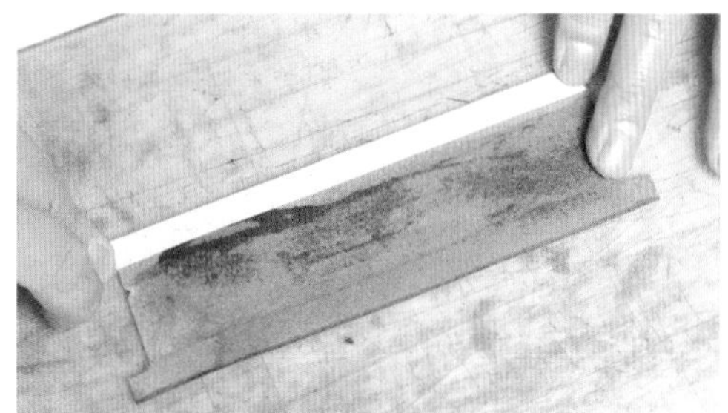

04 在卡位部件A的下缘床面上贴上宽10mm的双面胶。

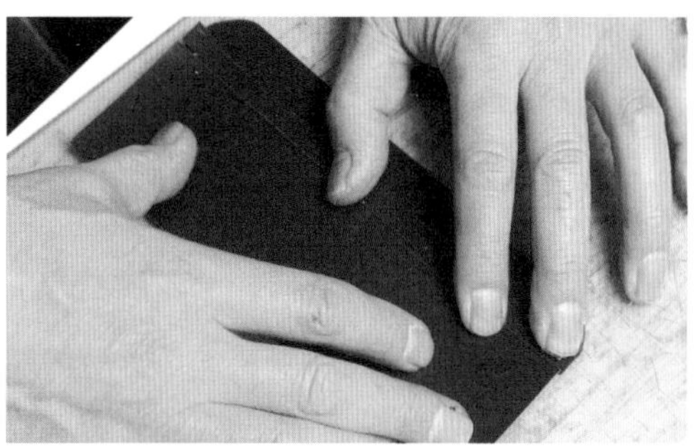

05 对齐卡位部件A、B、C，确认贴合位置。

06 在卡位部件C将要粘接A的位置涂上快干胶。

07 在卡位部件A的凸出位置的床面上也涂上快干胶，撕掉双面胶保护膜，与卡位部件C粘合。

08 将粘合的部分用滚筒压紧。

09 在卡位部件B侧边与底边的边缘床面上涂上快干胶。

10 在卡位部件C将要和B粘合的地方涂上快干胶，粘合，之后用滚筒压紧。

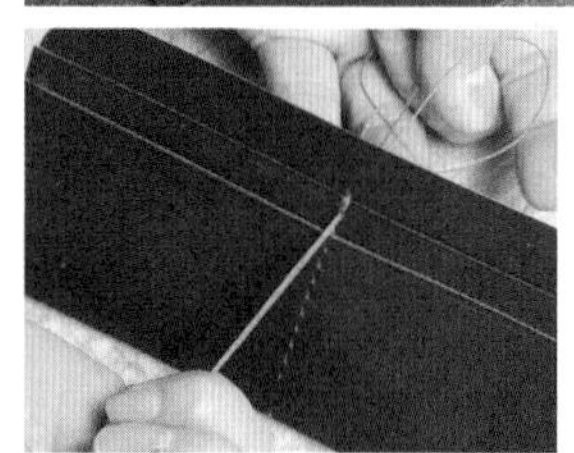

沿卡位部件中线画线，打孔并缝合。

11

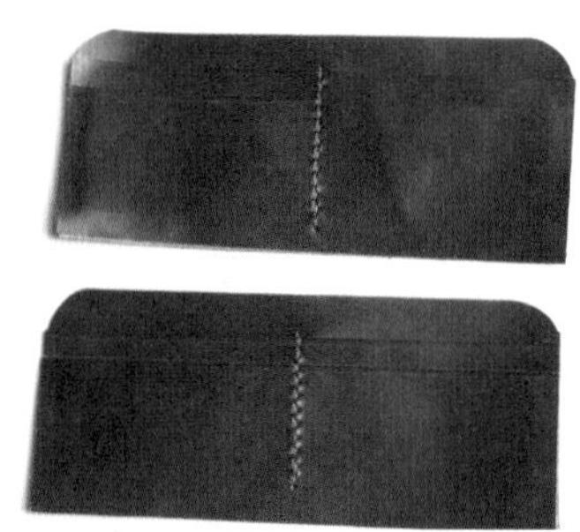

12 制作另一组一模一样的卡位。

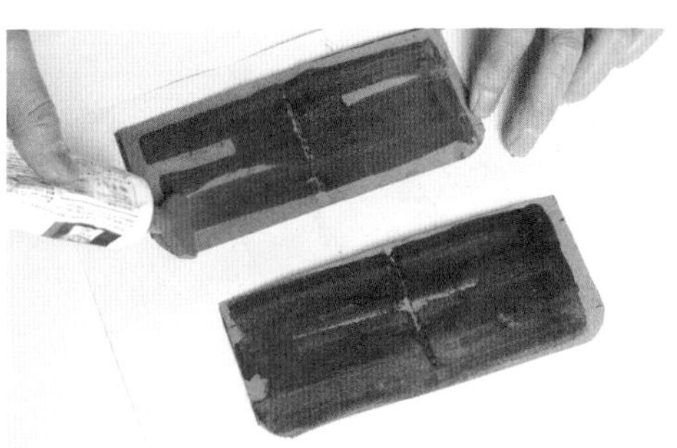

13 在两组卡位的背面涂抹快干胶。

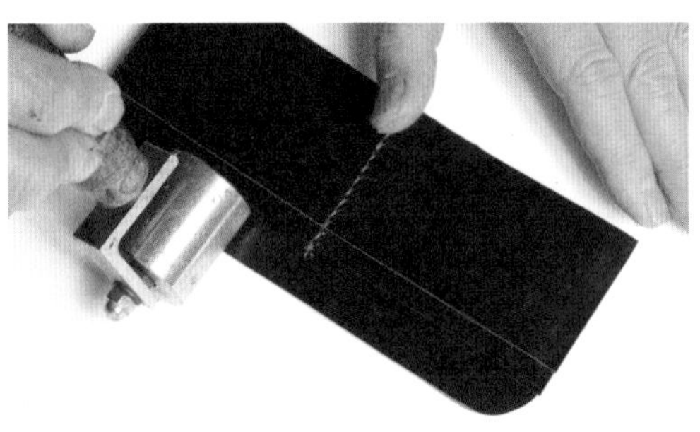

14 对齐、贴合、压紧。

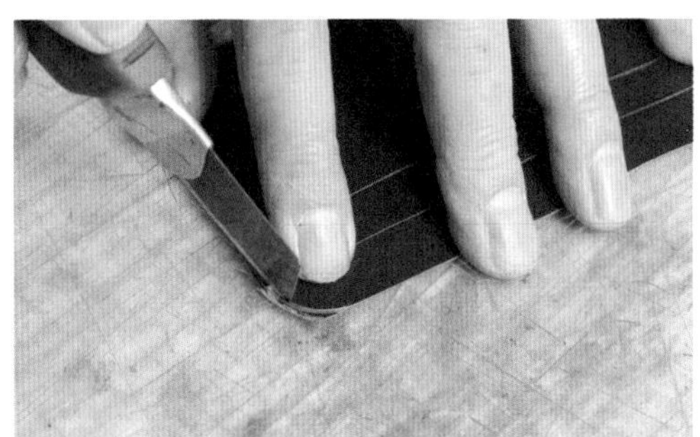

15 如果有凸出的部分，将皮边切齐。

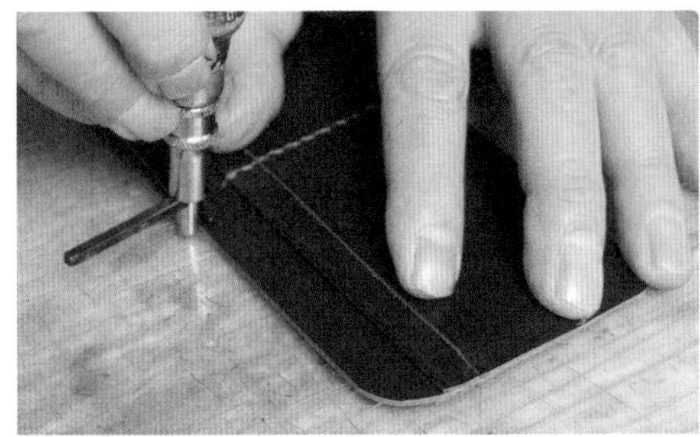

16 使用拉沟器拉线，距皮边3mm。

17 在步骤16的线上做打孔记号并打孔。

18 用打磨器打磨皮边。

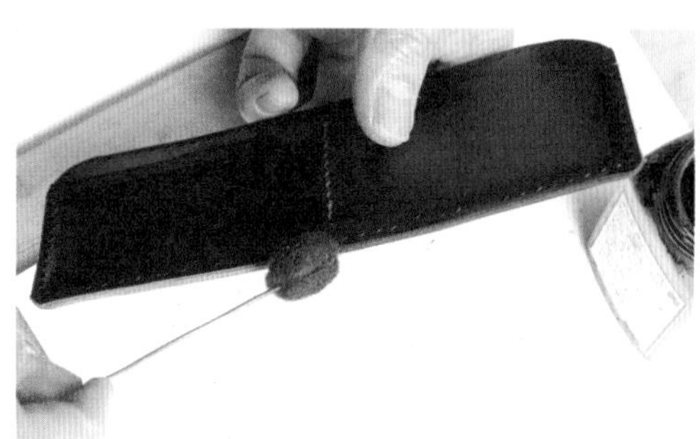

19 在皮边上涂上染料。

上完染料的皮边涂上CMC皮面处理剂，用磨边帆布打磨。MACK店铺是用玻璃杯做最后的打磨。

20

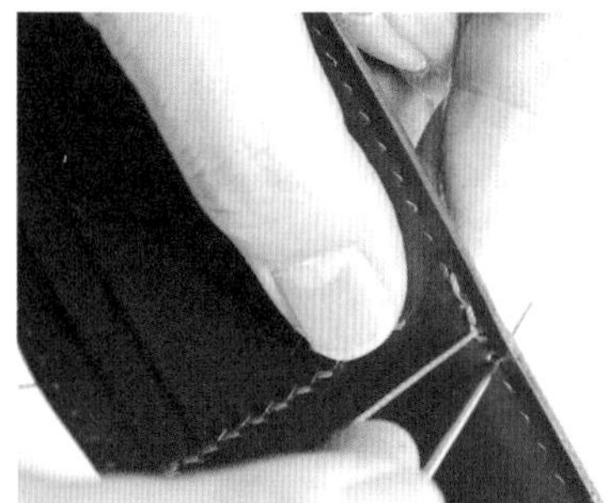

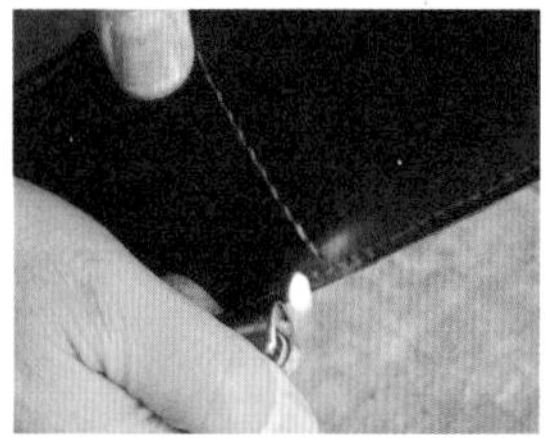

沿卡位周围缝合一圈。缝好后在起针的地方回缝2次，将缝线从内侧穿出并收尾。

21

22 缝制完成后再度打磨皮边。

要点

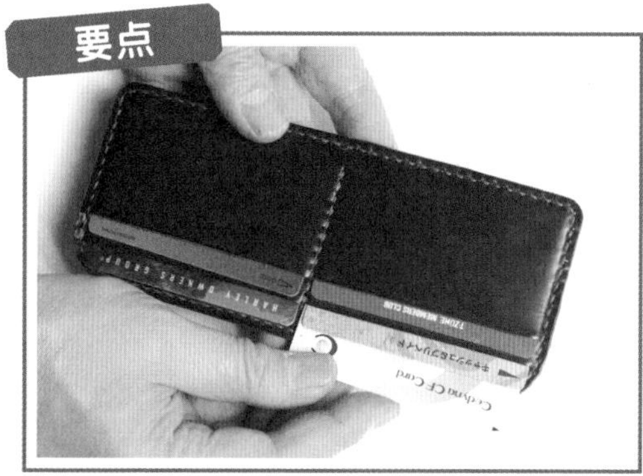

23 卡位格子设计得比较窄。用水沾湿内侧，放进2张卡片撑开皮料。

24 卡位部件就完成了。

完成

只需一个动作就能开合，使用起来好方便！

只用一个动作就能打开口金包，取放非常方便。卡位为独立式，方便取放卡片。

店铺信息

LEATHERCRAFT MACK

手缝的定制皮革工艺品

萩原敬士 先生

不仅以发型师的身份在隔壁的自营美发店工作，也是MACK的店主。每天制作新作品，真是才华横溢的人物。

LEATHERCRAFT MACK位于东京的吉祥寺十分繁荣的大正通深处。MACK基本上以订制品为主，木质风格的店铺内陈列着各种商品的样品。商品以手缝款为基础，不止有钱包和包包，也有狗项圈或机车包，商品种类繁多是一大特色。可配合客户需求选择皮革。该店擅长创作绝无仅有的新产品，欢迎提出自己的需求。相信该店一定能制作出令大家满意的作品。

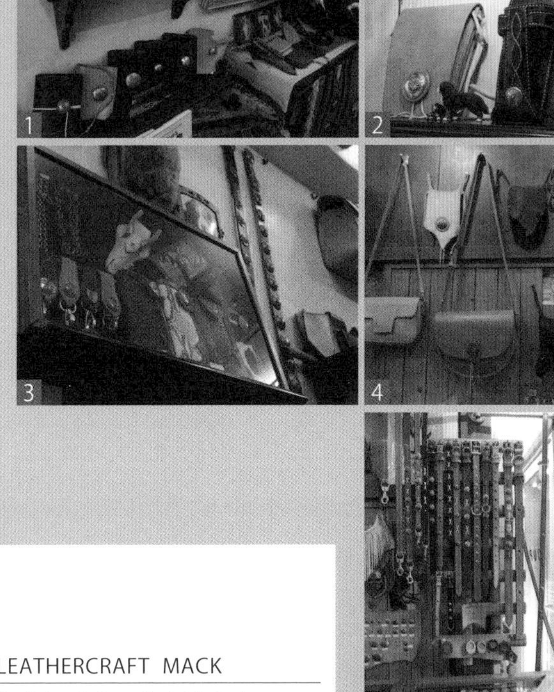

LEATHERCRAFT MACK

东京都武藏野市吉祥寺本町2-31-1

Tel:0422-22-4440

营业时间 11:00~20:00

休息日 每周二、每月第三个星期三

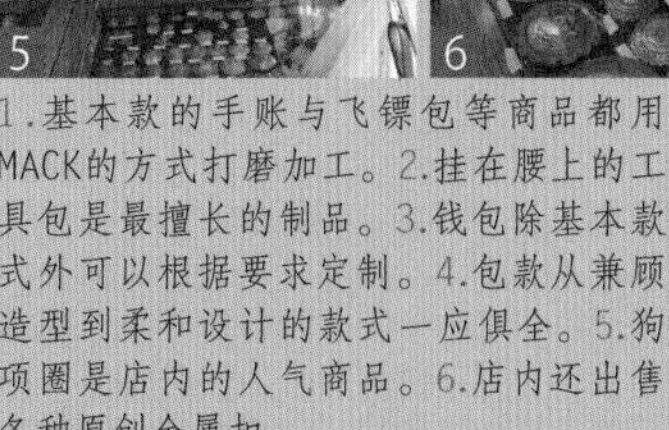

1.基本款的手账与飞镖包等商品都用MACK的方式打磨加工。2.挂在腰上的工具包是最擅长的制品。3.钱包除基本款式外可以根据要求定制。4.包款从兼顾造型到柔和设计的款式一应俱全。5.狗项圈是店内的人气商品。6.店内还出售各种原创金属扣。

L SHAPE FASTENER

L形拉链长钱包

L 形拉链长钱包是现在最受欢迎的款式。中间的零钱包不封口，只要拉起拉链，零钱就不会掉出来。即使放进长度小于 15.24cm（6 英寸）的手机，拉链也能顺利开合。

制作：草贺浩司（Craft 公司）/ 摄影：小峰秀世

材 料

部件皮料均使用厚度 1~1.3mm 的钢琴革。

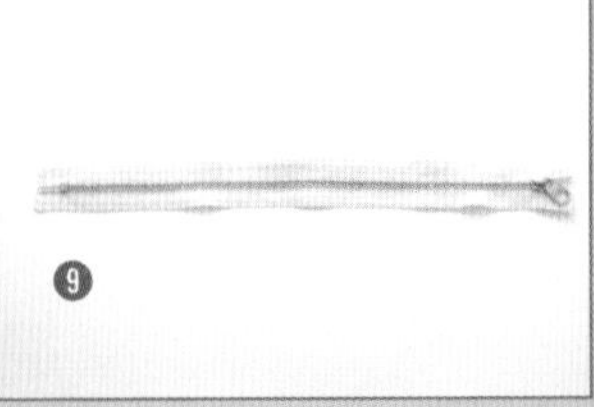

❶ 侧边部件：钢琴革，厚度1~1.3mm
❷ 本体里皮：钢琴革，厚度1~1.3mm
❸ 本体：钢琴革，厚度1~1.3mm
❹ 卡位部件B：钢琴革，厚度1~1.3mm×2
❺ 钞袋夹层：钢琴革，厚度1~1.3mm
❻ 卡位部件A：钢琴革，厚度1~1.3mm×4
❼ 零钱包：钢琴革，厚度1~1.3mm×2
❽ 拉片部件：钢琴革，厚度1~1.3mm
❾ 拉链宽5mm，长300mm
※各零件根据纸样，事先标记好缝线基准点及粘合位置。

工 具

只需使用手缝皮革的基本工具即可操作。

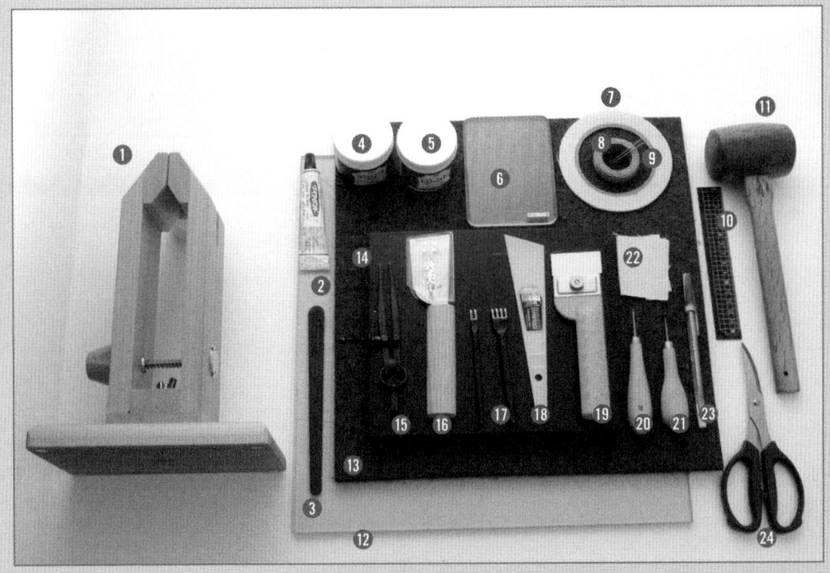

❶ 桌上型手缝固定夹
❷ DIABOND强力胶
❸ 打磨片
❹ 白胶
❺ 床面处理剂
❻ 玻璃板
❼ 双面胶（2mm宽）
❽ 手缝蜡线（细）
❾ 手缝针
❿ 直尺
⓫ 木槌
⓬ 塑胶板
⓭ 毛毡布
⓮ 橡胶板
⓯ 间距规
⓰ 裁皮刀
⓱ 菱斩：2齿、4齿
⓲ 上胶片
⓳ 可替式裁皮刀
⓴ 菱锥
㉑ 圆锥
㉒ 磨边帆布
㉓ 银笔
㉔ 剪刀

拉链的预处理

事先处理这款钱包的中心部件：拉链。将拉链两端内折，在拉链头上固定拉片。

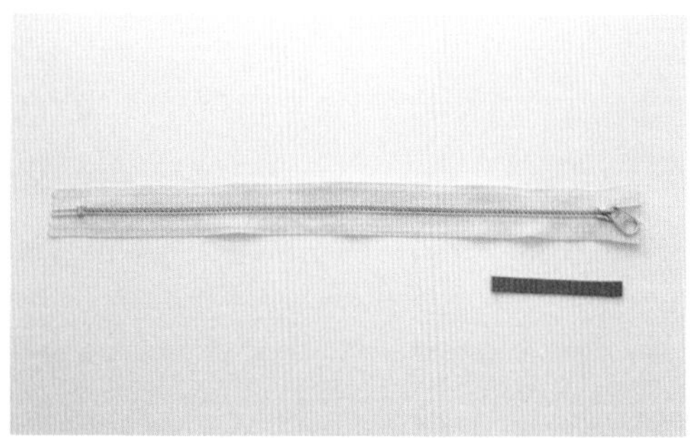

01 准备拉链与拉片部件。

处理拉链

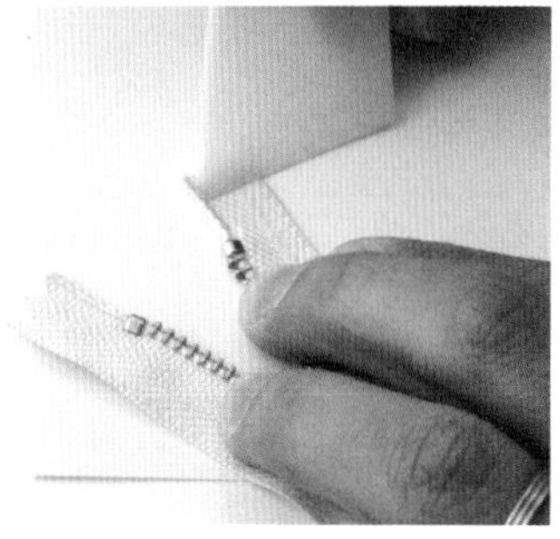

02 将拉链翻到正面，从拉链底端到拉链上止的部分拉链布部分涂上强力胶。

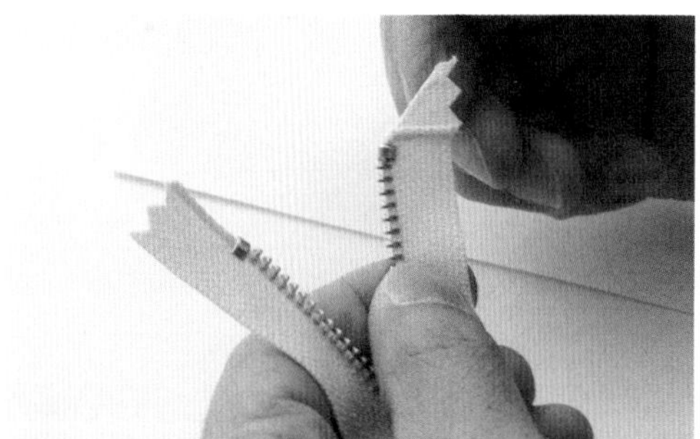

03 将拉链的底端如图所示折成90° 贴合。

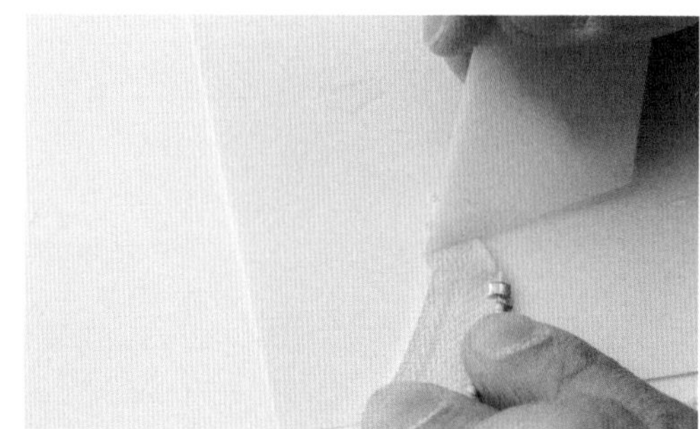

04 粘合拉链底端后，翻过来在另一侧的三角形部分涂上强力胶。

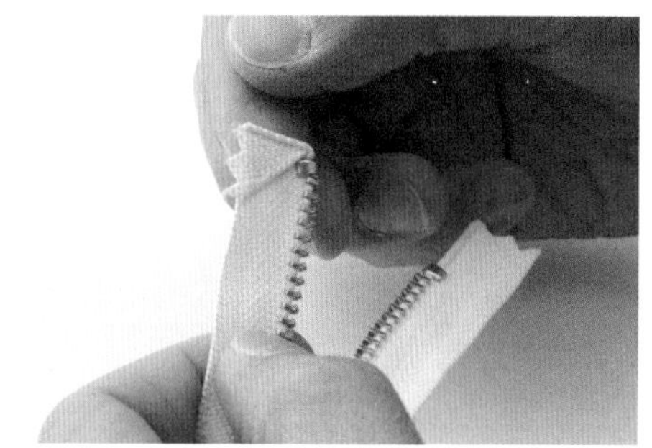

05 将底端折回，粘合成如图所示的状态。

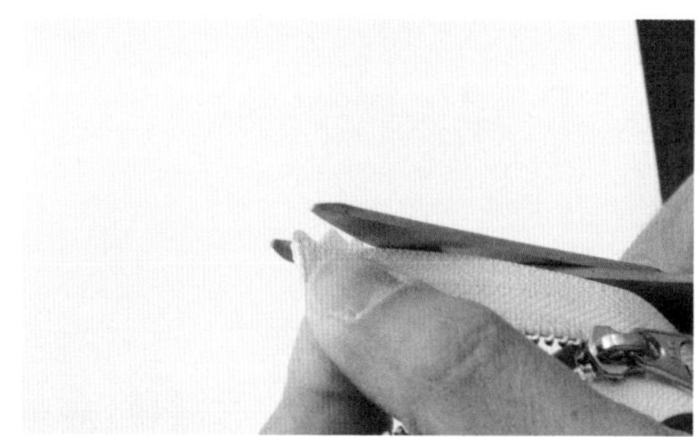

06 将凸出的部分用剪刀修齐。

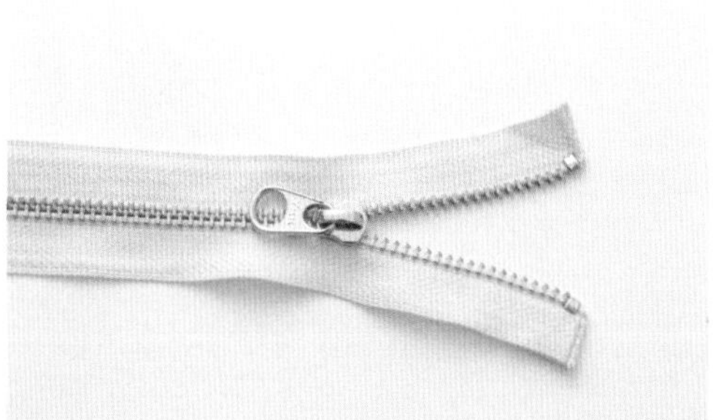

07 用相同的方式加工另一侧上止（※下止侧不加工）。

拉片的预处理

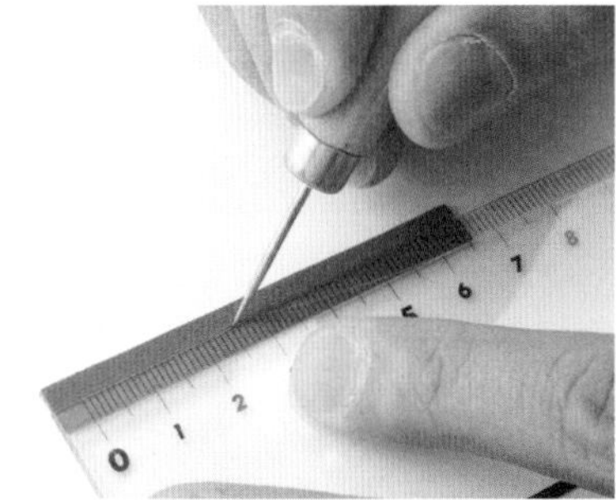

08 在拉片中心画出缝线位置。

09 将拉片床面上涂上白胶。

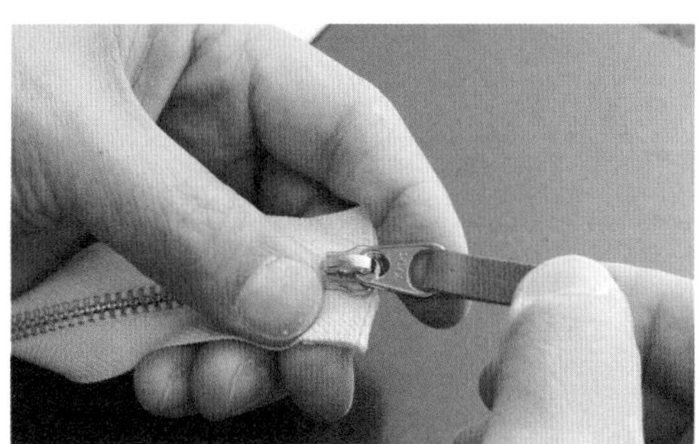

10 将拉片穿过拉链头上的金属孔后将两侧的床面粘合。

11 用圆锥在拉片上开两个缝线基准孔。

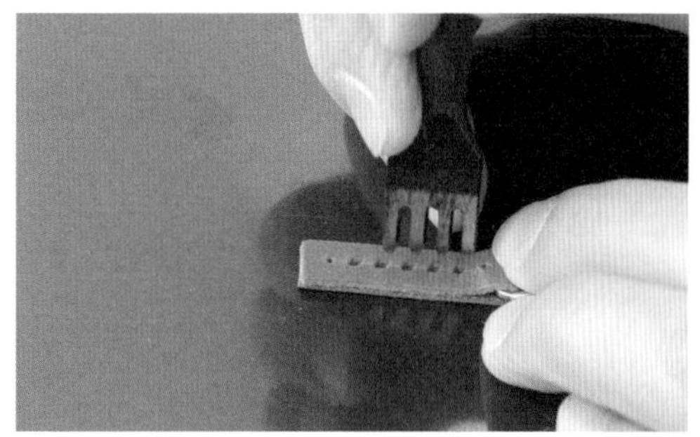

12 用菱斩在基准点之间打孔。

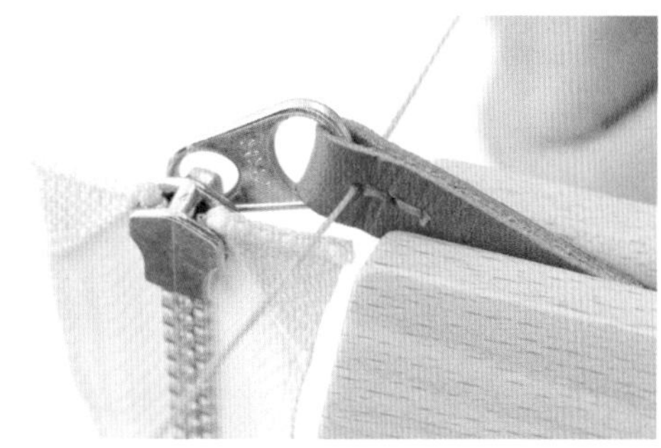

13 在开始处回针2针后开始缝制。

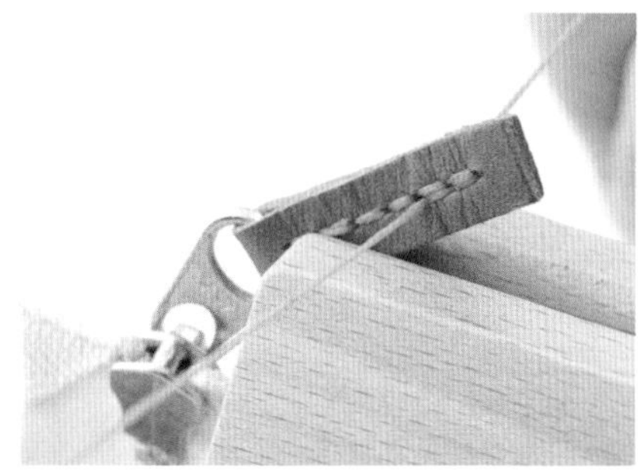

14 缝制完成后，在结尾处也回针两针，缝线从拉片两侧穿出。

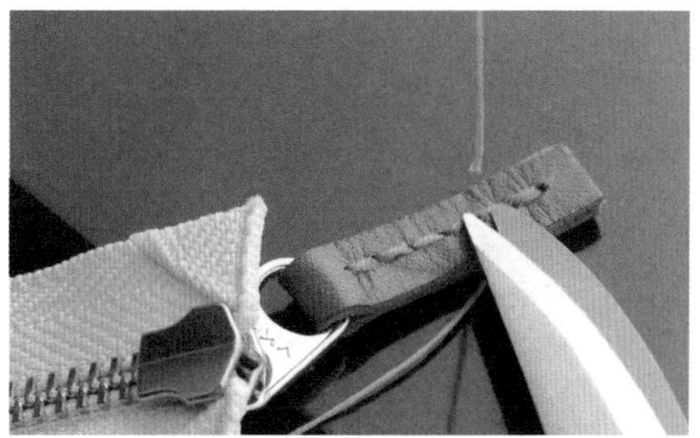

15 将缝好的线头紧贴拉片正面剪掉。同样处理另一侧。

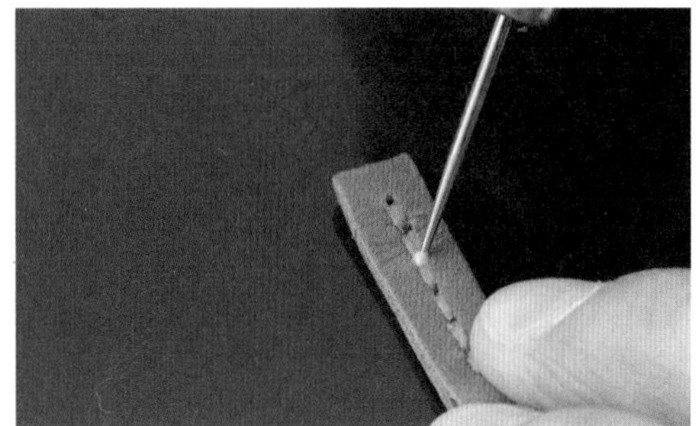

16 在剪掉的线头上涂上白胶，以固定线头。

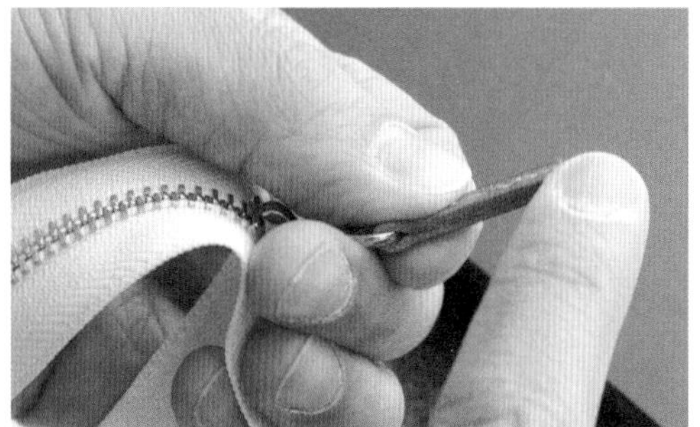

17 在拉片的皮边上涂上床面处理剂。

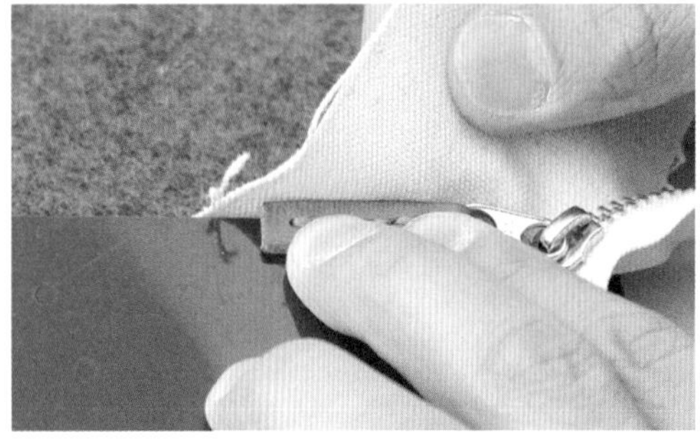

18 用磨边帆布打磨涂好床面处理剂的皮边。

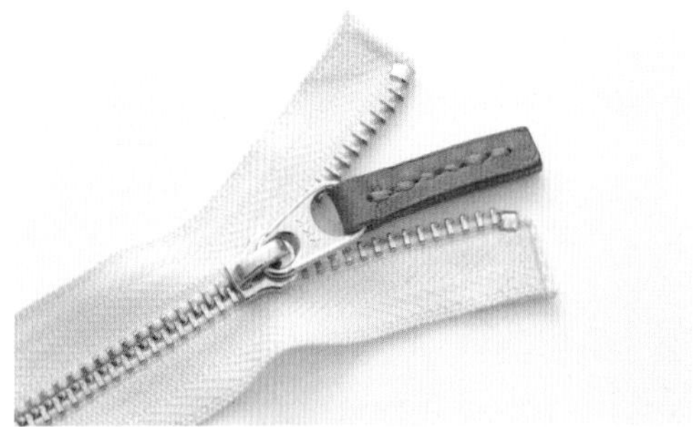

19 拉链的预处理到此完成。注意，拉链的下止侧不加工。

各部件的预处理

床面层露出的各部件都要进行打磨，缝制前也必须要打磨皮边。

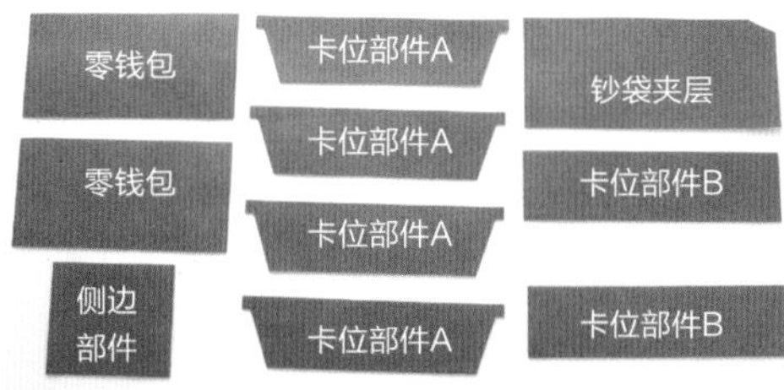

01 准备要提前处理床面的部件（除本体与本体里皮之外的全部部件）。

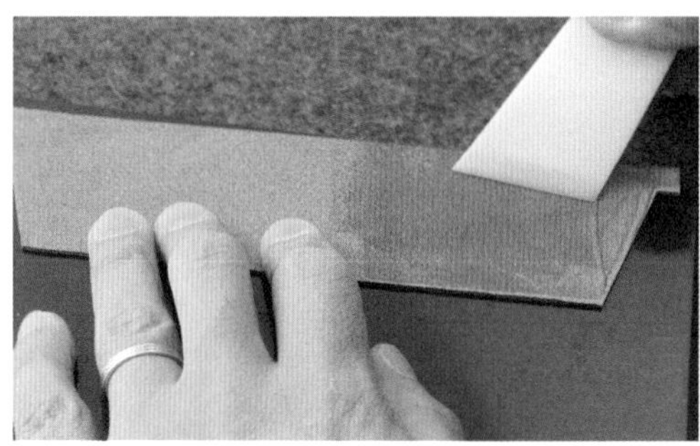

02 在床面上涂抹床面处理剂。

03 将涂好床面处理剂的床面用玻璃板打磨。

04 红线部分就分别是钞袋夹层、卡位部件A、卡位部件B需要事先打磨的皮边。

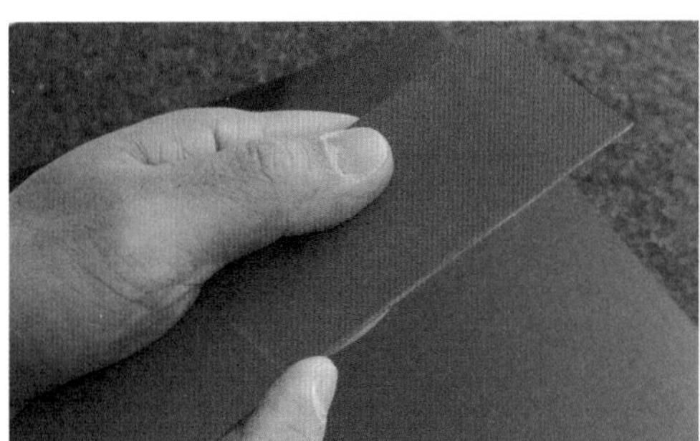

05 在皮边上涂抹床面处理剂，注意不要涂到皮料正面。

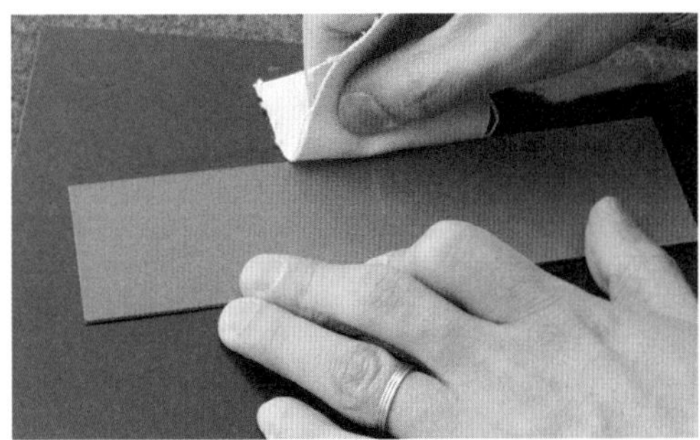

06 将涂好床面处理剂的皮边用磨边帆布进行打磨。

卡位部件及钞袋夹层加工

打开钱包后，右侧的卡位部件也兼具钞票夹层的功能。先以独立部件的方式做好，再与本体缝合。

01 准备卡位部件A、卡位部件B和钞袋夹层部件。

02 在卡位部件A的床面侧下缘，距下缘皮边8mm的位置画线。

要点

03 从步骤02所绘制的线往边缘削薄皮料，将2张卡位部件A全部削薄。

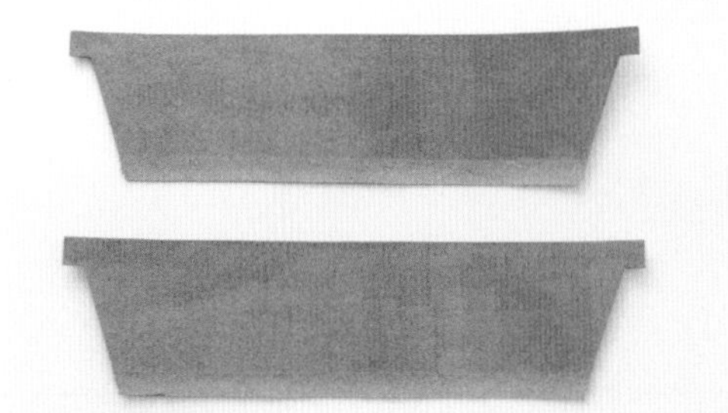

04 图为削薄卡位部件A床面的状态。

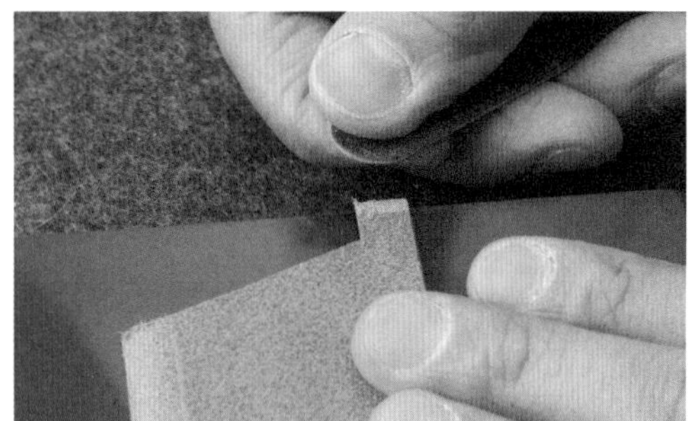

05 将卡位部件A凸出位置的床面用打磨片刮粗。

06 钞袋夹层的下缘沿边缘刮粗，宽3mm。

07 将钞袋夹层上将要粘合卡位部件A的两条线也刮粗，宽3mm。

08 在卡位部件A的下缘与凸出位置的床面部分涂上白胶。

09 在钞袋夹层上要粘合卡位部件A的位置上也涂上白胶。

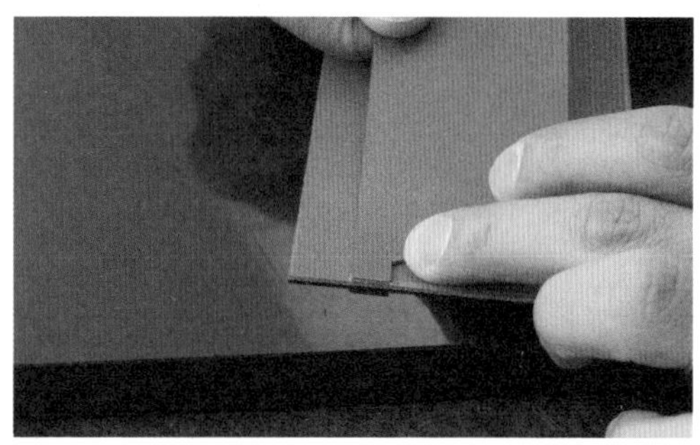

10 对齐凸出位置，在钞袋夹层上粘合卡位部件A。

11 确认好粘合位置，粘合压紧。

12 在卡位部件A的下缘距皮边3mm处画线。

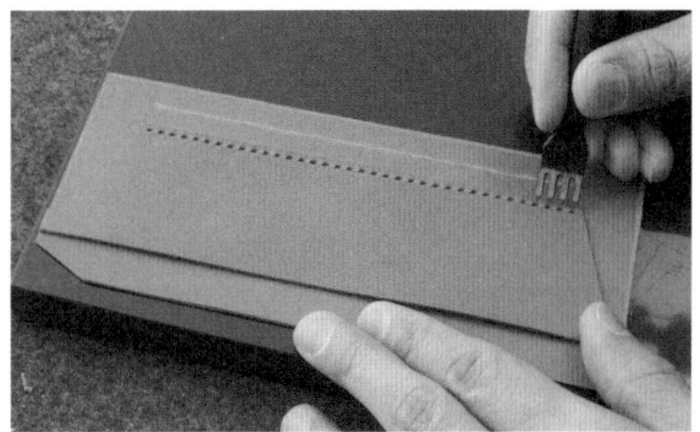

13 按照这条线打孔。

打好孔后将卡位部件A下缘缝合起来，起针与结尾都要双重缝线。
14

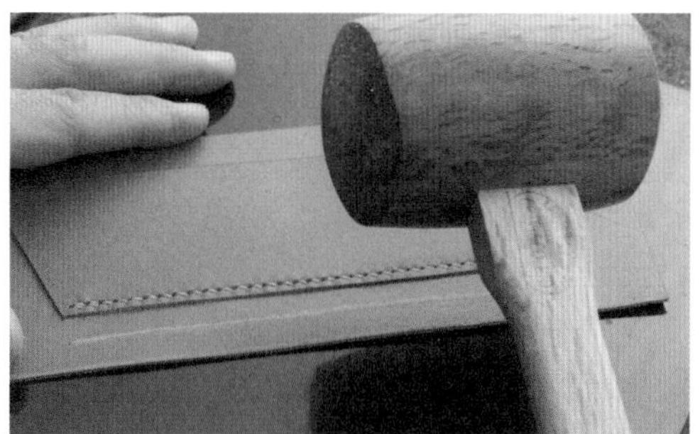

15 用木槌腹部敲打，让针脚更服帖。

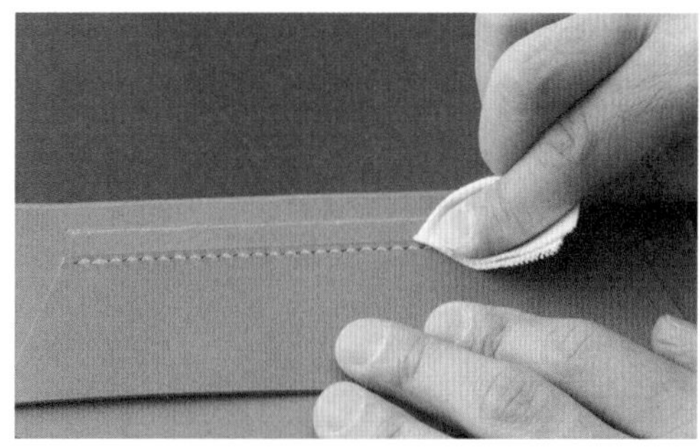

16 用磨边帆布打磨针脚，尽量将蜡擦掉。

17 图为最上层的卡位部件A与钞袋夹层缝合的状态。

18 对齐凸出位置，贴第2张卡位部件A。

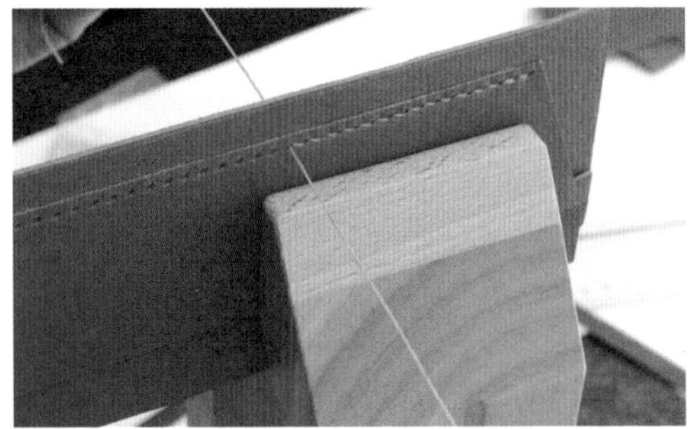

19 用一样的方式缝合第2张卡位部件A下缘。

20 图为第2张的卡位部件A与钞袋夹层缝合的状态。

21 沿床面将卡位部件B的侧边与底边边缘刮粗，宽3mm。

在粘合位置涂上白胶，粘合卡位部件B与钞袋夹层。

22

23 图为与卡位部件B粘合的状态。

24 在卡位部件A的上缘中心位置做基准记号。

25 用圆锥在卡位部件B的中线上开基准记号。

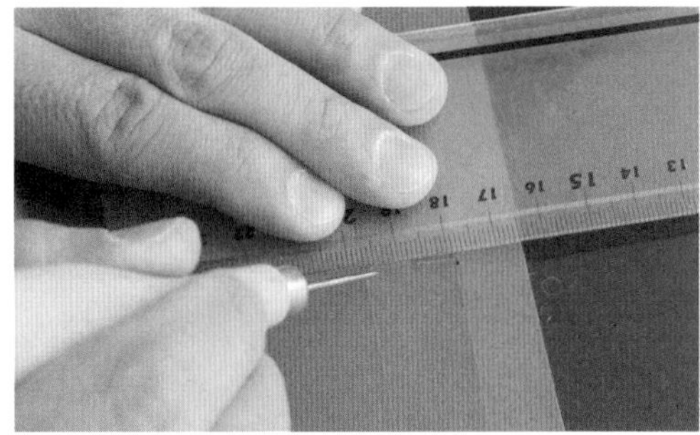

26 在卡位部件A与B的中线上画线。

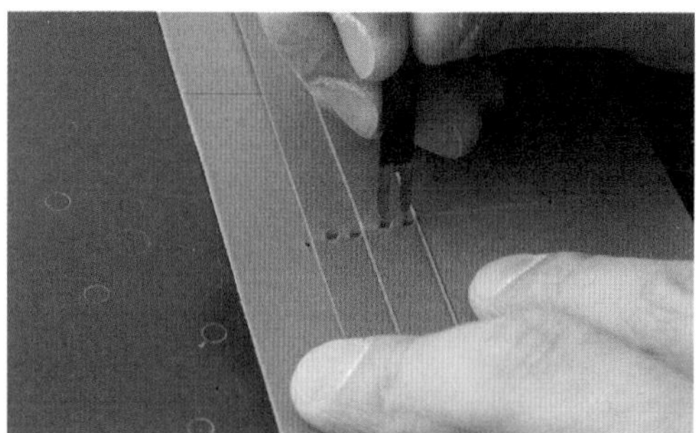

27 用圆锥在最上方的卡位部件A中心点开基准孔。

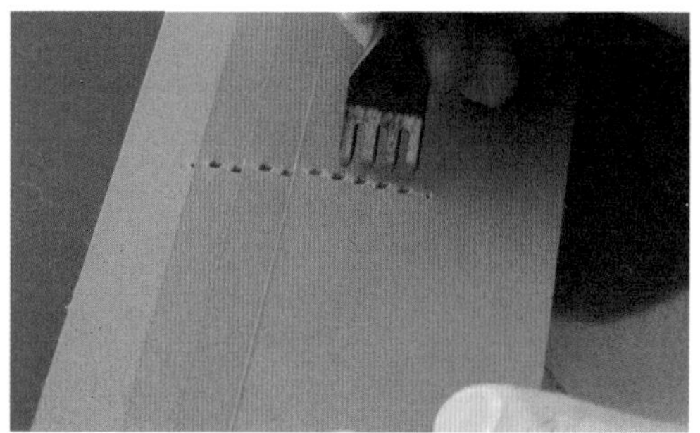

28 避开高低差，在基准点之间开孔。

要点

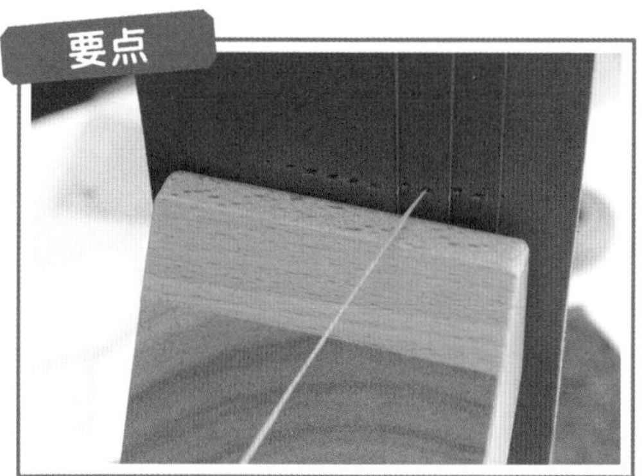

29 考虑到需要双重缝线的位置，从第4个针孔开始穿线。

30 缝制到上缘的基准点。

要点

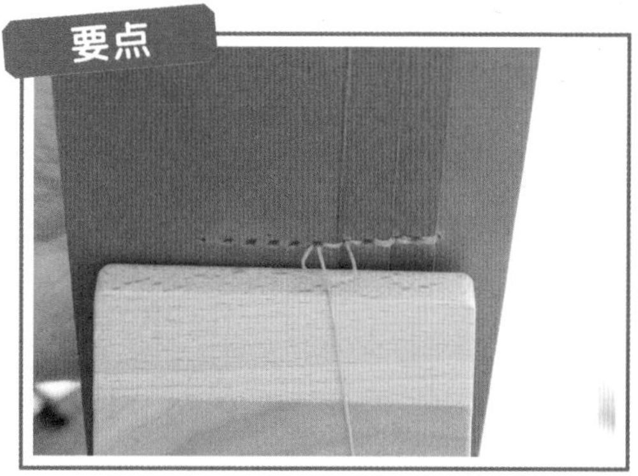

31 从上缘的基准点缝到下缘基准点。确保所有高低差位置都有双重缝线。

32 缝制到下缘基准点后，回缝两针，将缝线从作品两侧穿出。

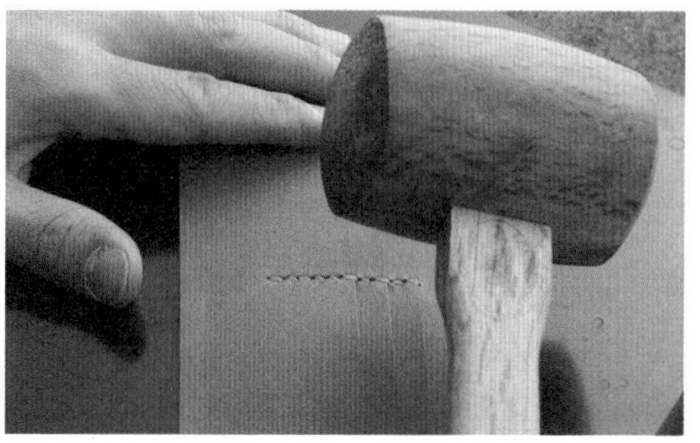

33 用剪刀和白胶将线头收尾，用木槌腹部敲打，让针脚服帖。

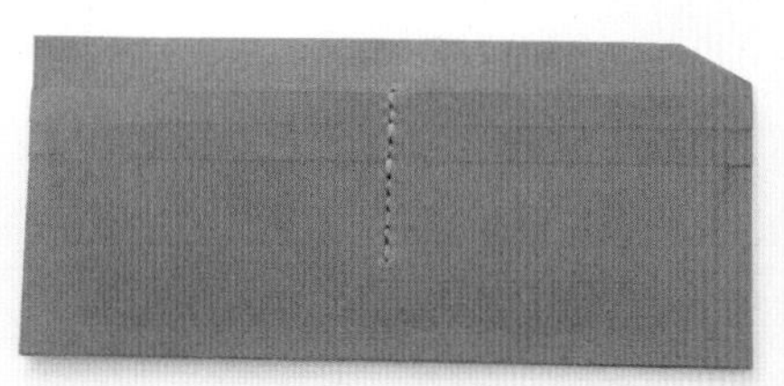

34 图为卡位部件中心部分完成缝合后的状态。

35 用打磨片打磨粘合的皮边，以统一高度。

36 从最上方的卡位部件边缘起，在左、右、下方的边缘距皮边3mm处画出缝线记号线。

37 按照记号线，在有高低差的部位用圆锥开孔，从步骤37直到步骤42，都只处理部件的右侧部分。

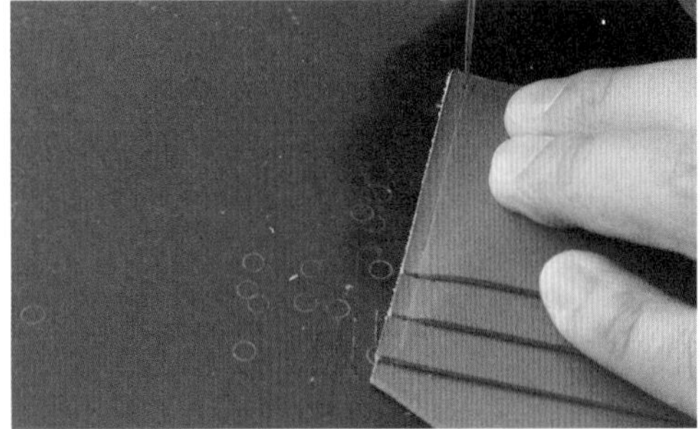

38 在转角的位置开作为基准点的圆孔。

39 卡位部件A的凸出部分很窄，只能开一个孔，这里用菱锥开孔。

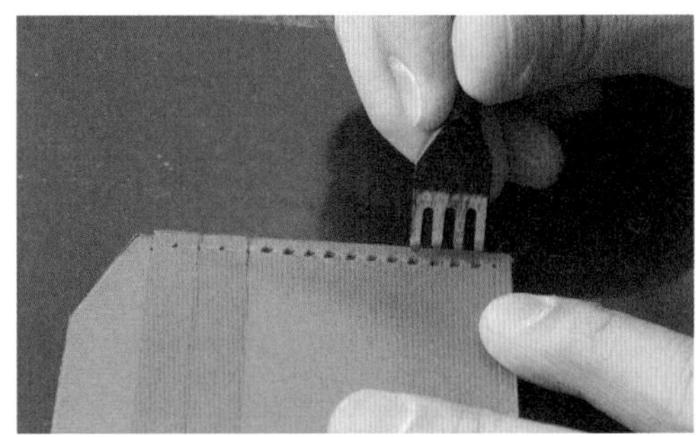

40 开孔至转角处。

41 从下缘第3个针孔开始回缝两针，之后再向上缝制。

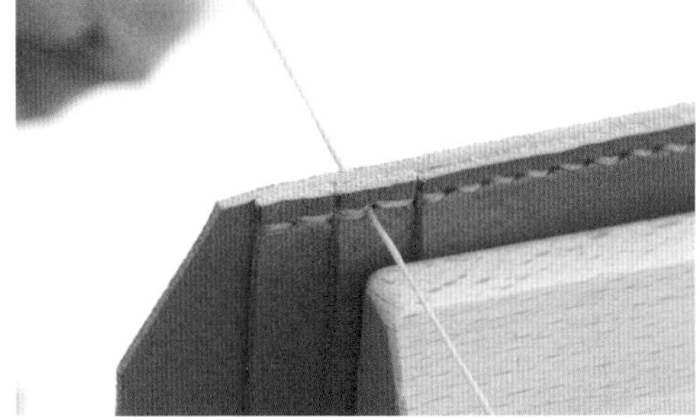

42 卡位部件B有高低差的位置要双重缝线，卡位部件A的高低差处正常回针，形成双重缝线。

43 图为卡位部件侧边缝合的状态。

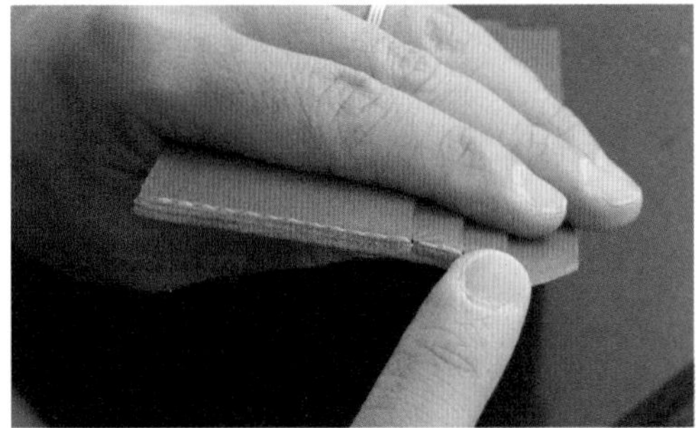

缝合完成的皮边、尚未缝合的左侧皮边，以及底部皮边都用打磨片打磨整形，涂上床面处理剂，并再次打磨。

44

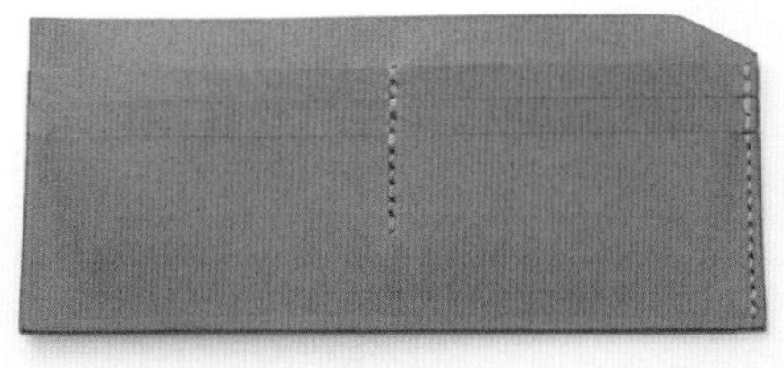

45 卡位部件与钞袋夹层先加工到这个状态。

本体与里皮的预处理

本体与里皮需要先开缝孔，因为二者的尺寸有一些差距，必须一半一半的开缝孔。

01 准备本体与本体里皮的部件。

02 以L形纸样上的基准点为标准，距离皮边3mm在本体周围处画上记号线。

03 在本体里皮上贴上暂时粘合用的双面胶。

04 对齐单侧边缘，将本体与本体里皮暂时粘合。

检查

对齐单侧边缘后，另一侧的边缘会出现5mm左右的错位。

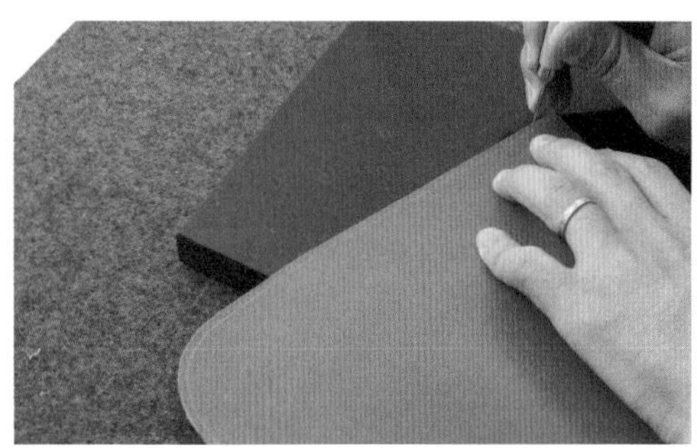

05 在本体一侧缝线记号线的两端用圆锥开基准孔。

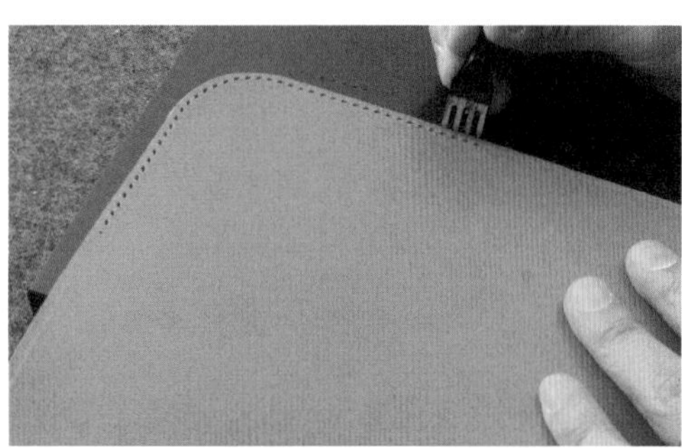

06 在记号线的基准点之间用菱斩开孔。

07 打好孔之后，将暂时固定的本体和本体里皮分开。

08 需要撕干净残留的双面胶。

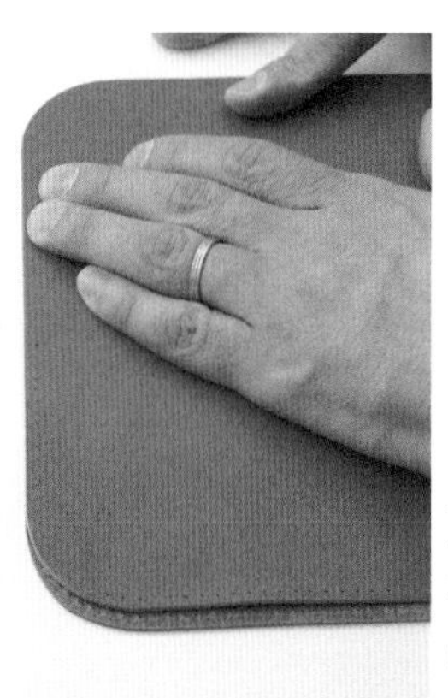

对齐尚未开孔的一侧，将本体和本体里皮像步骤03那样暂时粘合。

09

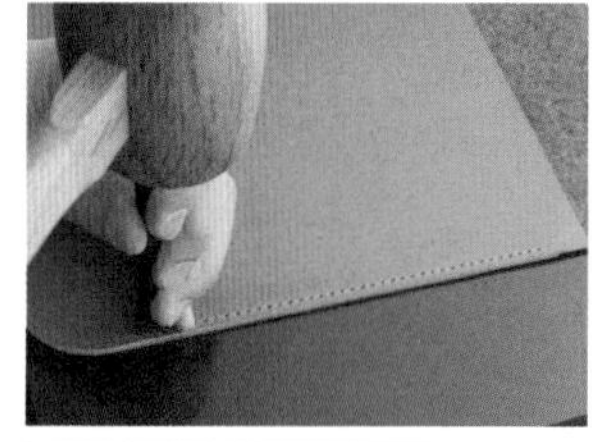

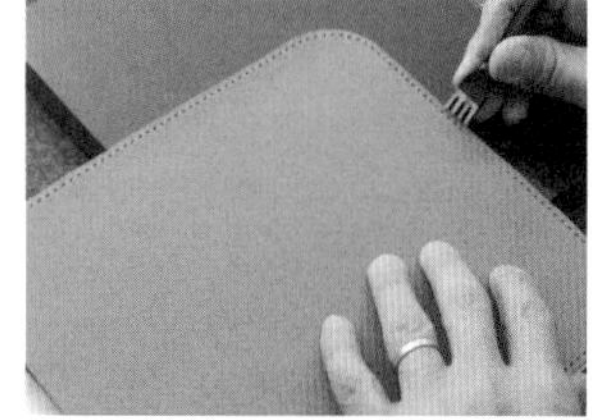

用与步骤03~步骤06相同的方法，在这一边打线孔。

10

11 开好缝线孔，将本体与本体里皮分开。

12 在本体底边的床面侧距皮边10mm处画线。

在步骤12画线的位置至边缘处削薄皮料。

13

14 在将要粘合拉链的本体床面一侧距皮边6mm处画线。

要点

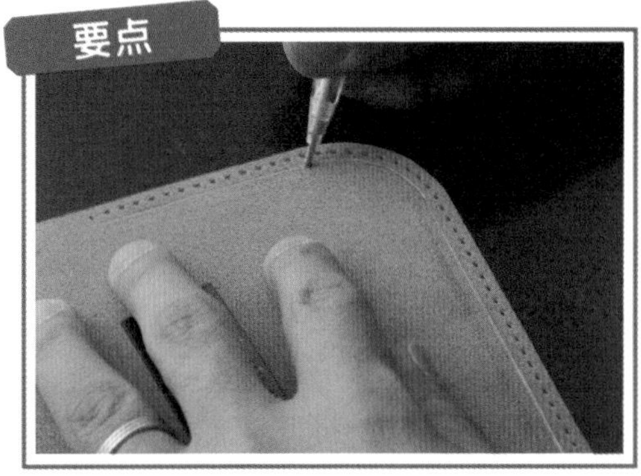

15 这里缝合后是看不见的，记号线不容易看清，可以使用银笔画线。

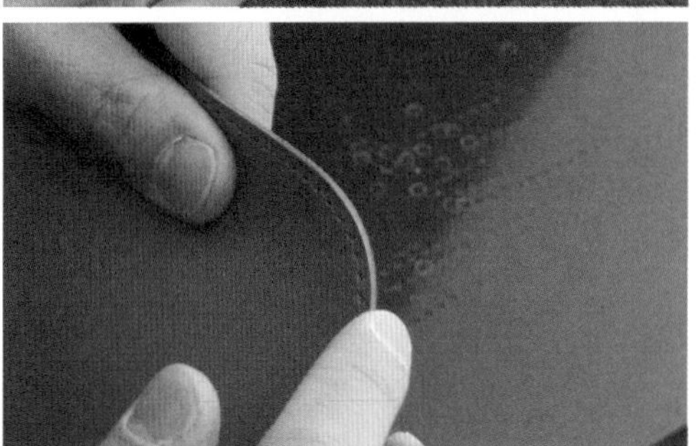

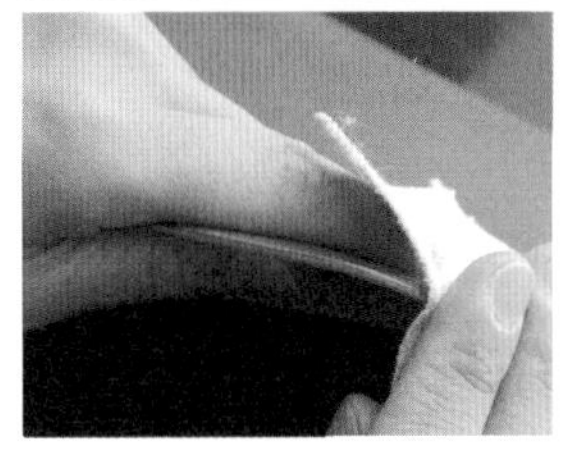

在将要固定拉链的位置的皮边上涂上床面处理剂，用磨边帆布进行打磨。

16

17 本体和本体里皮的预处理就完成了。

缝合里皮与卡位部件

将里皮直接和卡位部件缝合。此时的卡位格子部件和钞袋夹形状一样。

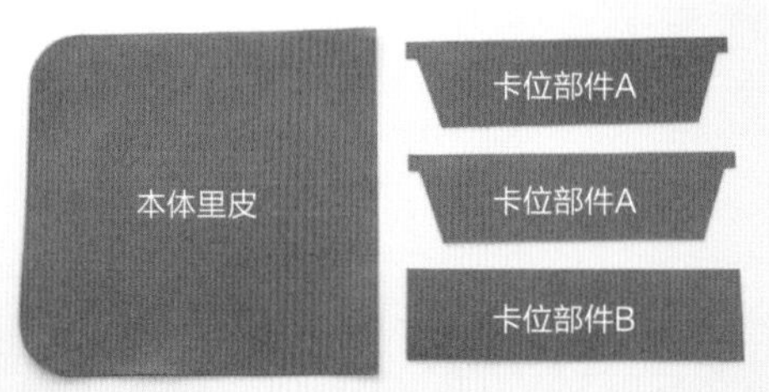

01 准备本体里皮，卡位部件A、B的皮料。

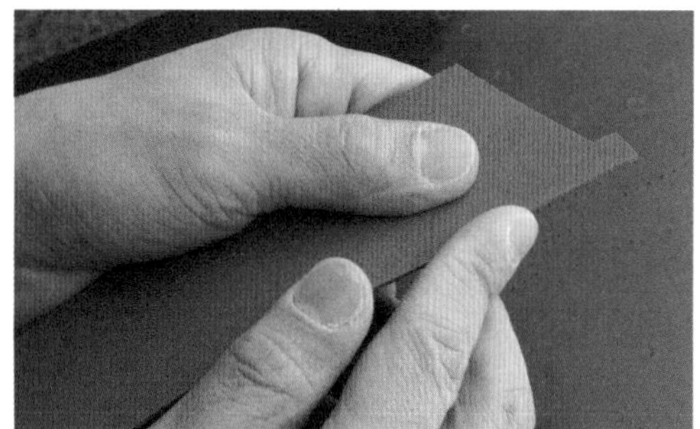

02 在卡位部件A的上缘皮边上涂抹床面处理剂。

要点

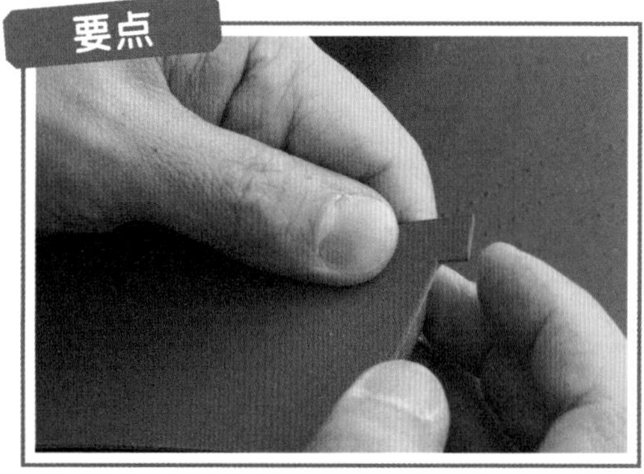

03 凸出部分的皮边也涂上床面处理剂。

04 用磨边帆布打磨涂上床面处理剂的皮边。

05 将卡位部件B的四边都涂上床面处理剂，并用磨边帆布进行打磨。

检查

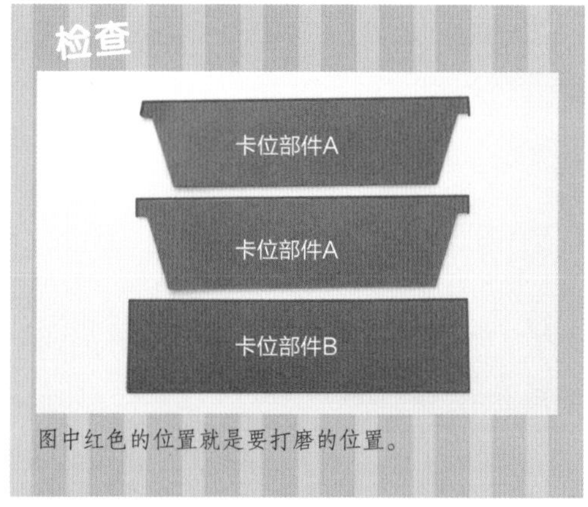

图中红色的位置就是要打磨的位置。

06 卡位部件A沿下缘床面削薄，宽8mm。

07 刮粗本体里皮上将要粘合卡位部件的部分。

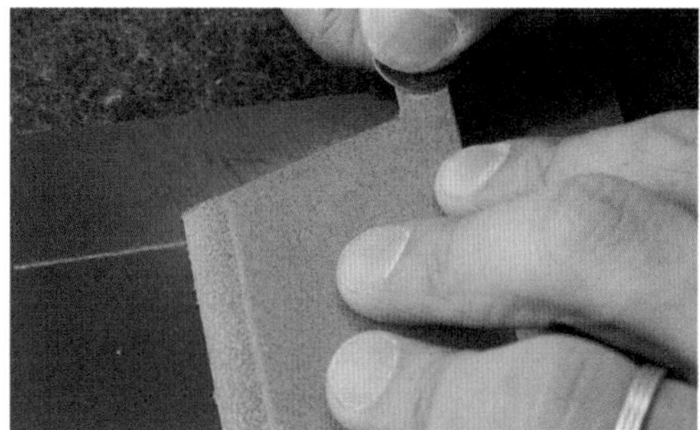

08 用打磨片打粗卡位部件A凸出部分的床面。

09 在卡位部件A的凸出处及下缘的床面涂上白胶，将卡位部件A与本体里皮粘合。

10 打孔并缝合与本体里皮粘合的卡位部件A。

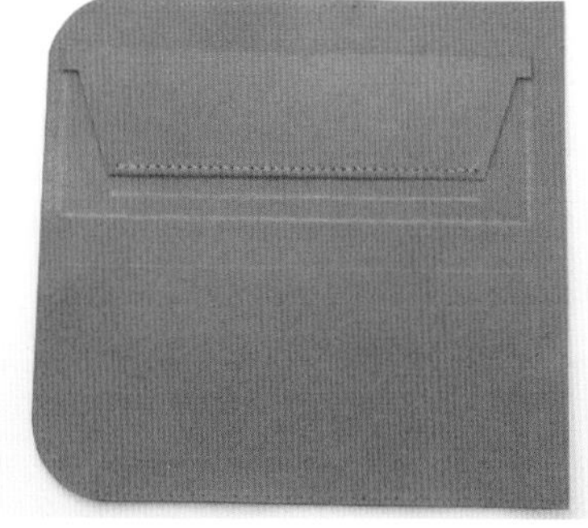

11 本体里皮与最上方的卡位部件A缝好的状态。用木槌腹部敲打针脚，用磨边帆布擦掉多余的蜡。

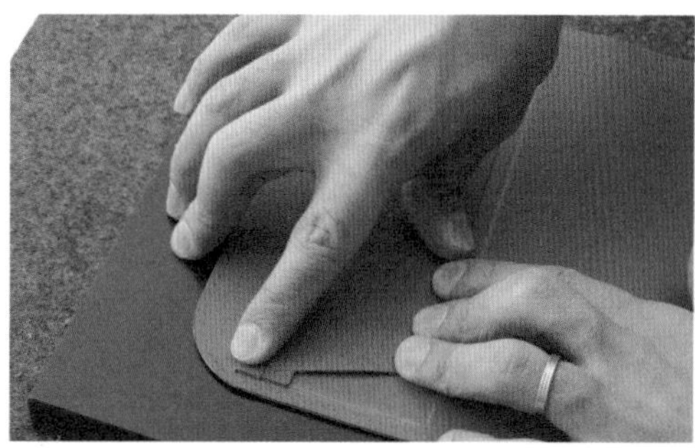

12 将第2片卡位部件A凸出位对齐，并粘合在本体里皮上。

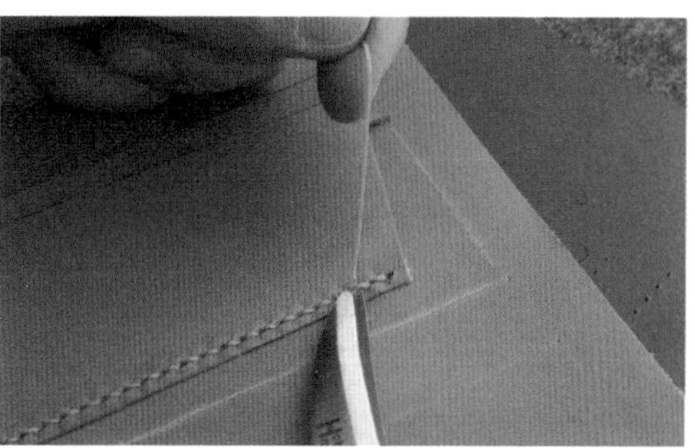

13 在第2片卡位部件A的下缘开孔并缝合。

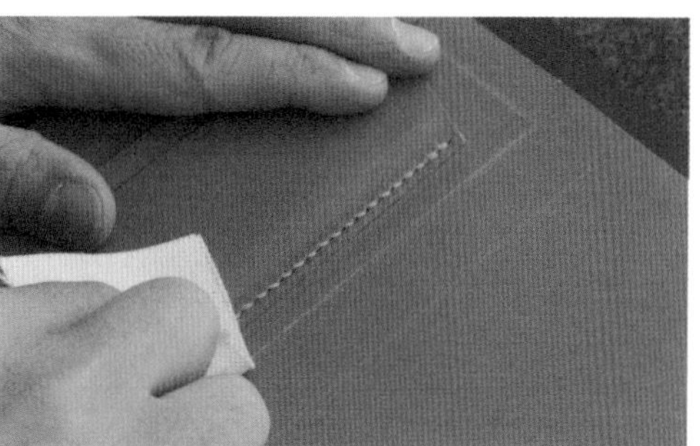

14 用木槌敲打针脚，用磨边帆布擦掉多余的蜡。

15 图为本体里皮上缝合好第2片卡位部件A的状态。

16 粘合卡位部件B。

17 从最上方的卡位部件A侧边缘开始，在侧边与底边距皮边3mm处画记号线。

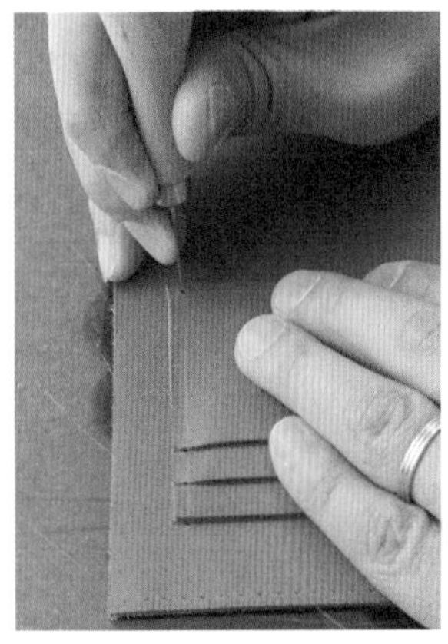

起针和收尾的位置打好基准点，凸出部分有高低差的位置也用圆锥开好圆孔。

18

要点

19 在卡位部件A的凸出部位上用菱斩开单一线孔。

20 在剩下的部位上用菱斩开线孔。

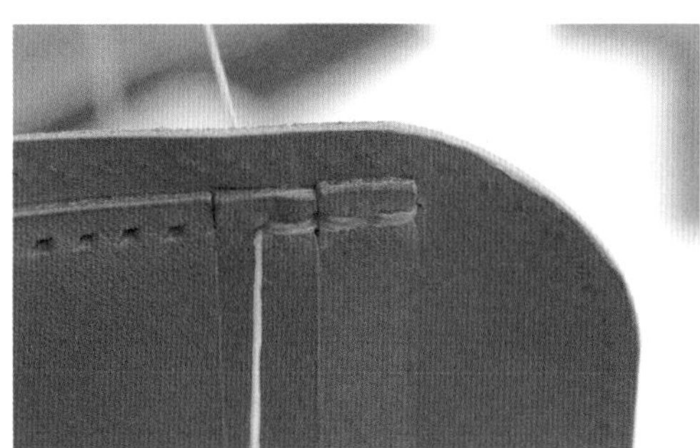

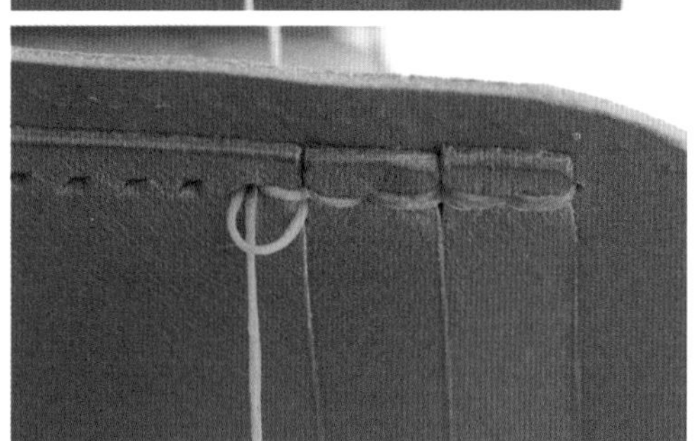

将卡位部件的左右下3边缝合，起针处回缝3针，有高低差的地方双重缝线。

21

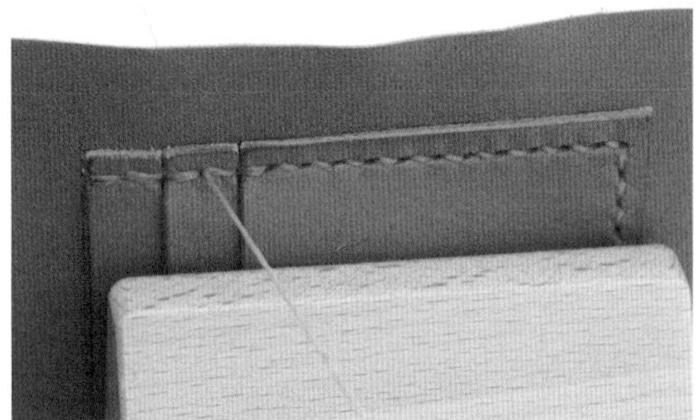

22 收尾时回缝3针，用剪刀和白胶收尾。

23 缝制完成后用木槌腹部敲打，使针脚服帖。

24 图为卡位部件与本体里皮缝合的状态。

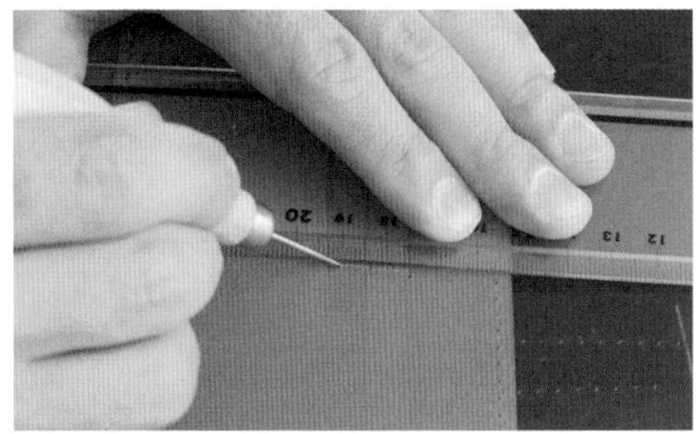

25 在卡位部件的中线上画线。

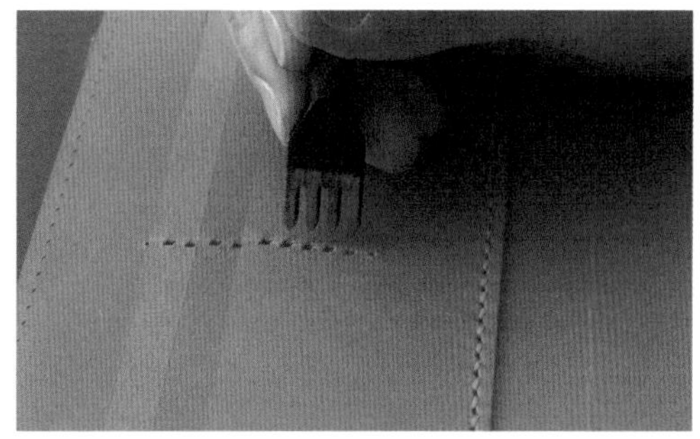

26 在上下基准点上开圆孔，用菱斩打孔，连接两个基准点。

27 缝合卡位部件中线部分。

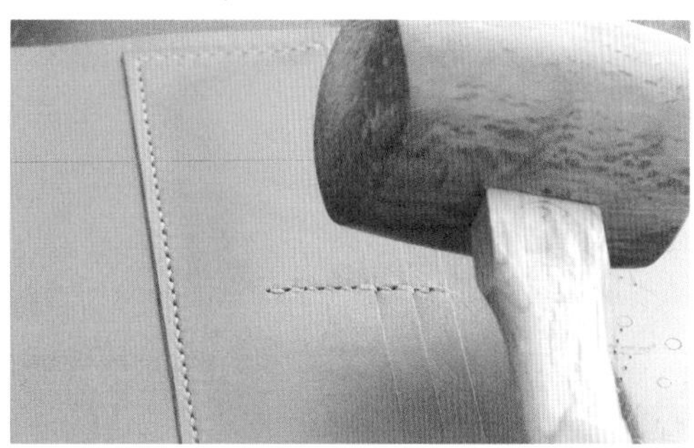

28 缝制完成后用木槌腹部敲打，使针脚服帖。

本体里皮与钞袋夹层的缝制

在缝合了卡位部件的本体里皮上缝合另外制作的卡位部件与钞袋夹层。只缝合本体里皮正对钞袋夹层的左侧侧边与底边，形成 L 形。制造出放钞票的空间。

准备本体里皮与钞袋夹层的部件。

01

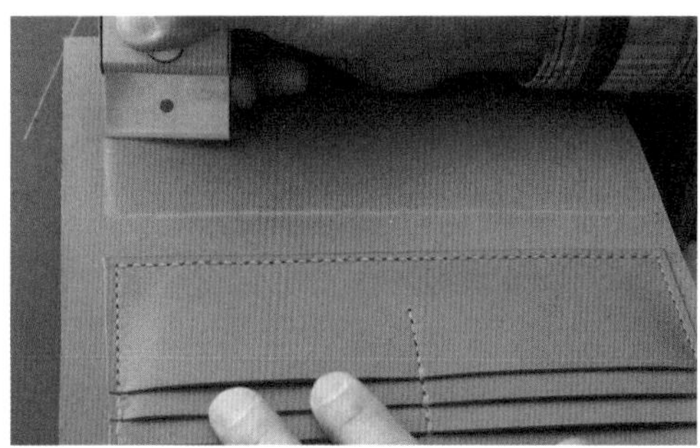

02 将本体里皮上将要粘合部件的位置沿边缘刮粗，宽3mm。

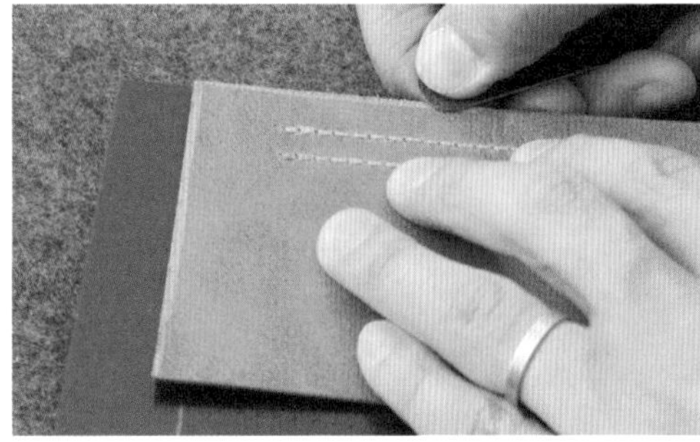

03 钞袋夹层的床面将左侧边缘与底边边缘刮粗，宽3mm。

04 在本体里皮与步骤02刮粗的部分涂上白胶。

05 在钞袋夹层的床面于步骤03刮粗的部分涂上白胶。

06 对齐位置，粘合本体里皮和钞袋夹层。

07 图为本体里皮与钞袋夹层粘合完成的状态。

08 在有高低差的位置用圆锥开圆孔。

09 左下方的开孔与侧边的开孔是共用的，所以要用圆锥扩大线孔。另外在最后一个孔的旁边再开一个孔。

10 用菱斩开其他线孔。

11 最上面一层皮边的宽度较大，用2齿菱斩开孔。

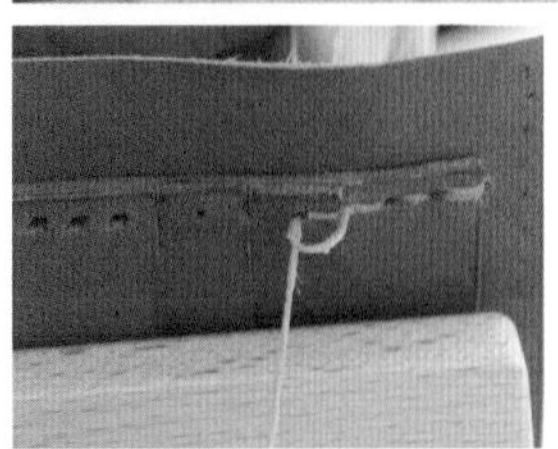

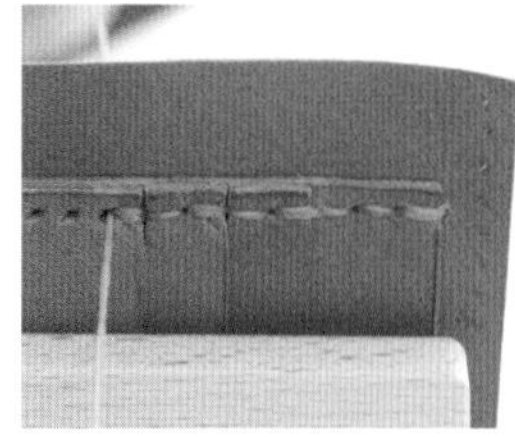

回缝两针再开始缝制，在高低差的部分双重缝线。

12

结尾处回缝两针，收尾。用木槌敲打使针脚服帖。

13

14 图为本体里皮与钞袋夹层缝合好的状态。

缝合本体

本体与本体里皮之间夹着拉链，将缝线穿过刚才打好的孔进行缝合，将拉链均匀粘合是作品完美的关键。

01 准备本体、本体里皮和拉链。

缝合本体里皮与拉链

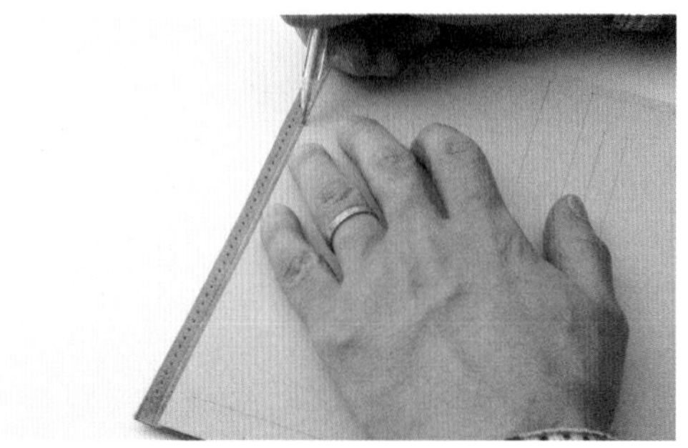

02 对齐纸样的拉链位置，将位置描在本体里皮的床面上。

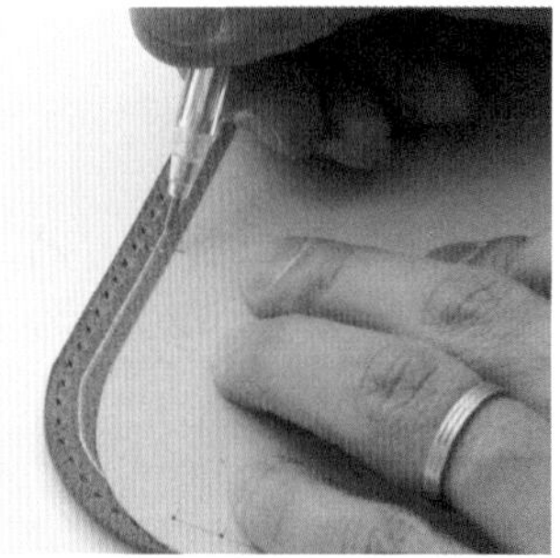

03 在步骤02相对的另一侧也画好拉链标记。

要点

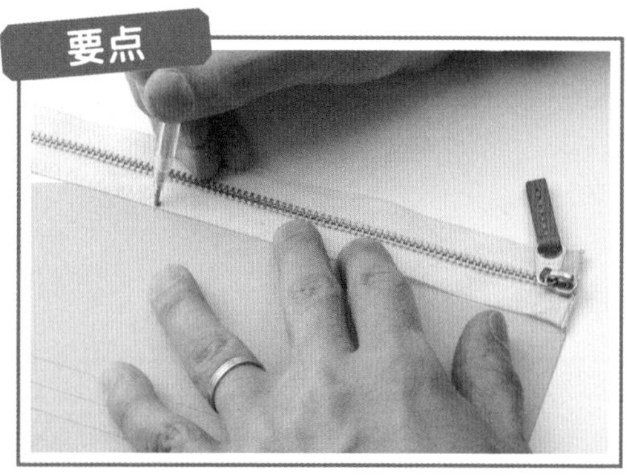

04 在拉链布上也标出粘合位置。

05 在拉链的粘合位置上涂抹强力胶。

检查

强力胶需要涂在标记线以内。

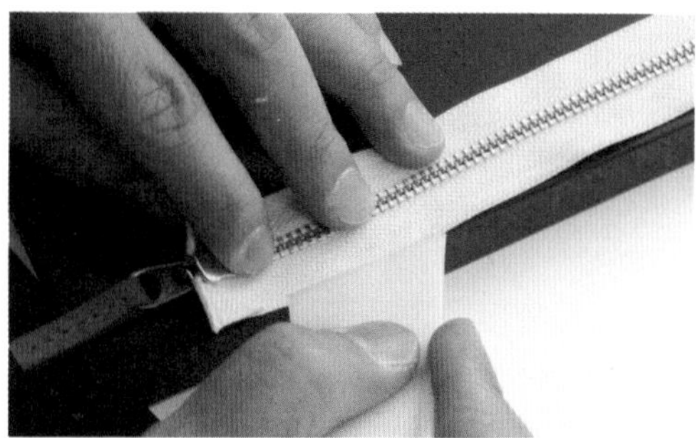

06 在拉链背面的两侧边缘涂抹强力胶，宽度约2mm。

07 对齐本体里皮床面上的标记线，粘合拉链。

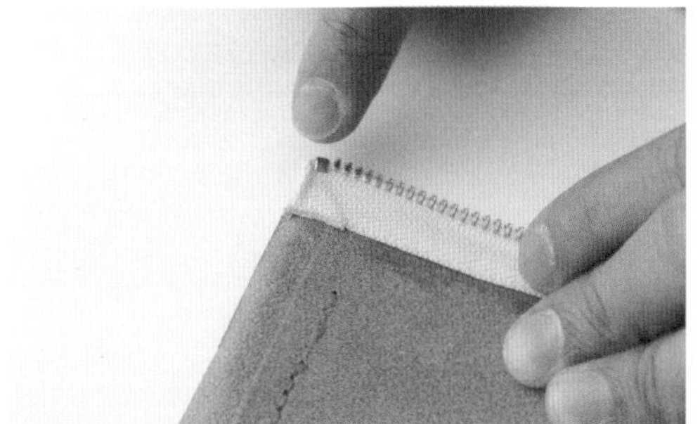

08 粘合时要使拉链底端与皮边对齐。

要点

09 将记号线对齐并粘合，但转角处先不粘合。

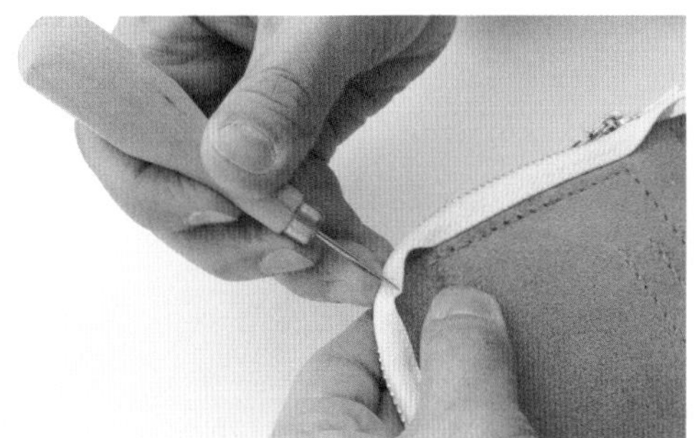

10 在转角处的正中位置将粘合线与拉链边缘对齐，粘合，用圆锥压住，等待干燥。

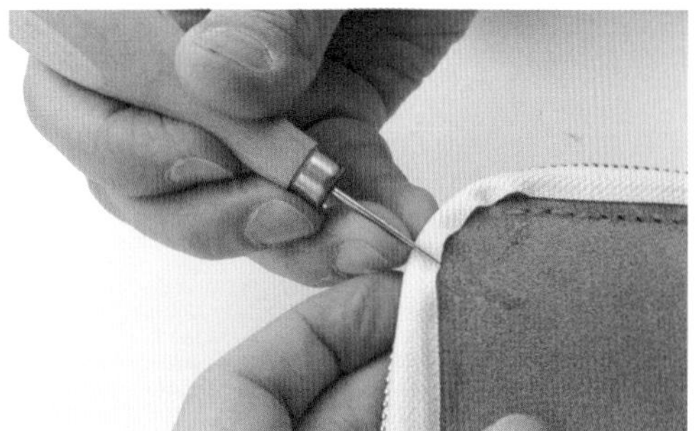

11 粘合正中位置后，左右形成两个凸起，用与步骤10相同的方法，对齐并粘合后用圆锥压住凸起中心点等待干燥后再移开。

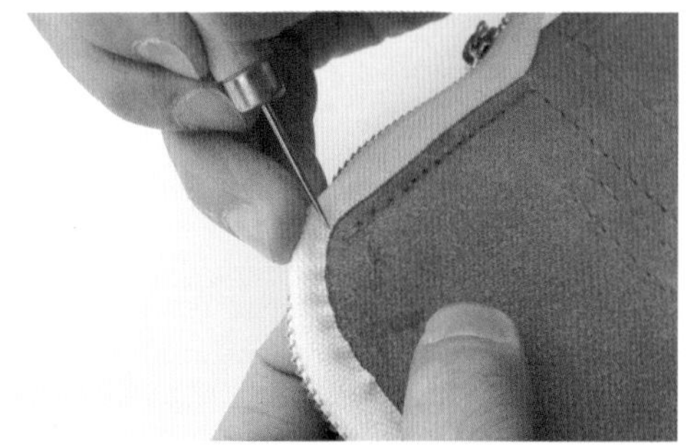

12 重复操作几次后，凸起的地方就会越来越小。

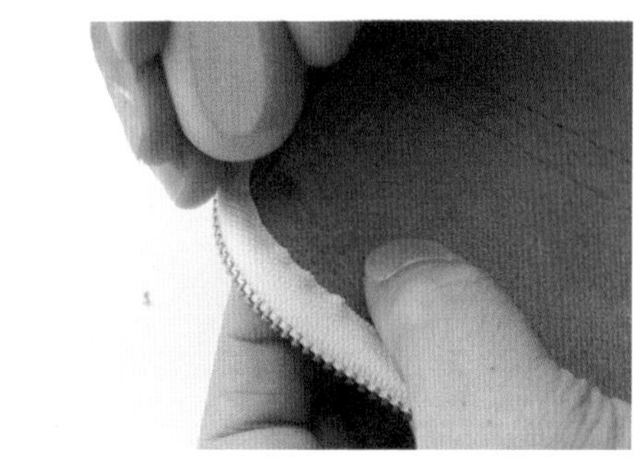

13 重复操作几次，当凸起的地方变成皱纹后，用圆锥的柄或其他工具按压并粘合。

将另一侧的拉链与里皮粘合。

14

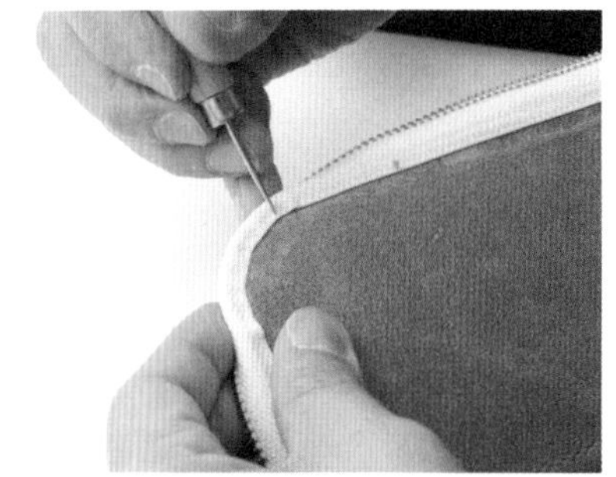

15 待凸起处越来越小后就可以按压并粘合。

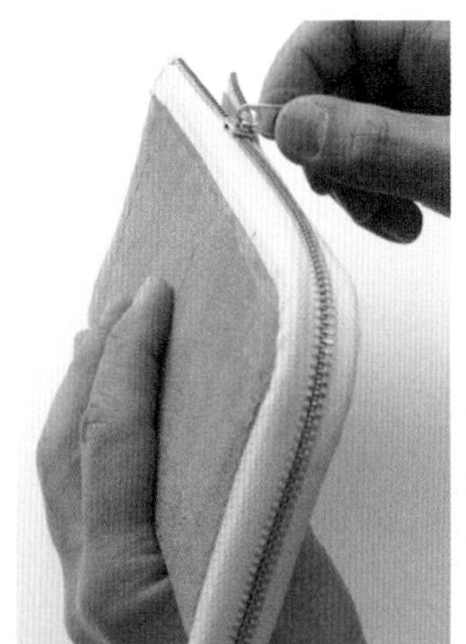

在本体里皮粘合拉链之后，将拉链拉起来，确认有没有问题。如果有问题，可以重新粘合一次。

16

要点

17 在拉链下止的前端涂上强力胶。

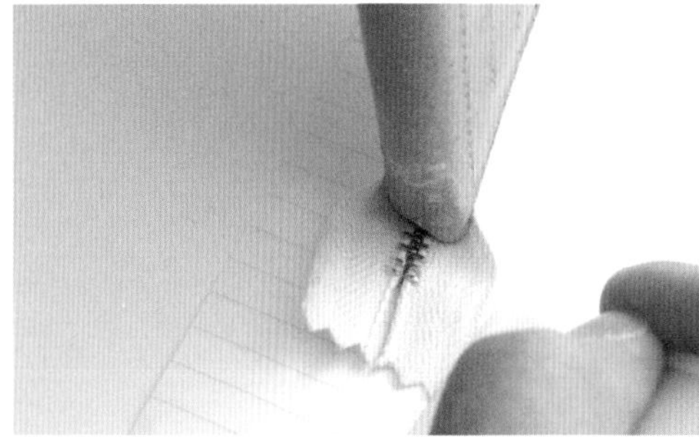

18 在拉链的内侧也涂上强力胶。

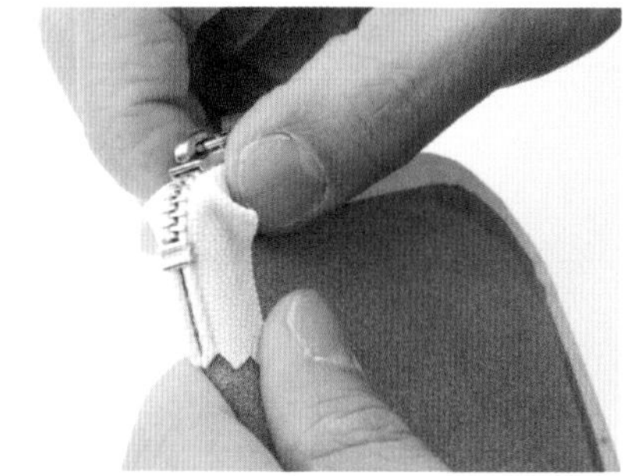

19 将拉链下止的前端与里皮粘合。

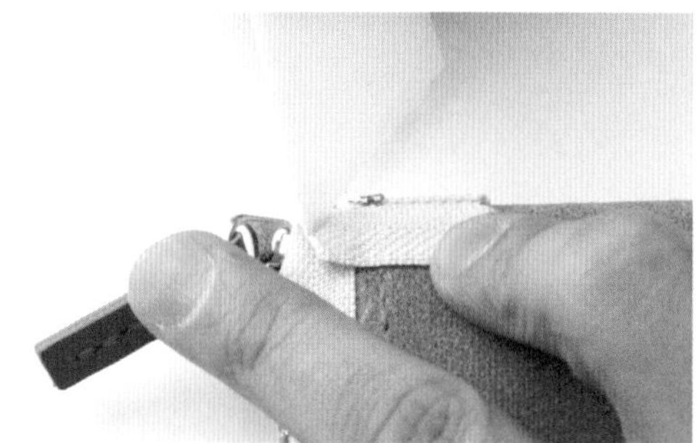

20 转角的地方会翘起来，将翘起的地方向内折，涂上强力胶。

21 如图所示，向回折，用强力胶粘合。

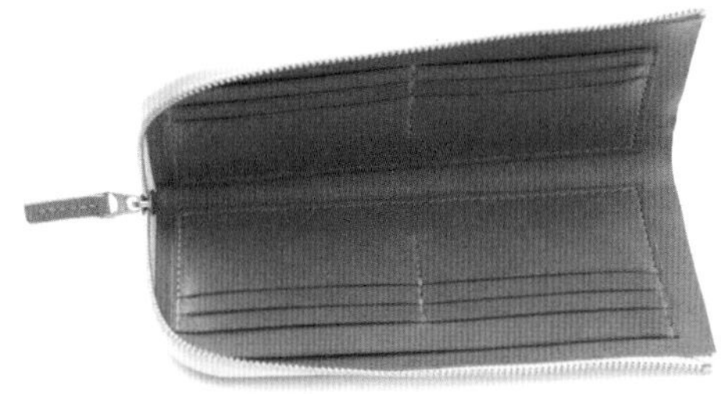

22 图为本体里皮与拉链粘合完成的状态。

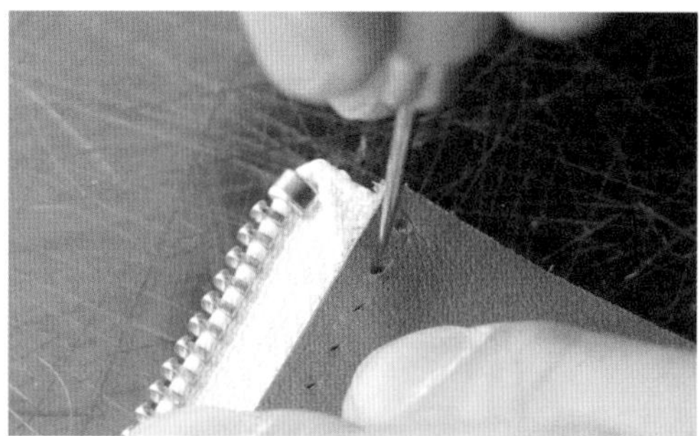

23 将底端的皮边与拉链重叠，要用圆锥穿过线孔，在拉链布上开洞。

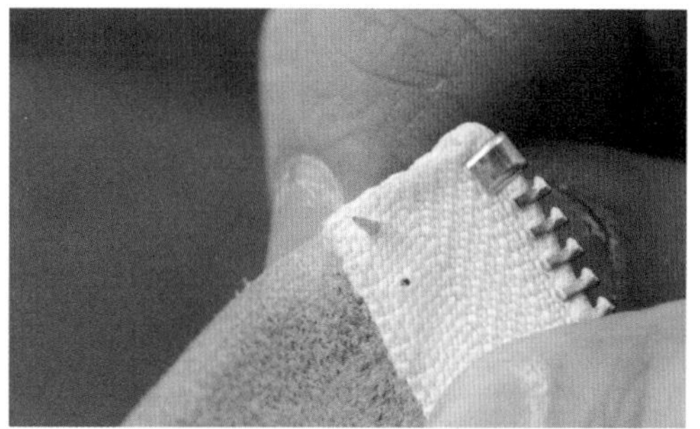

24 从背面看，拉链上的孔如图所示。

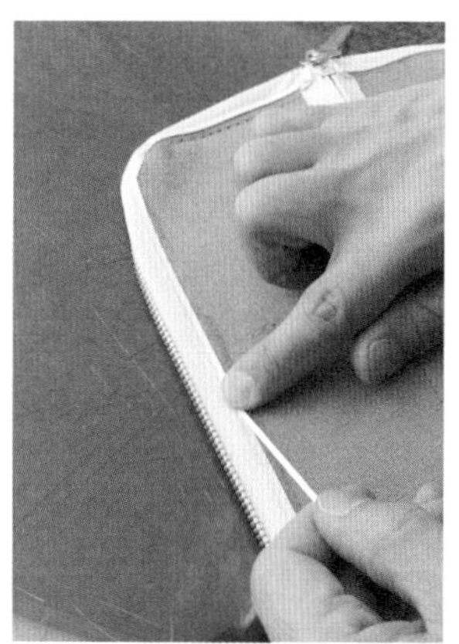

本体与拉链使用双面胶粘合。首先，在单侧的拉链边缘上贴上宽2mm的双面胶。
25

26 为了对齐线孔，要先在L形的末端两端的线孔穿线。

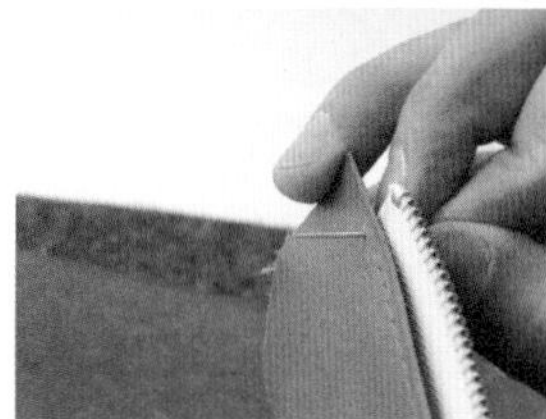

对齐穿过里皮的针和本体顶端的线孔，决定粘合位置。
27

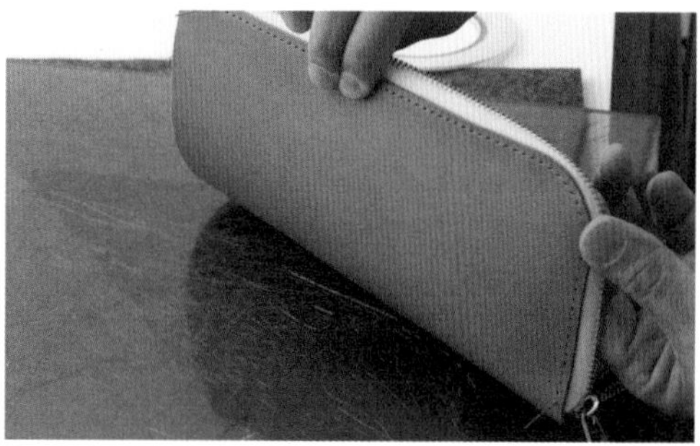

28 定好粘合位置后，在拉链的边缘上贴上双面胶，抽出手缝胶。

29 回针2针后开始缝制。

30 缝合至另一侧的基准点。

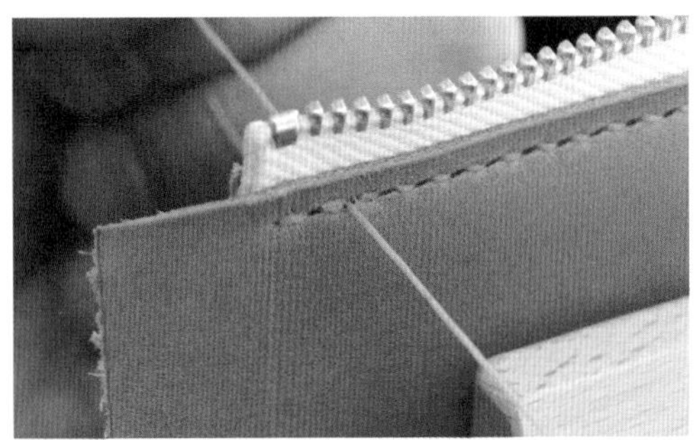

31 缝合至另一侧的基准点后回缝2针。

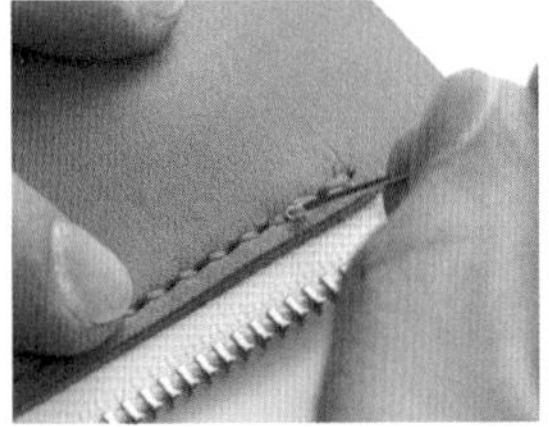

尽量使回针的线头靠近皮料表面，剪掉多余的线后用白胶收尾。
32

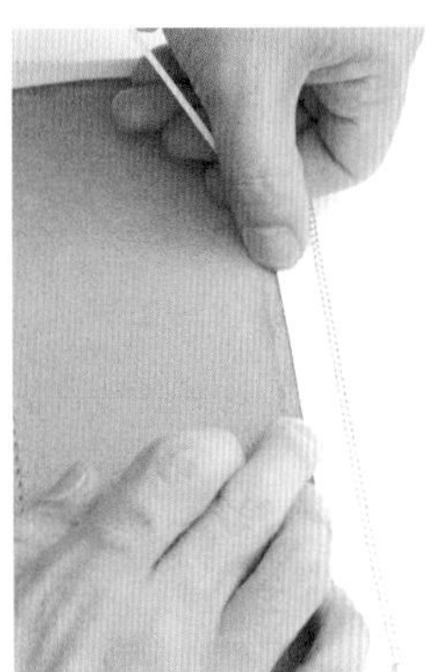

在另一边的拉链边缘贴上2mm宽的双面胶。
33

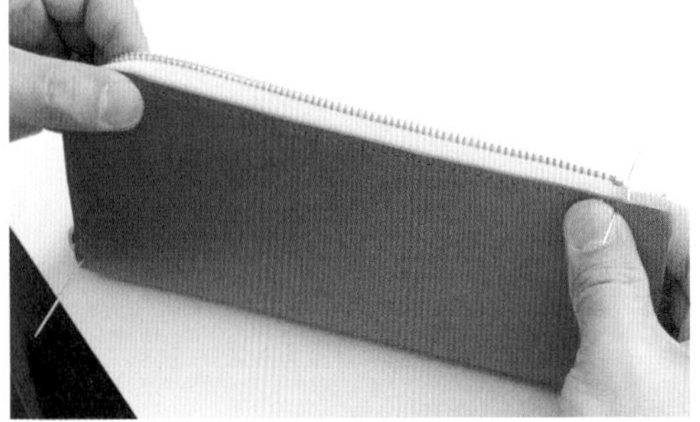

34 对齐穿过里皮的针与本体顶端的线孔，粘合本体与拉链。

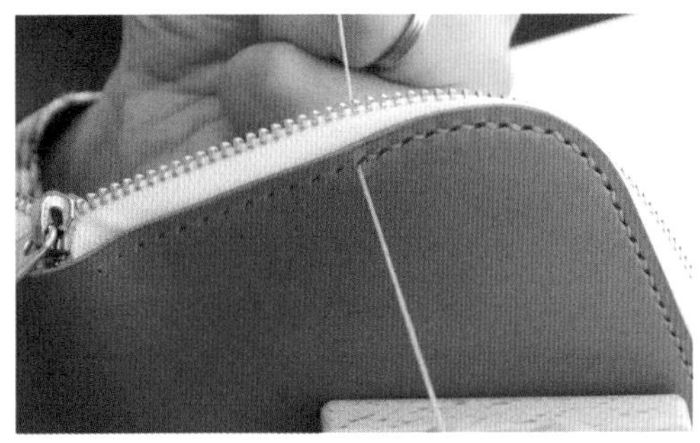

35 缝合本体与本体里皮。

36 图为本体与里皮缝合的状态。

37 本体的部分比里皮长，所以会多出来一段。

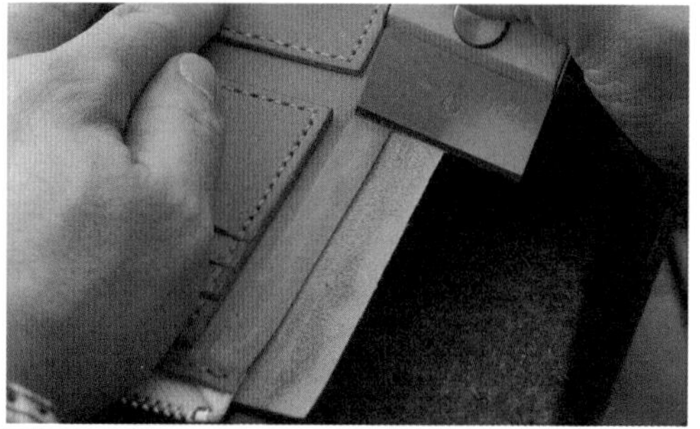

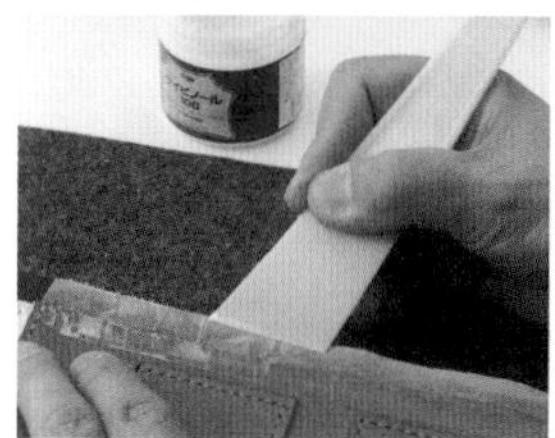

在本体里皮的表面，沿边缘画距边缘10mm的线，刮粗线到边缘的部分，在刮粗的地方与本体多出来部分的床面都涂上白胶。

38

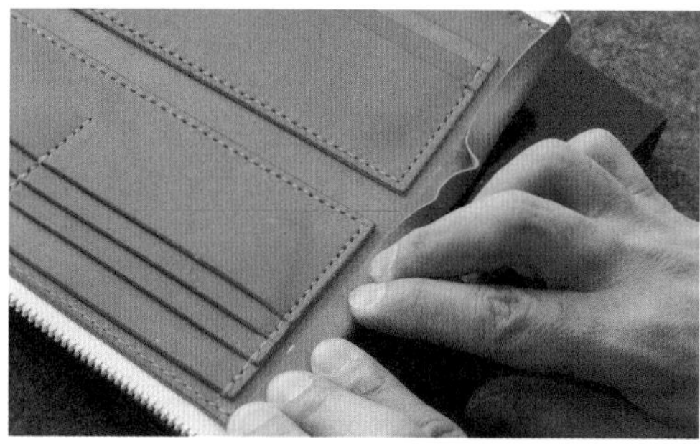

39 将本体多余的部分往回折，对齐步骤38所画的线粘合。

40 图为将本体多余的地方折回后的状态。

制作零钱包

零钱包是组合2张皮料的简单构造。2张皮料之间夹着本体的侧边部件。在这样的状态下缝合是本步骤的关键。

01 准备零钱包与侧边部件。

零钱包的缝制

02 将侧边部件周围的皮边打磨好。

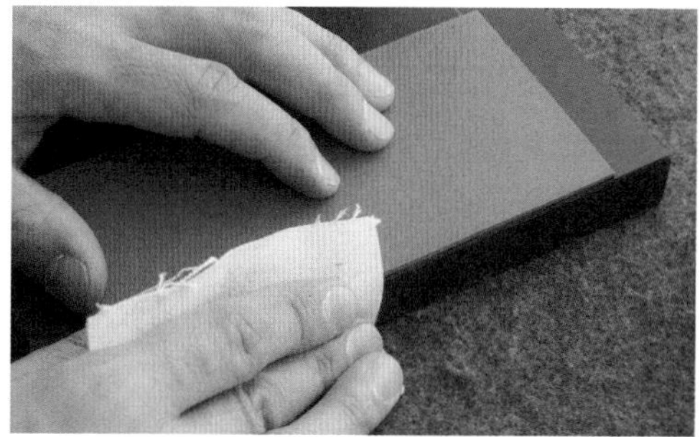

03 将零钱包的上缘与侧边部件的侧边都打磨好。

04 将零钱包床面的侧边与底边沿边缘刮粗，宽3mm。

05 将要固定侧边部件的皮边部分，在距边缘15mm处做记号。

06 在不用固定侧边部件的皮边与底边的床面上沿刮粗的部分涂上白胶。

07 床面对床面，粘合零钱包。

08 将粘好的皮边用打磨片打磨。

09 在侧边与底边边缘上画出距皮边3mm的缝线记号线。

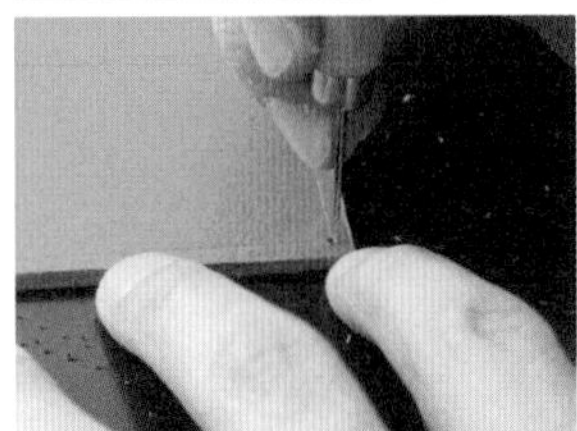

在将要固定侧边部件的皮边上，在刚才做好的距边缘15mm处开基准孔（译者注：此孔位于底缘上）。在转角位置也开好圆孔。

10

11 用菱斩开线孔。

要点

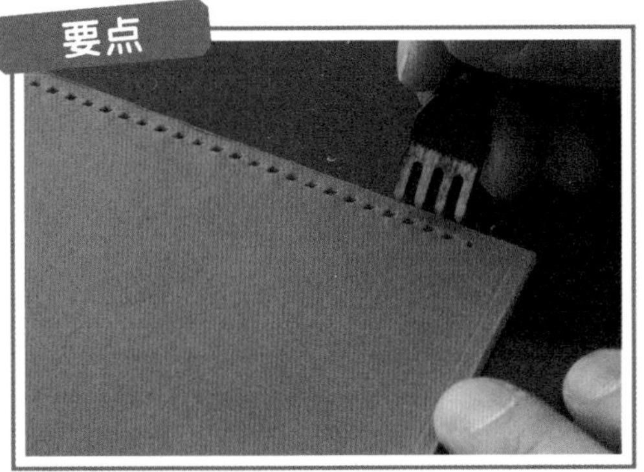

12 从距边缘15mm的地方开始，用菱斩开孔至另一侧的侧边上缘。

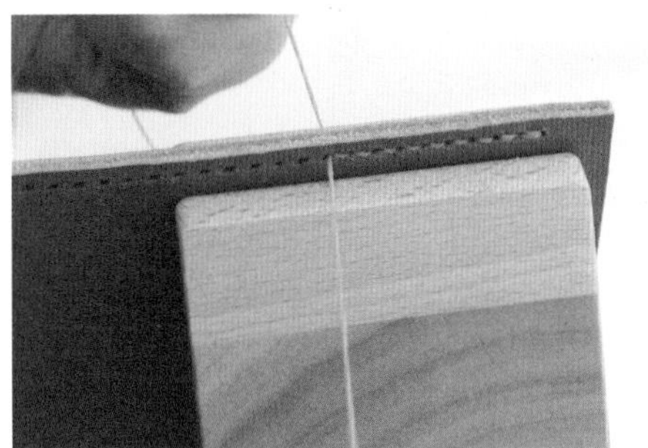

13 从距边缘15mm开始缝制，起针处要回缝2针。

要点

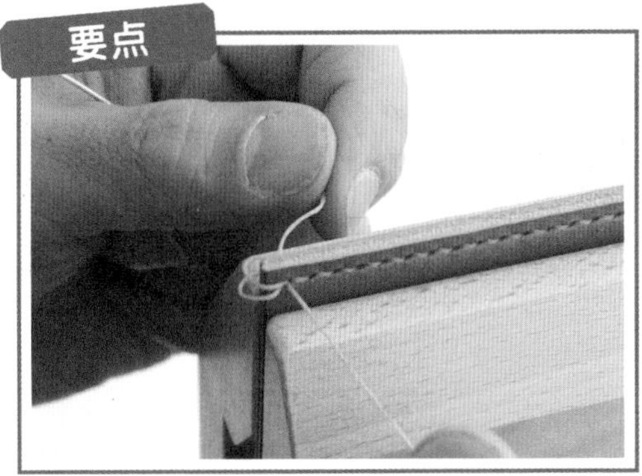

14 缝到另一侧边缘时，在边缘缝双重缝线，之后回缝2针。

15 用木槌腹部敲打，使针脚服帖。

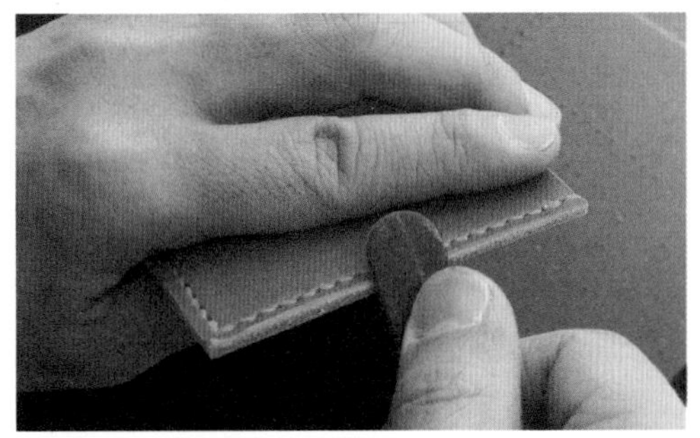

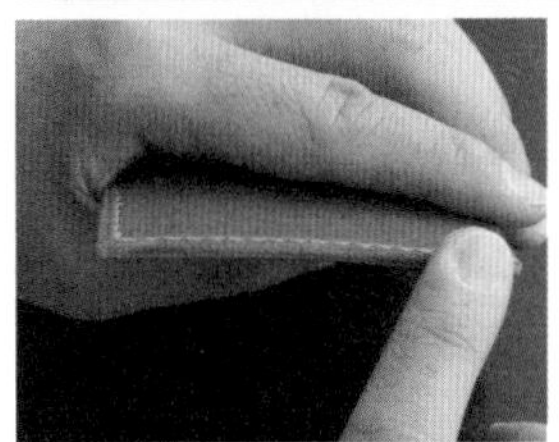

对已经缝好的皮边用打磨片打磨倒角，涂抹床面处理剂，打磨加工好。

16

固定侧边部件

17 处理侧边部件的床面一侧，将两侧边缘沿边缘刮粗，宽3mm。

18 将侧边皮料纵向对折。

19 在距离侧边部件折线8mm的位置用间距规画线。

20 线画到被零钱包夹住的部分即可。

21 在步骤19、20所画的线到边缘的部分用打磨片打粗，另一边也同样处理。

22 翻开零钱包固定侧边部件的一侧，在床面上涂抹白胶。

在零钱包单侧粘合侧边皮料，粘好一面后，翻过来粘合另一面。

23

24 在粘合好侧边部件的零钱包边缘上开孔（这里是在4层皮料上开孔）。

要点

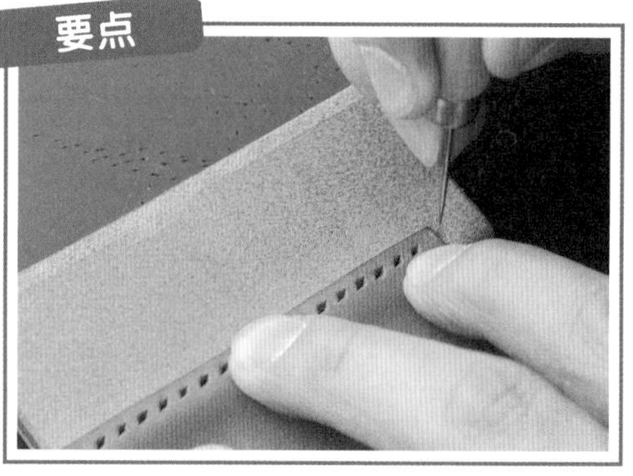

25 在零钱包下缘外侧的侧边部件上用圆锥开基准孔。

26 缝合侧边与零钱包。

27 图为零钱包到这个阶段完成的状态。

本体与零钱包的缝制

最后，将与侧边连成一体的零钱包缝在本体上。缝合位置在侧边部件上，与本体折回的部分缝合在一起。

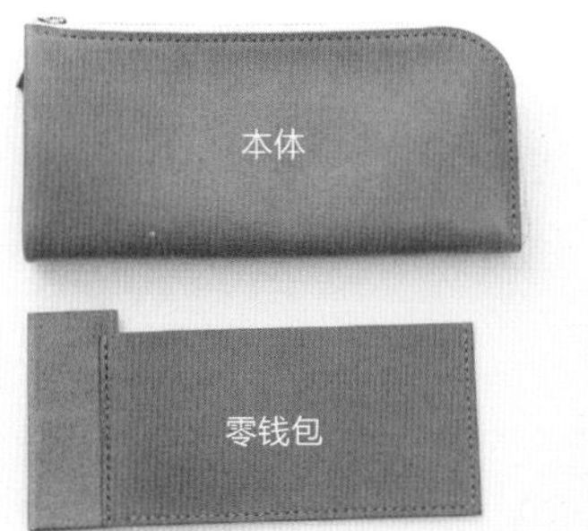

01 准备本体与零钱包。

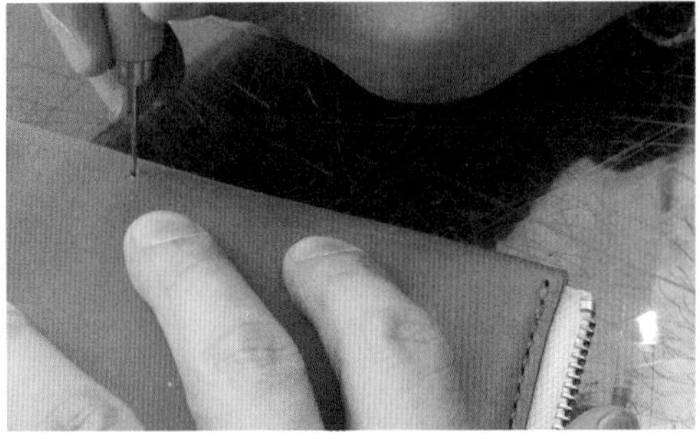

02 从距离边缘90mm的位置上开基准孔。具体位置请参照纸样。

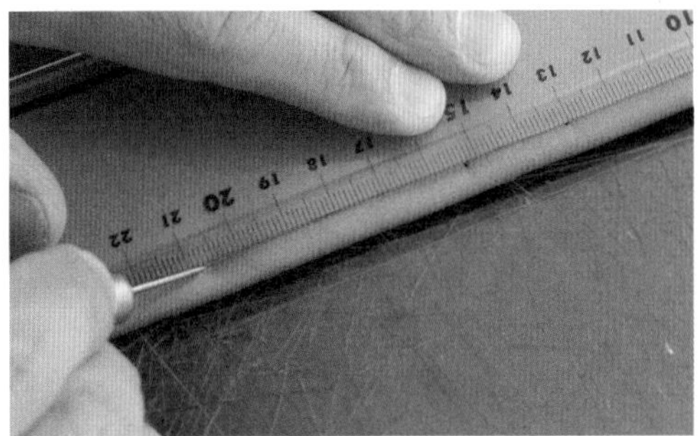

03 从基准点到上缘之间连线，距边缘3mm。

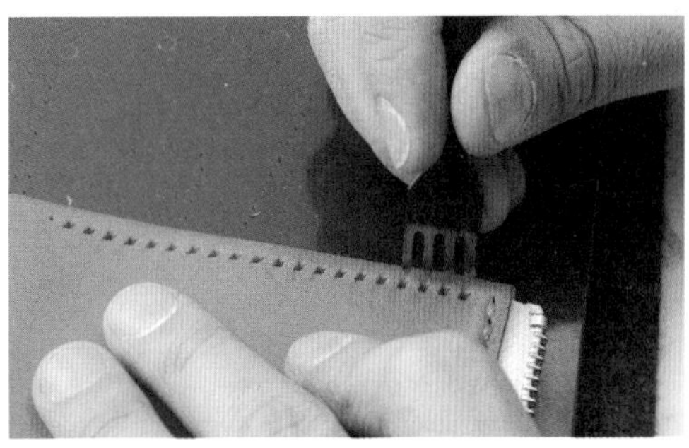

04 按照记号线用菱斩打孔。另一侧也同样操作。

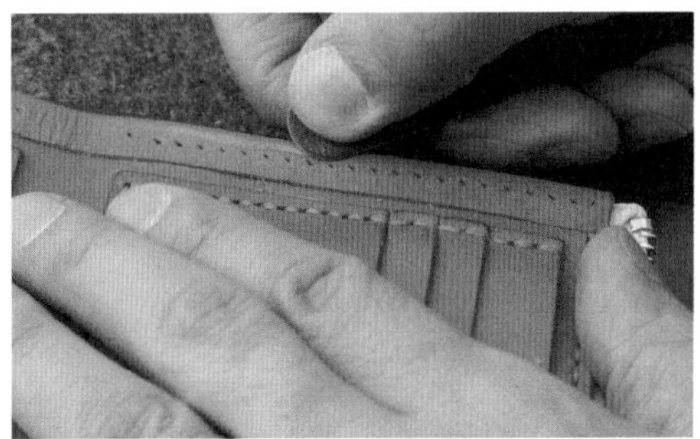

05 用打磨片在开孔部分的内侧打粗。

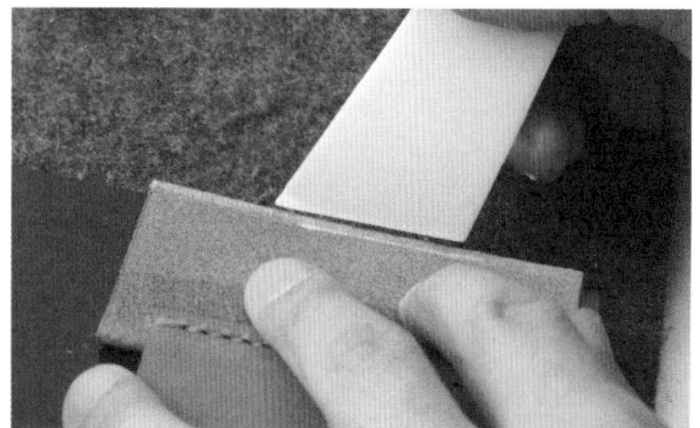

06 确认零钱包的固定方向，在侧边部件边缘刮粗的部分涂上白胶。

07 在将要粘合侧边部件的本体位置上也涂上白胶。

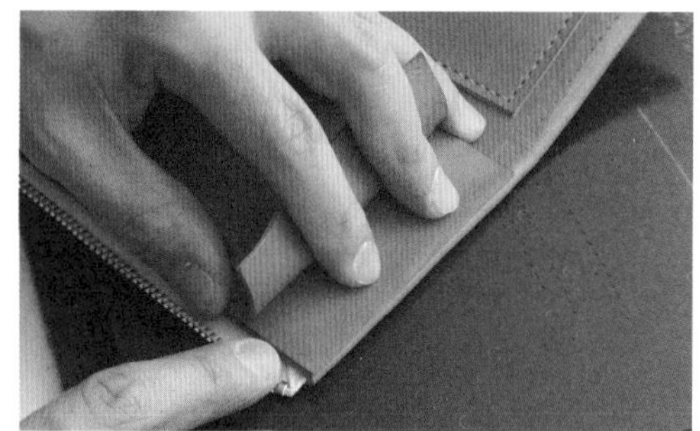

08 对齐上缘与侧边，粘合侧边部件和本体。

要点

09 待白胶干燥后，在侧边中间夹上一块塑胶板。

10 用圆锥扩大上缘最顶端的线孔。

11 从本体上开好的线孔中插入菱锥，在侧边部件上打孔。

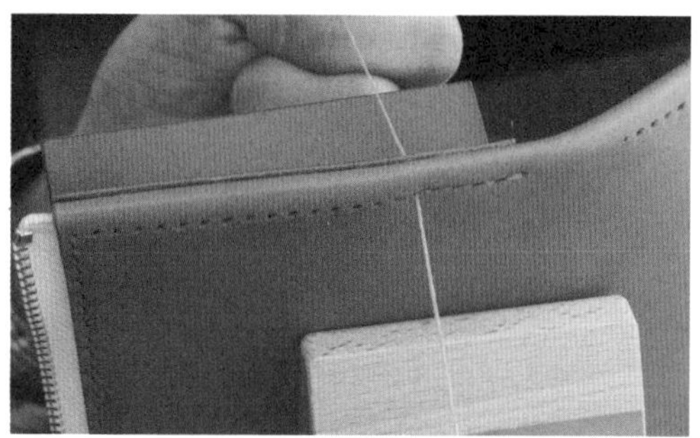

12 缝合侧边部件和本体。

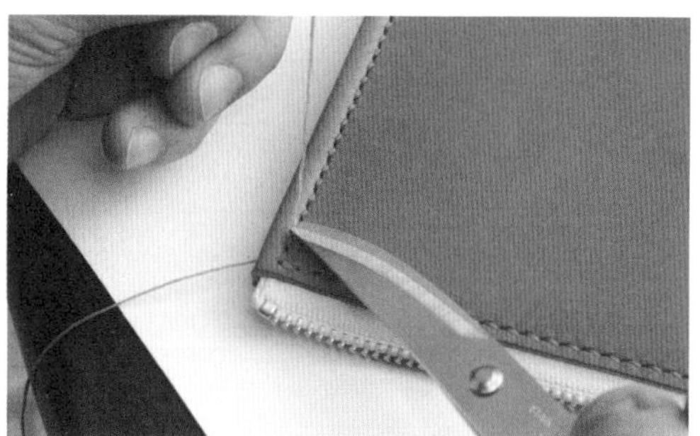

13 收针时回缝2针，固定好线头。

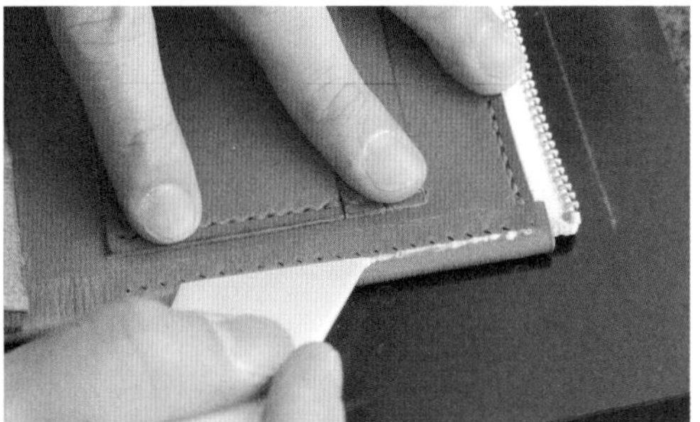

14 另一端的本体内侧也涂上白胶。

15 侧边边缘也涂上白胶。

16 对折本体，粘合侧边。

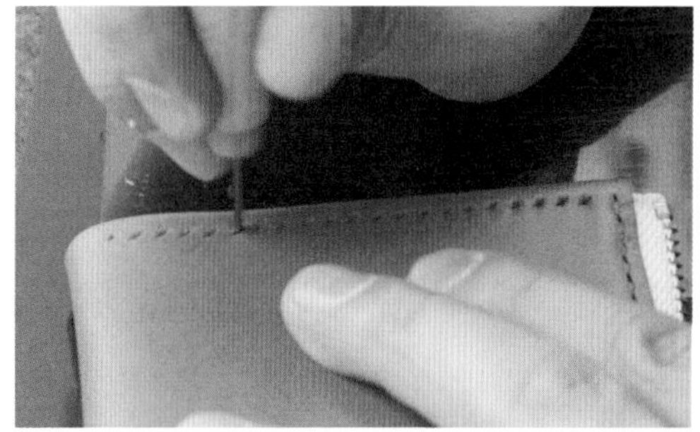

17 在侧边之间夹好塑胶板，使用菱锥和圆锥插入本体线孔，在侧边部件上开孔。

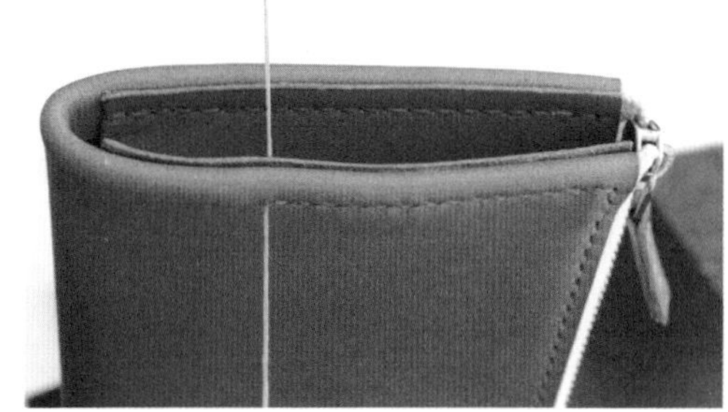

18 缝合本体与侧边部件。

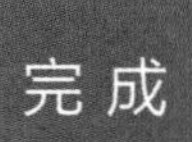

完成

侧边设计让取放更方便！

虽然皮料较薄，但因为有侧边，让本体能确实展开，方便取放。拉链和皮料的颜色组合可以大幅改变作品感觉，请试着做做看。

店铺信息

CRAFT公司

丰富的皮具商品

草贺浩司 先生

担任Craft公司直营的“革乐屋”店长。从缝制到雕刻工艺无一不精，是一位作品风格广泛的皮具师。

Craft公司 荻洼店
东京都杉并区荻洼5-16-15
电话:03-3393-2229
营业时间 11:30~19:00（周一至周五）/
10:00~18:00（每月第2、4个星期六）

革乐屋Craft公司
千叶县千叶市中央区新町1000
SOGO千叶店9F
营业时间 10:00~20:00
电话:043-245-8267

只要接触过一点皮具制作的人，一定都听说过Craft公司的名号。该公司从日本的手作皮具行业出现就出售相关工具与材料，至今仍开发与出售许多的原创商品。与总公司开设在一起的Craft公司荻窪店，皮料、工具、五金等商品品类丰富，在日本可以说首屈一指。另外这次负责制作的草贺先生，担任“革乐屋”的店长，该店位于千叶SOGO中，店内都是可以满足皮艺爱好者的商品。Craft总公司有举办名为“皮革工艺学园”的皮艺学校，培养了很多专业人士。

1.以Craft公司原创的皮艺工具为中心，对应各种用途的工具应有尽有。2.皮艺相关的书籍多样化在业界数一数二。3、4.从整张皮料到半裁尺寸，皮料有各种各样的种类与大小。本店可以代客削薄，一定可以买到喜欢的皮料。5.五金零件也很齐全。6.染料与床面处理剂等库存相当丰富。（※照片为荻洼店。）

ROUND FASTENER

全开型拉链长钱包

全开型拉链长钱包可以说是基本款中的基础。有 2 处钞袋与卡位，零钱包位于正中央并装有拉链。钞袋部分可以装入长度小于 12.7cm（5 英寸）的手机。

制作：雨宫正季（MASAKI & FACTORY）/ 摄影：小峰秀世

材 料　表面使用了有张力的铬鞣牛皮。

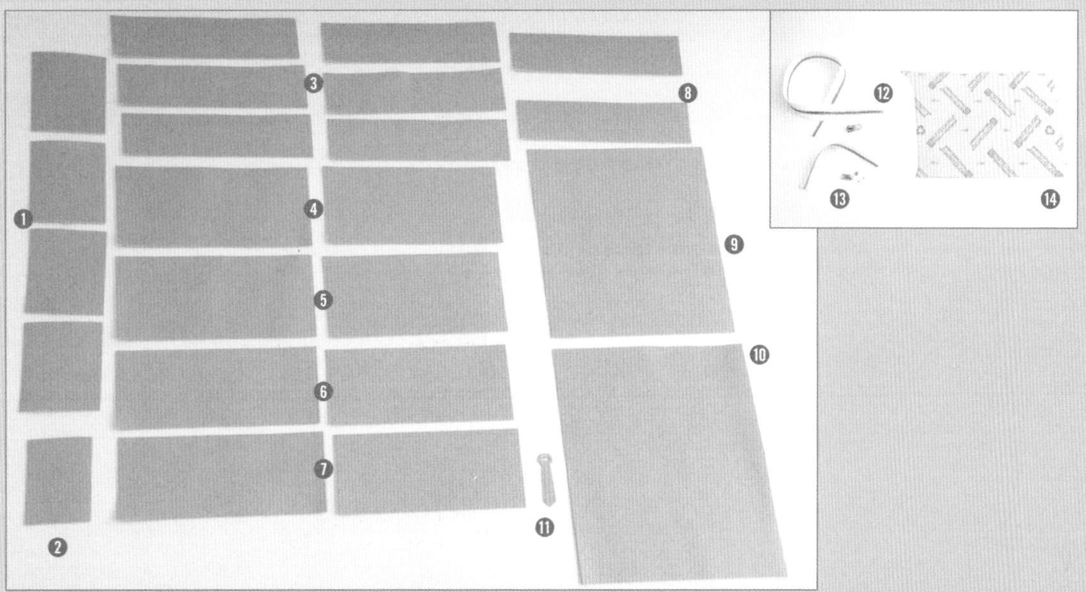

❶ 本体侧边部件：铬鞣牛皮，厚度1mm×4
❷ 零钱包侧边部件：铬鞣牛皮，厚度1mm
❸ 卡位部件A：铬鞣牛皮，厚度0.7mm×6
❹ 卡位部件C：铬鞣牛皮，厚度0.7mm×2
❺ 卡位部件C里皮：铬鞣牛皮，厚度0.7mm×2
❻ 零钱包：铬鞣牛皮，厚度0.7mm×2
❼ 零钱包里皮：铬鞣牛皮，厚度0.7mm×2
❽ 卡位部件B：铬鞣牛皮，厚度0.7mm×2
❾ 本体里皮：铬鞣牛皮，厚度1mm
❿ 本体：铬鞣牛皮，厚度1mm
⓫ 拉片部件：铬鞣牛皮，厚度1mm
⓬ 拉链：5mm×500mm
⓭ 拉链：4mm×140mm
⓮ BONTEX纤维纸托料

工 具　作品示例使用机缝，手缝时还需要手缝工具。

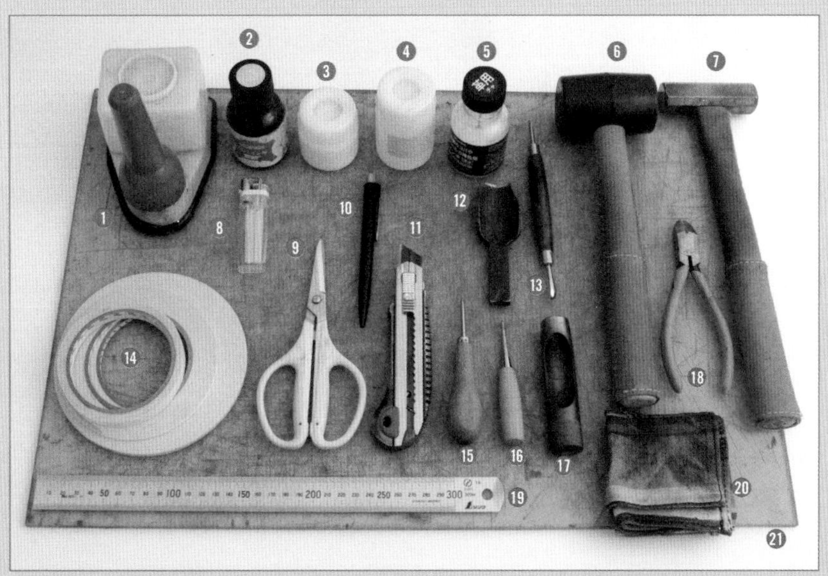

❶ 橡皮胶
❷ 染料：红
❸ 床面处理剂
❹ CMC皮面处理剂
❺ 皮边处理剂
❻ 橡胶锤
❼ 铁锤
❽ 打火机
❾ 剪刀
❿ 银笔
⓫ 美工刀
⓬ 削刀
⓭ 皮雕用压擦器
⓮ 双面胶：3mm、5mm、10mm
⓯ 圆锥
⓰ 扩孔器
⓱ 圆冲：70号（直径21mm）
⓲ 斜口钳
⓳ 直尺
⓴ 布
㉑ 塑胶板
※其他
缝纫机、电工钳

制作卡位

一开始要先制作卡位，卡位共两个，所以一样的部件要制作两份。

制作卡位的事前准备

卡位部件A×6　　卡位部件B×2

01 准备卡位部件A与B的皮料。基本尺寸都相同，卡位部件A需要进行皮边加工。

02 在上缘涂抹染料，涂上鲜艳的红色，增加层次感。

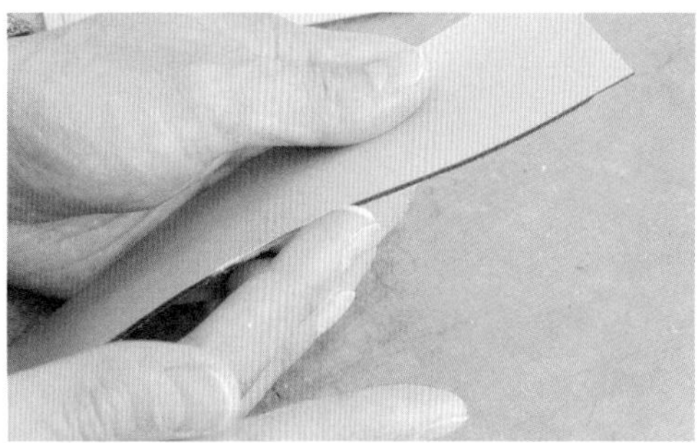

03 在上好染料的皮边上涂抹床面处理剂。

04 用磨边帆布打磨涂好床面处理剂的皮边。

05 使用扩孔器画出距皮边2mm的线。

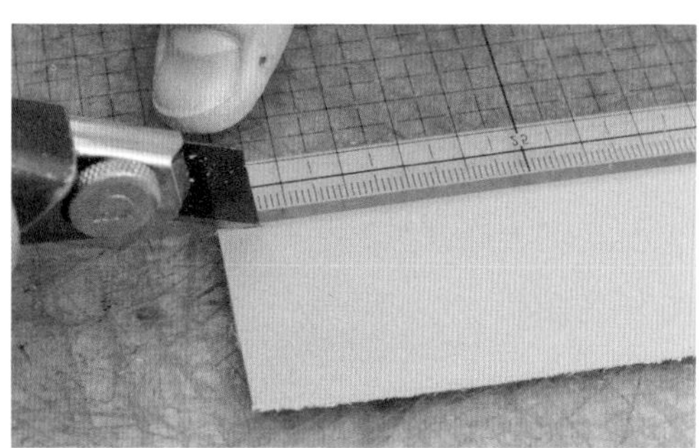

06 将8张皮料中的6张按照卡位部件A的纸样裁切出来。

07 按照纸样裁切完毕，侧面就会出现凸起部分。

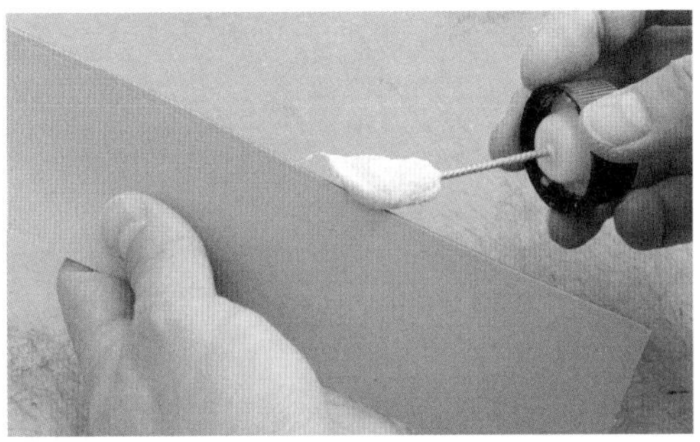

08 最后在上缘涂抹边缘处理剂。

固定卡位

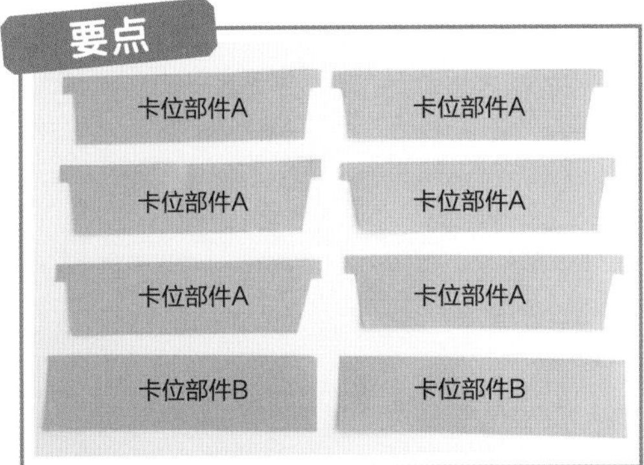

09 除了图中的卡位部件A与B，也要准备卡位部件C。

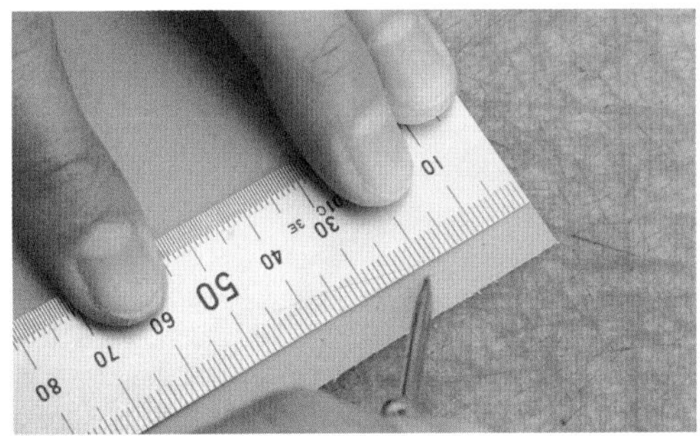

10 在卡位部件上缘，距边缘10mm处做标记。

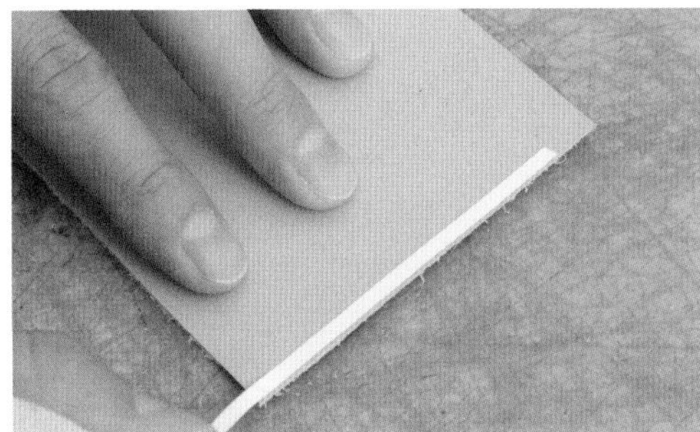

11 在步骤10的位置以下，贴上宽5mm的双面胶。

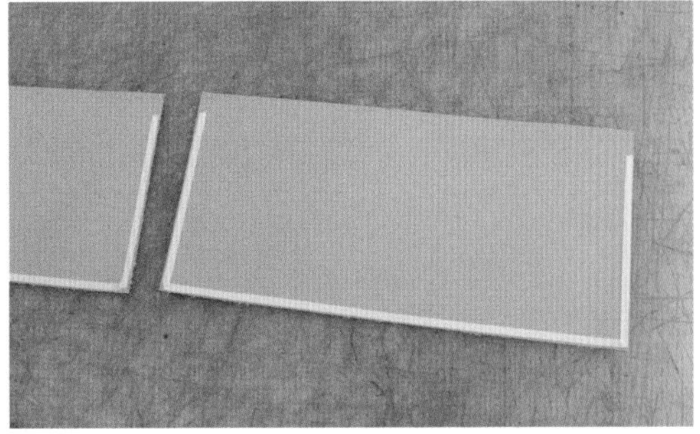

12 下缘也贴上双面胶，如图所示。

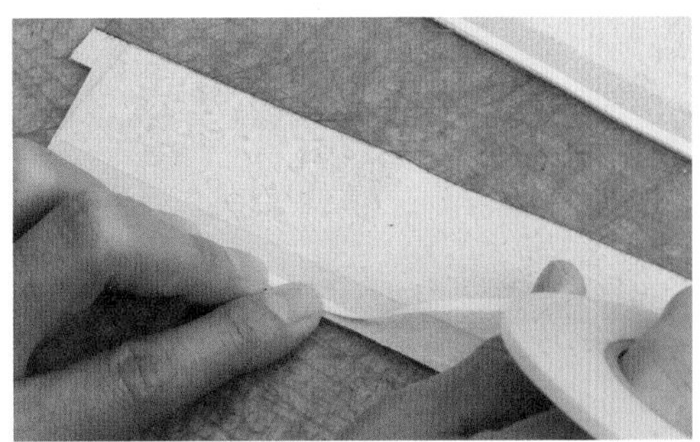

13 卡位部件下缘的床面也贴上双面胶。

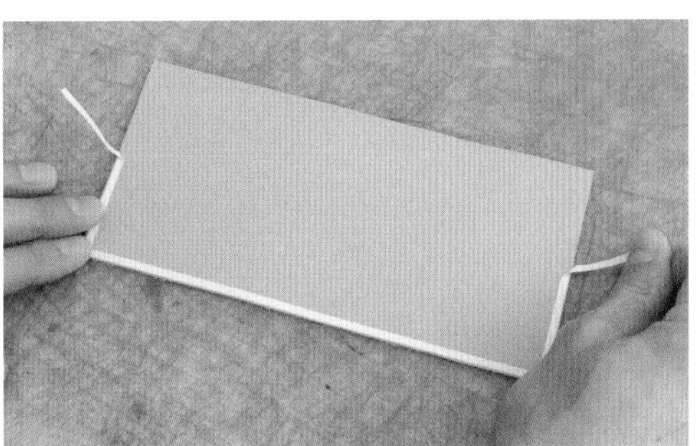

14 撕开贴在卡位部件C侧边长20mm的双面胶保护层。

15 将卡位部件上缘，距边缘10mm处与卡位部件A的上缘对齐，并粘合。

16 在卡位部件C上粘合最上方的卡位部件A。

缝合刚才贴好的卡位部件A的下缘。
17

18 将缝合好的线从内侧拉出。

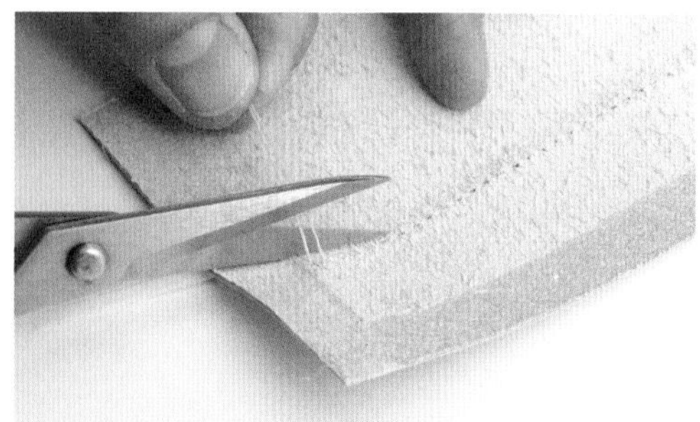

19 保留2～3mm的线头，其余剪掉。

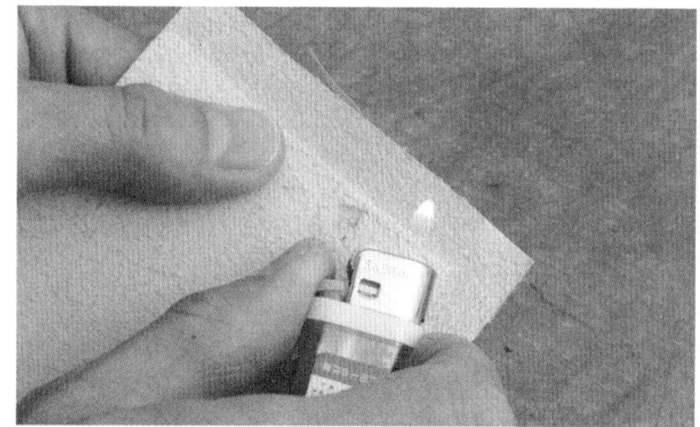

20 将线头用打火机烧熔并固定。

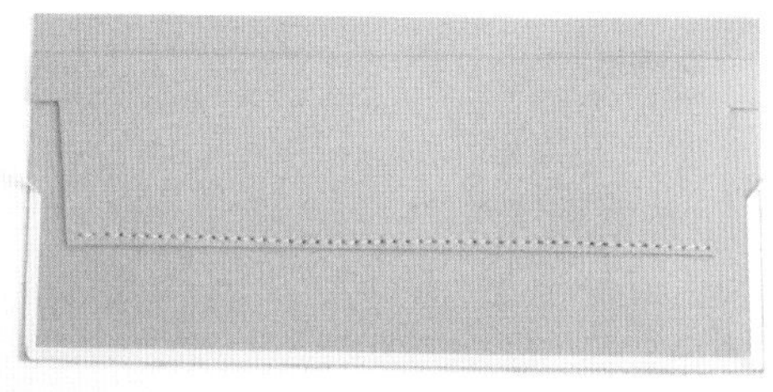

21 图为卡位部件的状态。

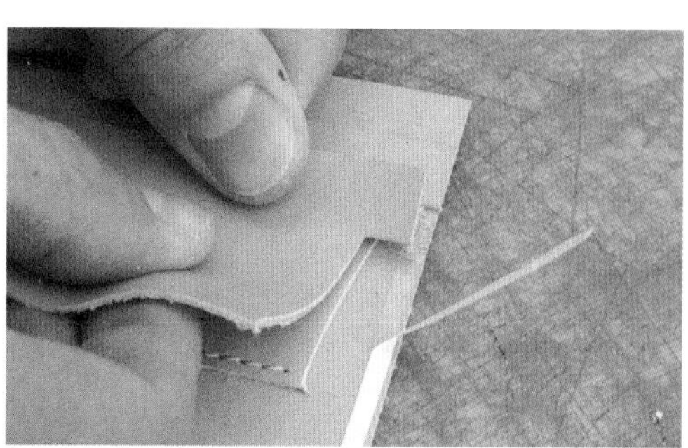

22 重叠凸出部分2mm，粘合第2片卡位部件A。

缝合刚才贴好的第2片卡位部件A。
23

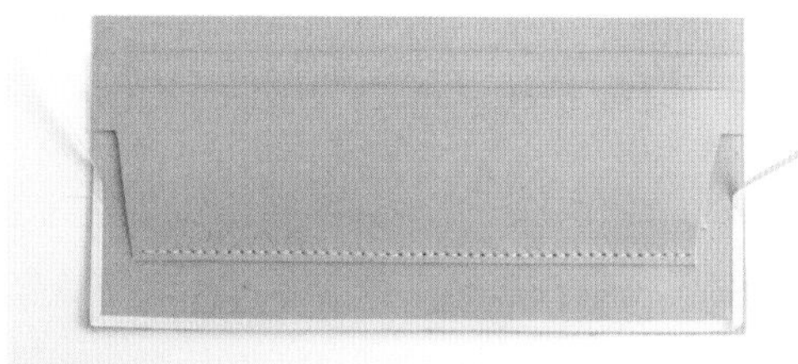

24 图为缝好第2片卡位部件A的状态。

25 第3片卡位部件A也用同样办法粘合。

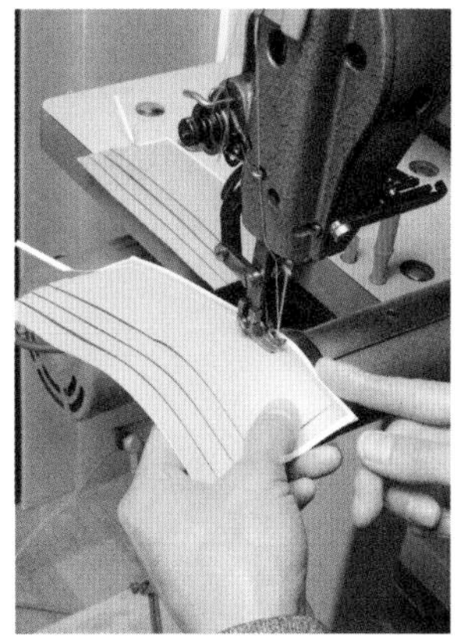

缝合第3张卡位部件A的下缘。
26

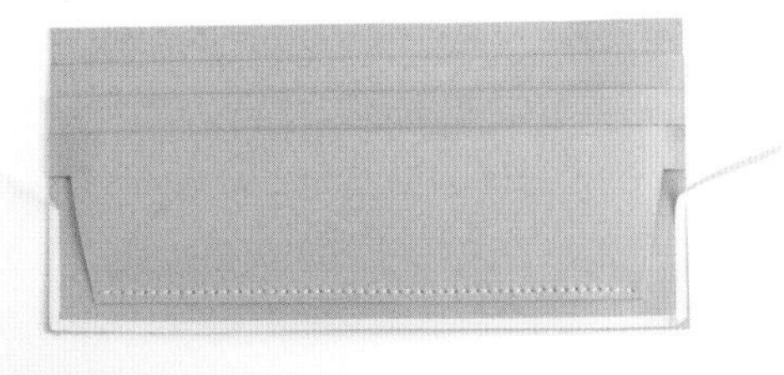

27 图为缝合完成第3张卡位部件A的状态，将剩下的双面胶保护层撕掉。

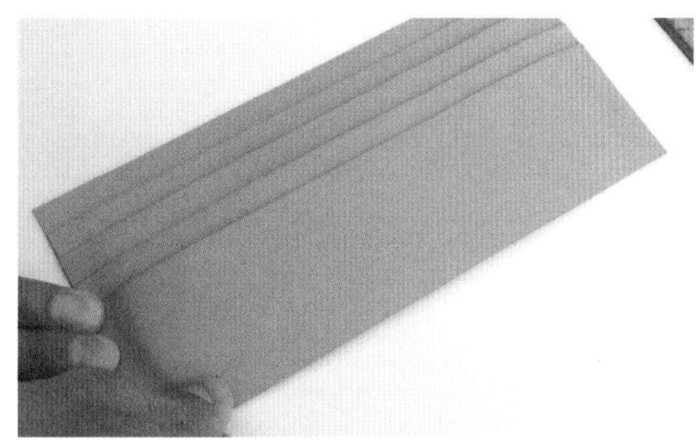

28 贴上卡位部件B，对齐上面的凸出位置并粘合，刚好可以对齐卡位部件B和C的下缘。

29 图为粘合卡位部件B的状态，先不缝合下缘。

要点

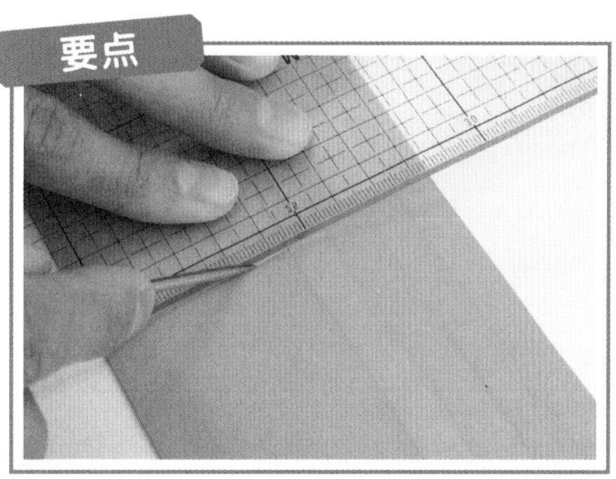

30 从最上面的卡位部件A的上缘中心点到距部件B的下缘20mm处，沿部件中线画线。

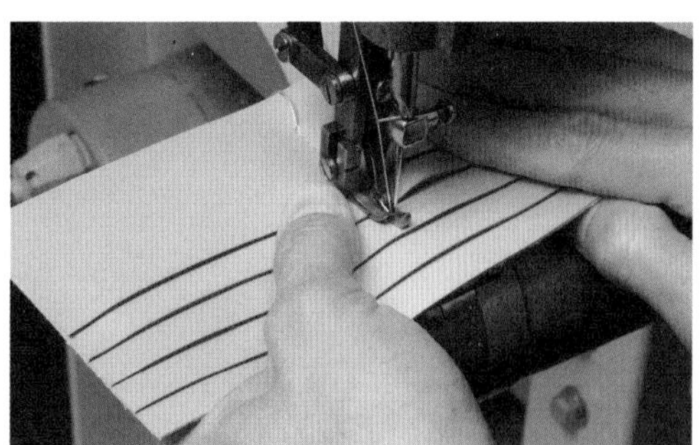

31 按照步骤30的线缝合中线。

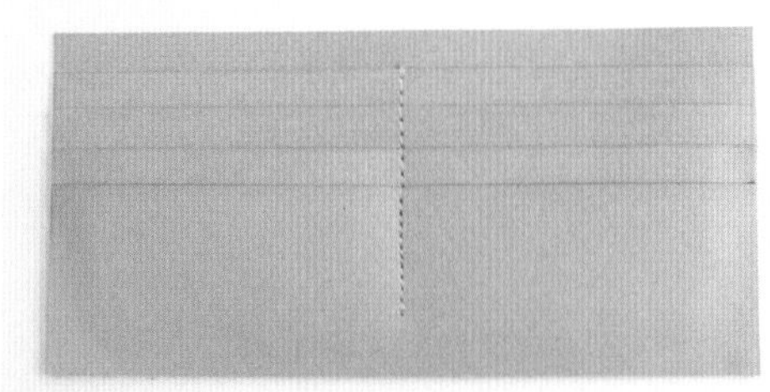

32 卡位中线缝好的状态。

卡位部件C的里皮处理

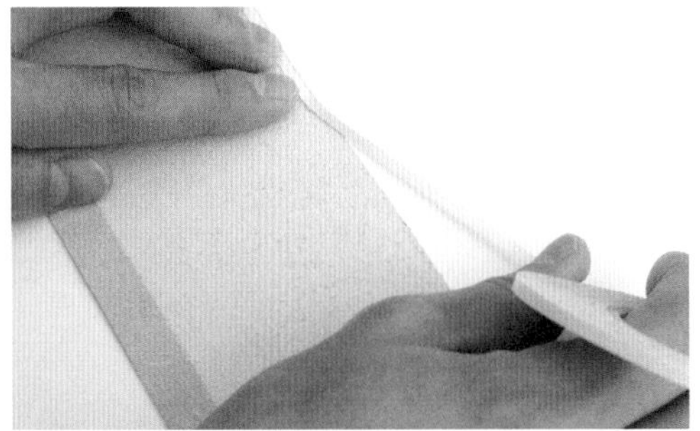

33 在卡位部件C的里皮四周贴上宽5mm的双面胶，撕掉保护层。

34 在卡位部件C与卡位部件C里皮的床面上涂橡皮胶。

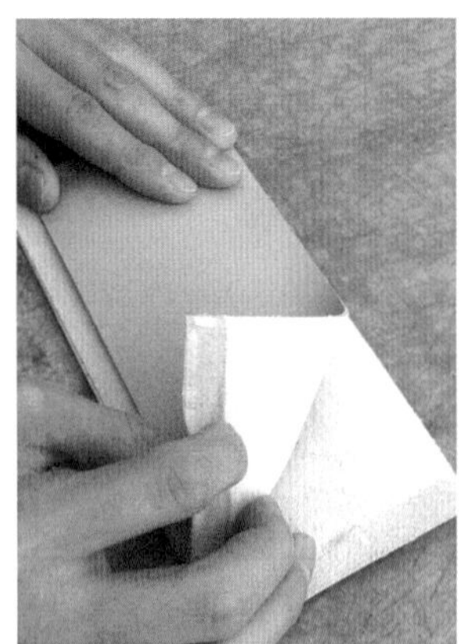

对齐卡位部件C与C里皮的上缘，粘合。
35

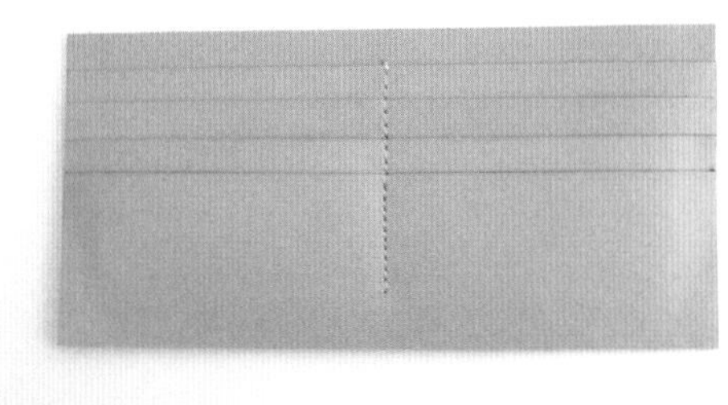

36 图为卡位部件C与C里皮粘合完成的状态，卡位部件C要比里皮长10mm。

缝合卡位部件C的上缘。
37

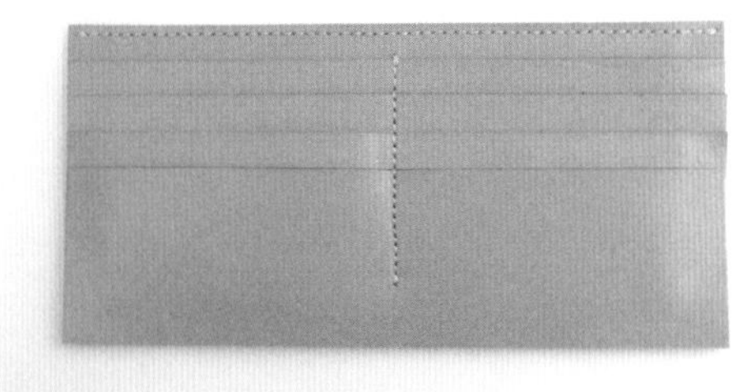

38 图为卡位部件C上缘缝好的状态。

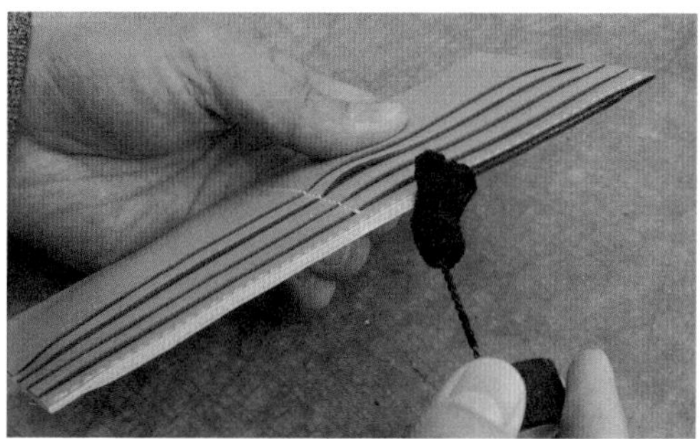

39 在缝好的卡位部件C上缘涂上染料。

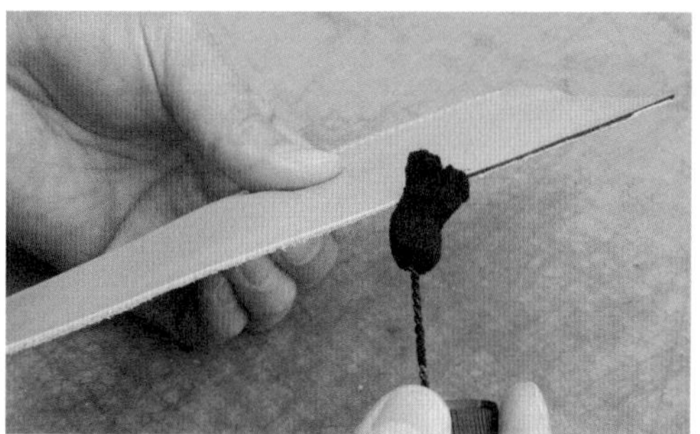

40 在卡位部件C的下缘也要涂上染料。

41 在上过染料的部分涂上床面处理剂。

42 涂上床面处理剂后，用磨边帆布打磨皮边。

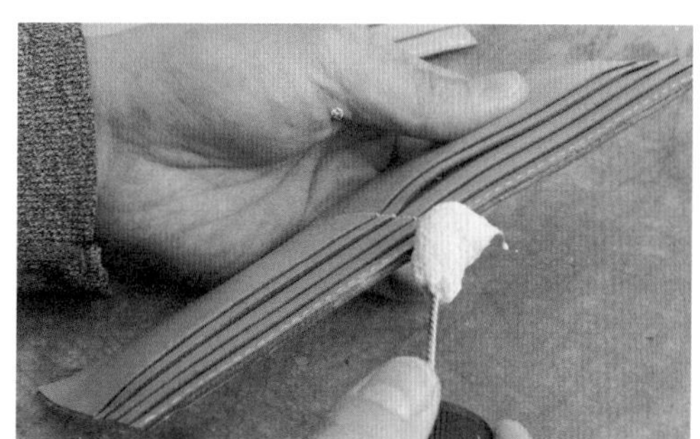

43 最后，在打磨后的皮边上涂抹边缘处理剂。

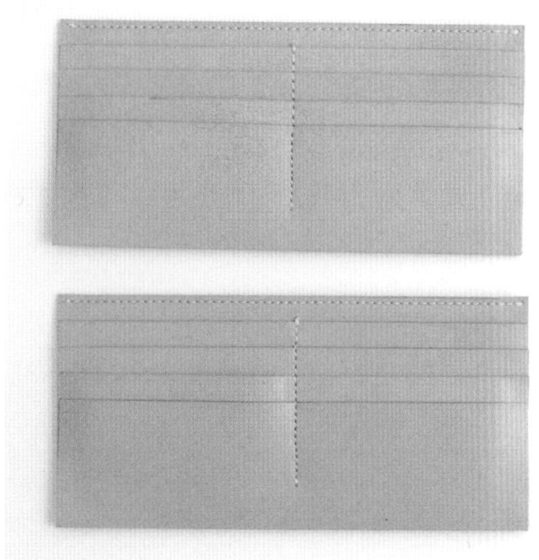

44 卡位部件至此暂时完成，需要再制作1个相同的卡位部件。

制作零钱包

零钱包是拉链在上缘开口的样式，加上侧边部件后可以扩大开口面积，零钱包所用的拉链长 17cm。

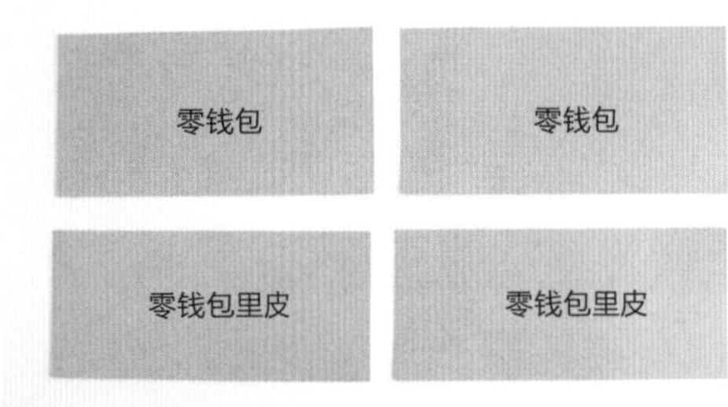

01 准备零钱包与零钱包里皮的部件。

要点

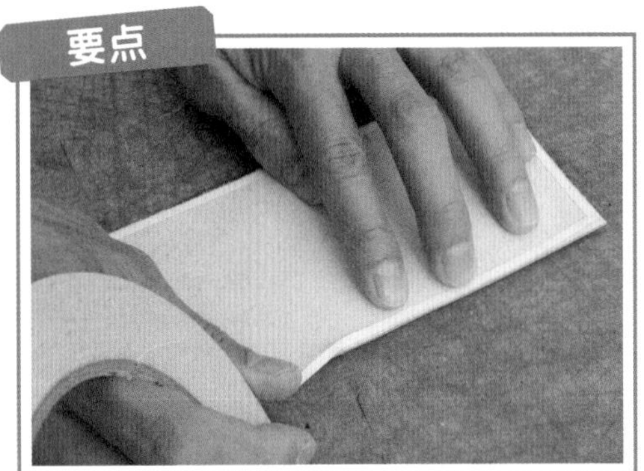

02 在零钱包里皮的床面四周贴上宽5mm的双面胶。

03 在贴好双面胶的零钱包里皮床面一侧中间，即将粘合的位置涂上橡皮胶。

04 将零钱包里皮上的双面胶保护层撕掉。

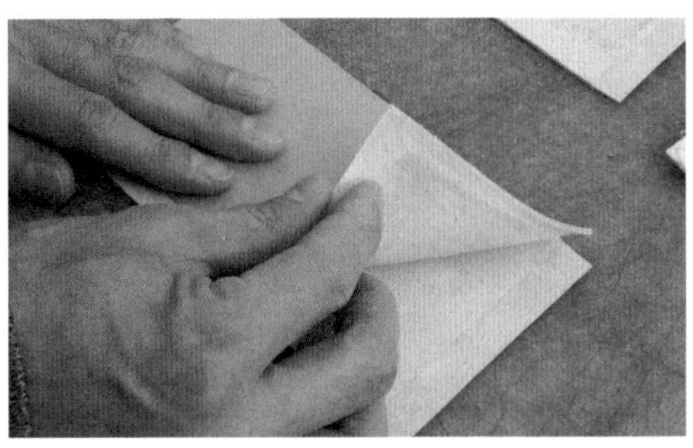

05 对齐上缘与侧边的位置，粘合零钱包和零钱包里皮。

06 用铁锤压紧与零钱包里皮粘合的零钱包部件。

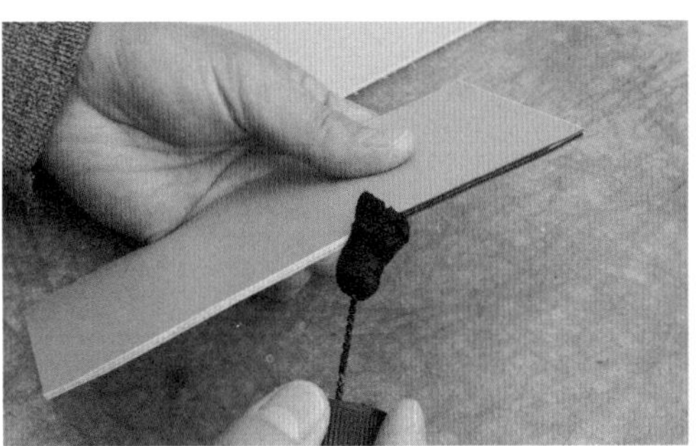

07 在零钱包的上缘皮边上涂上染料。

08 在上过染料的部分涂上床边处理剂，用磨边帆布进行打磨。

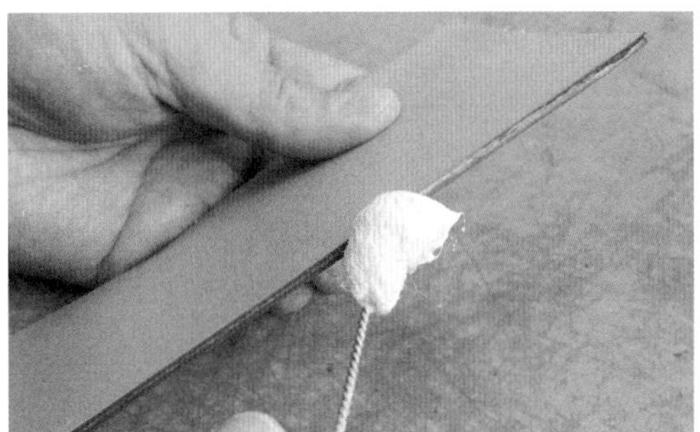

09 在打磨后的皮边上涂上边缘处理剂。用相同步骤再制作一个同样部件。

10 准备为零钱包装上拉链。

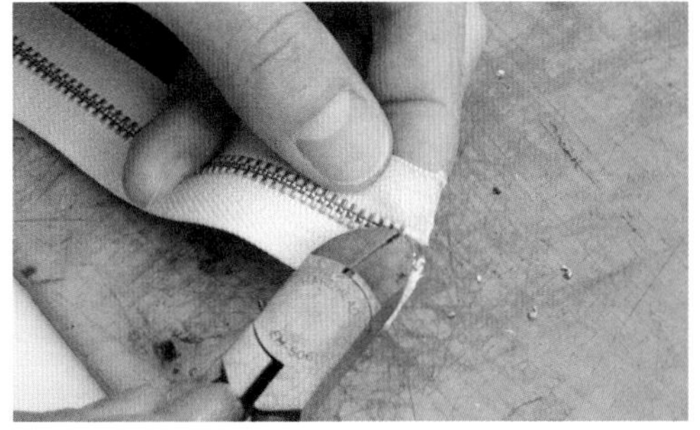

11 将拉链齿长度切成17cm。

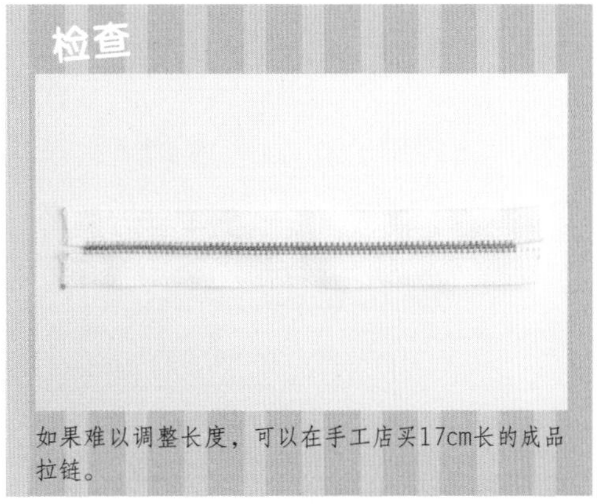

如果难以调整长度，可以在手工店买17cm长的成品拉链。

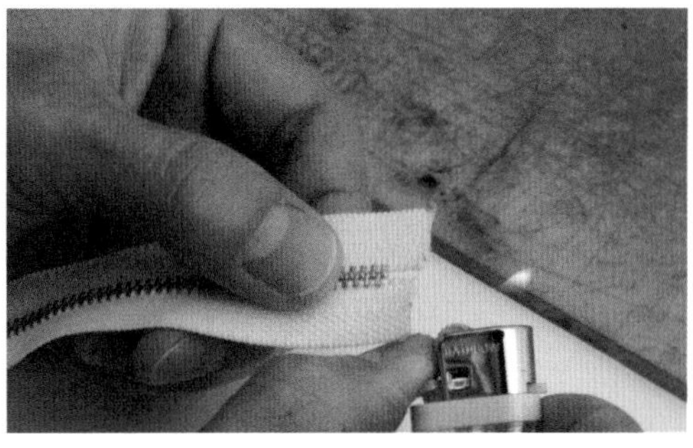

12 用打火机烧熔边缘，防止抽丝。

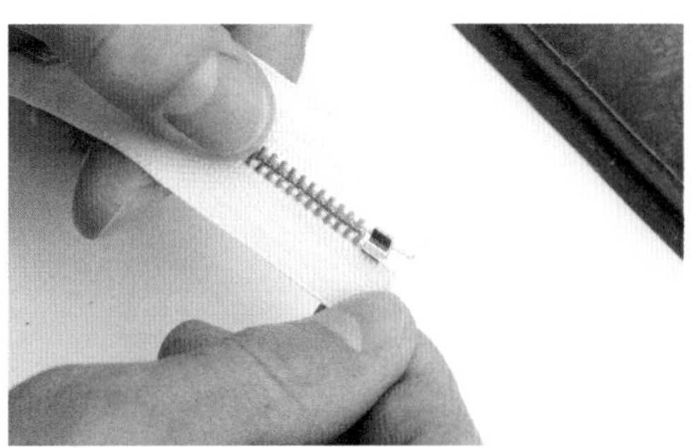

13 装上拉链下止。

14 用铁锤敲打，将下止固定在拉链上。

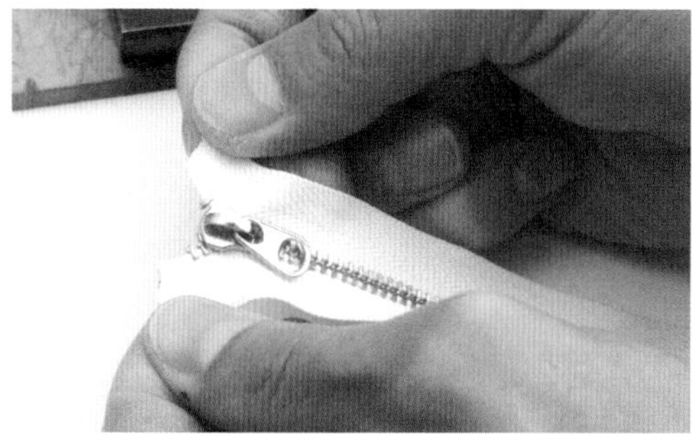

15 装上拉链头。

16 拉链上止处用电工钳夹紧固定。

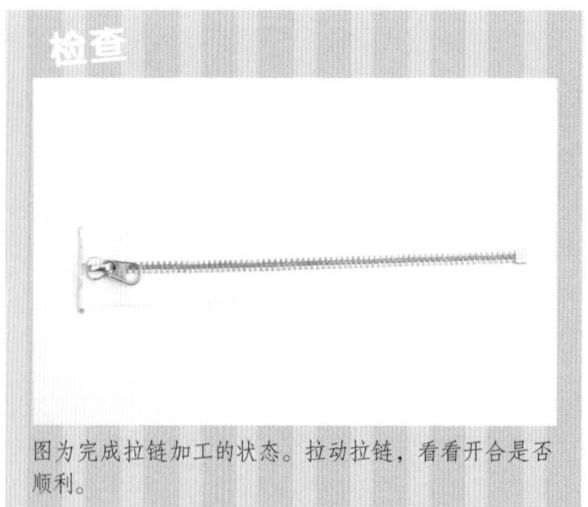

图为完成拉链加工的状态。拉动拉链，看看开合是否顺利。

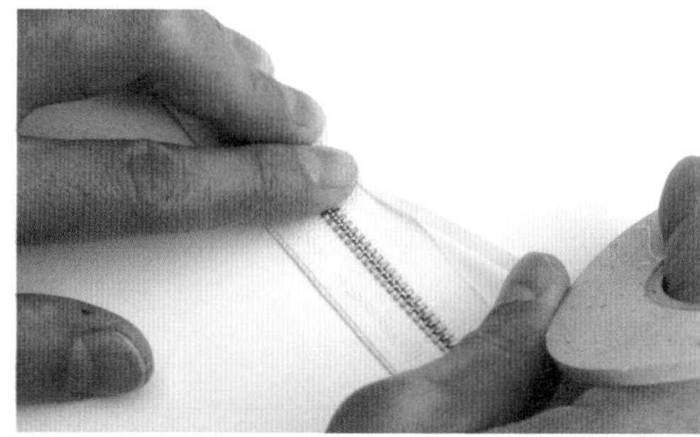

17 在拉链正面的拉链布边缘贴上宽3mm的双面胶。

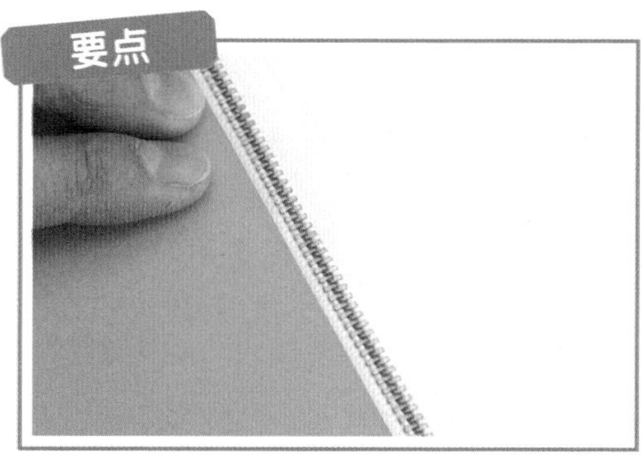

18 在距离拉链齿5mm的位置粘合上零钱包部件。

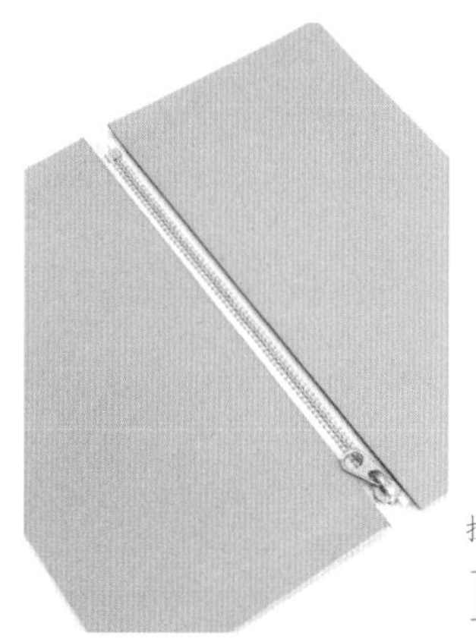

拉链两侧粘合零钱包。
19

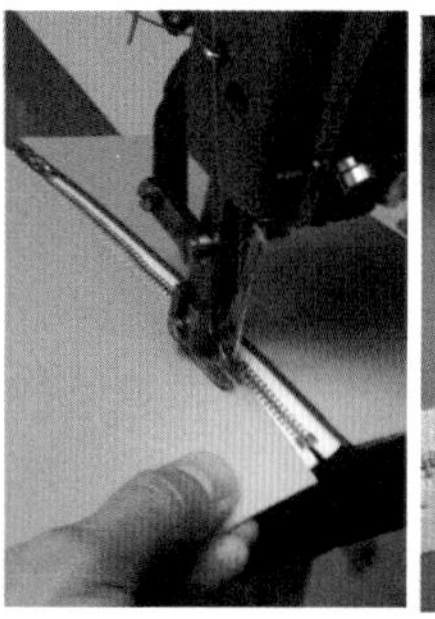

20 缝合拉链与零钱包。

21 图为拉链与零钱包缝合完成的状态。

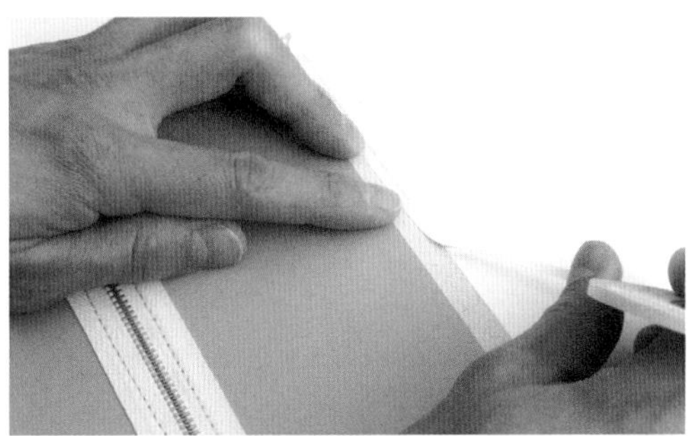

22 在零钱包下缘背面贴上宽5mm的双面胶，撕掉保护层。

23 在拉链位置对折，粘合零钱包下缘。

缝合下缘，保留拉链头侧的侧边10mm不缝。

24

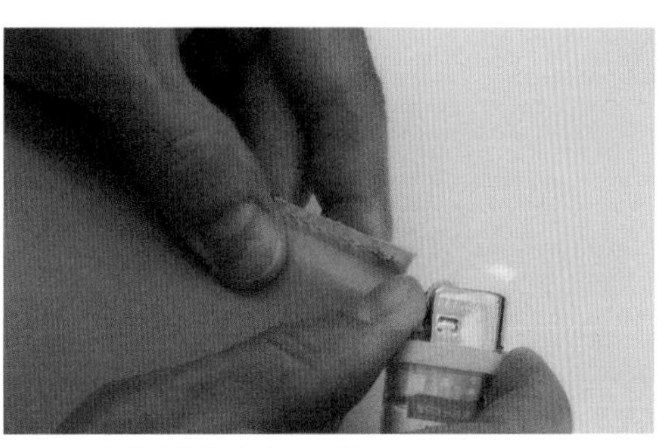

25 缝好后烧熔线头，收尾。

26 零钱包先制作到这里。

组合各部件

在本体里皮上固定卡位部件与侧边部件，本体正面部件后面要粘贴BONTEX纤维纸托料。

本体里皮粘合卡位部件

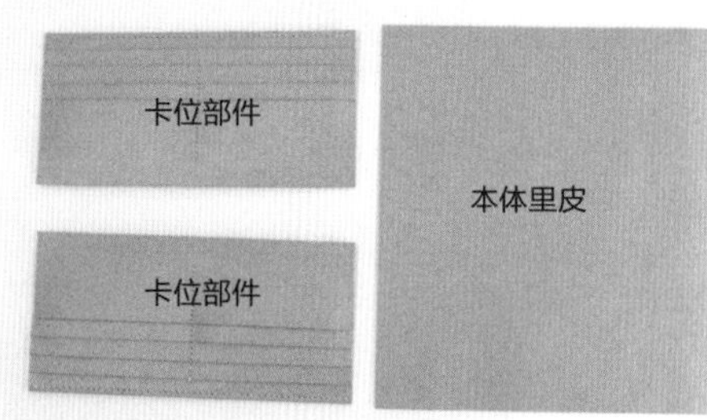

01 准备本体里皮与2组卡位部件。

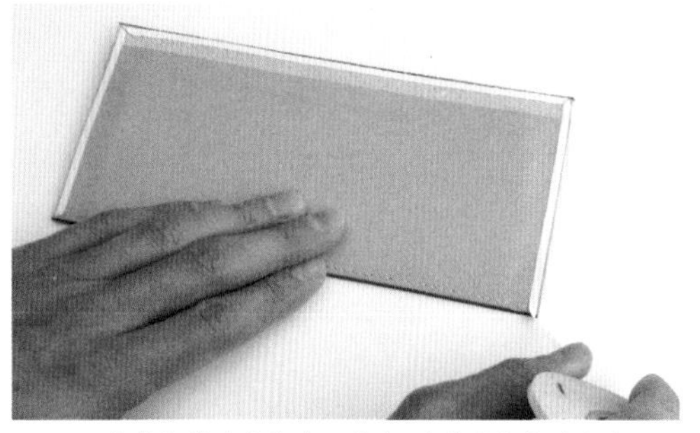

02 卡位部件除上缘外，其余3边的内侧都贴上宽5mm的双面胶并撕去保护层。

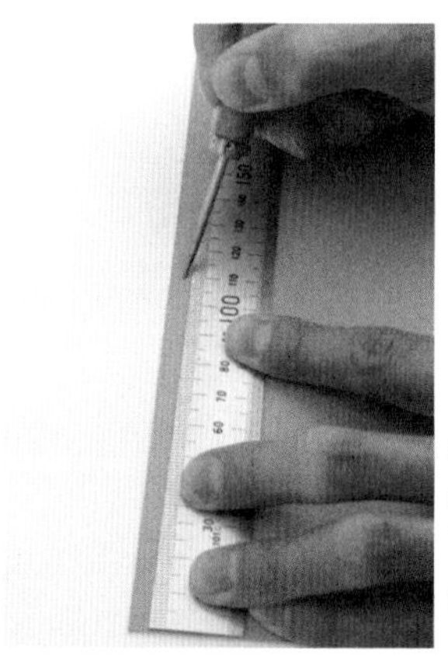

在本体里皮的中心位置（译者注：折叠侧）做标记。

03

要点

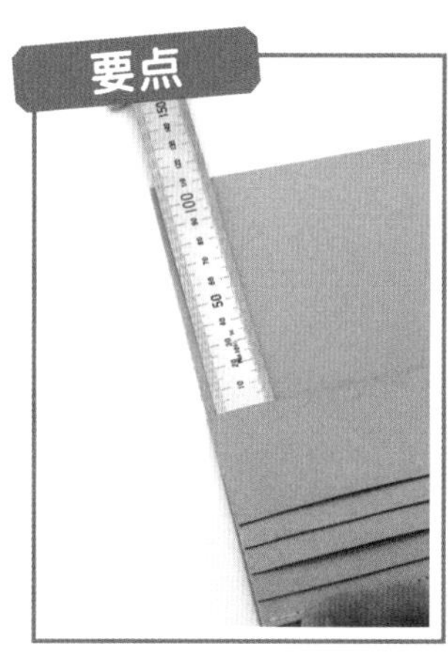

从中心位置向左移动5mm的位置，对齐左侧卡位部件下缘，粘合。

04

05 右侧卡位部件也用相同办法粘合。两个卡位部件中间会有10mm的间隔。

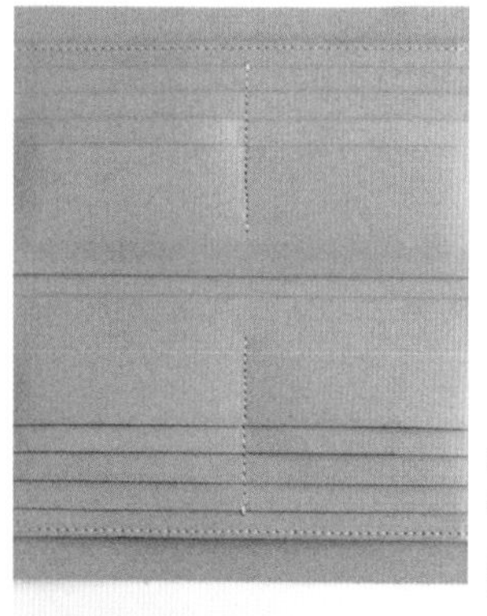

本体里皮与卡位部件粘合的状态。

06

07 缝合卡位部件下缘与本体里皮。

要点

08 用70号圆冲在本体里皮的侧边中心点位置打出半圆，如图所示。

09 转角的地方用削刀倒角。

制作侧边

本体侧边部件

本体侧边部件

零钱包侧边部件

本体侧边部件

本体侧边部件

10 准备本体与零钱包的侧边部件。

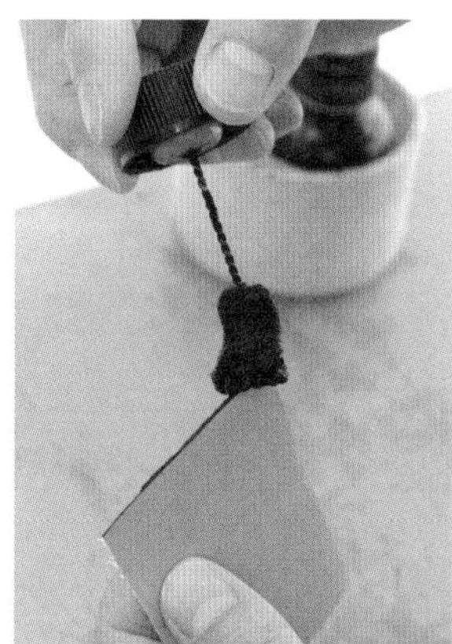

在所有的侧边上缘位置涂染料。

11

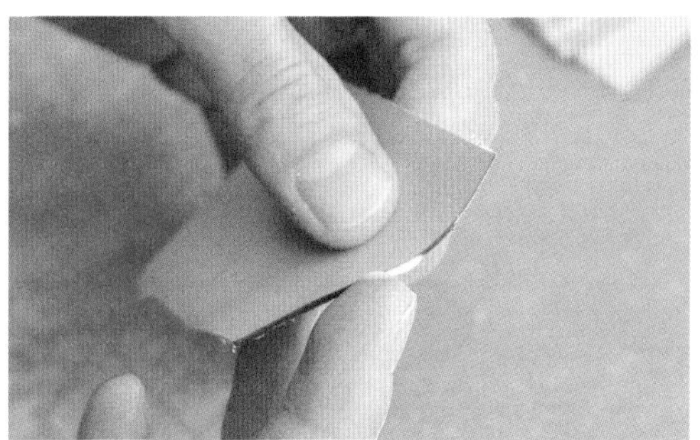

12 在上过染料的部分涂上床面处理剂。

13 用磨边帆布打磨上过床面处理剂的侧边。

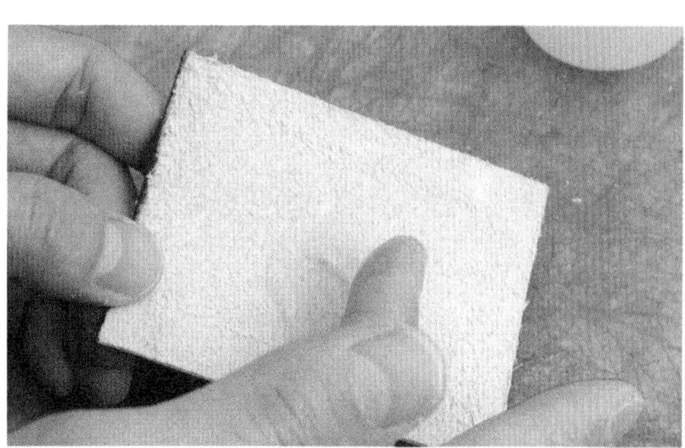

14 在侧边部件的床面上涂上CMC皮面处理剂。

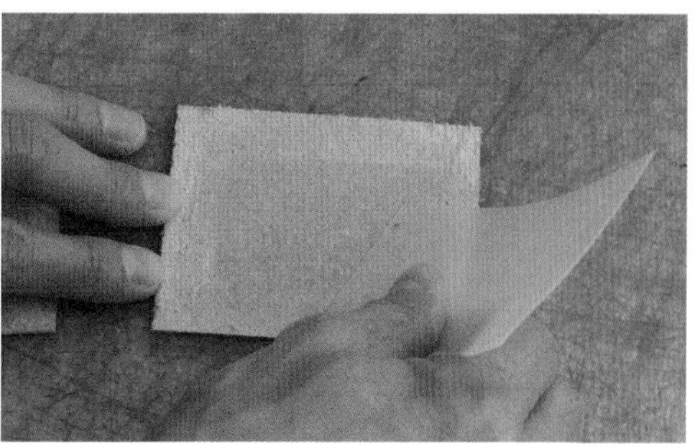

15 将CMC皮面处理剂刮匀。

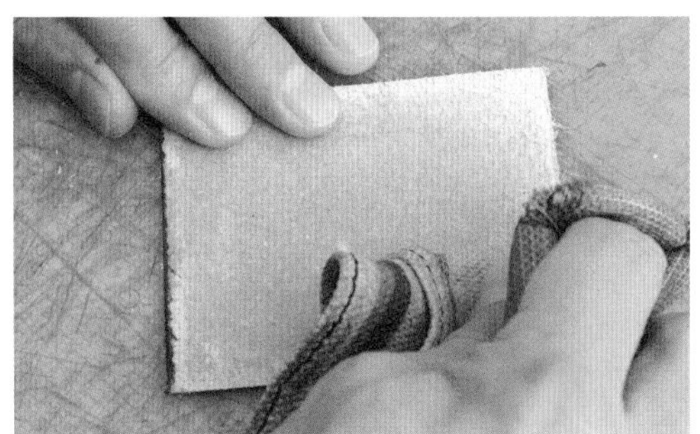

16 将CMC皮面处理剂刮匀后用磨边帆布进行打磨。

要点

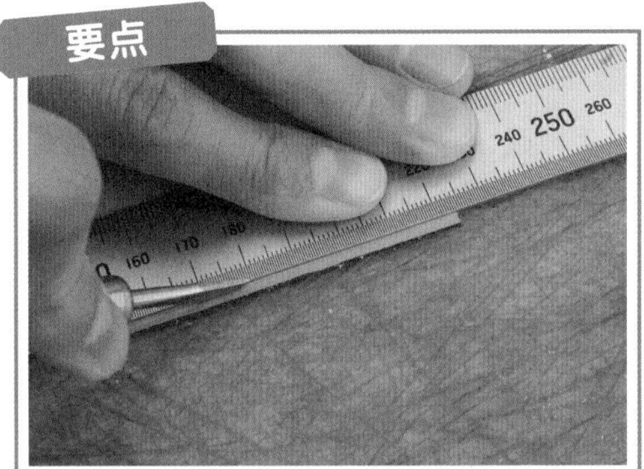

17 沿上缘画线，距皮边2mm。

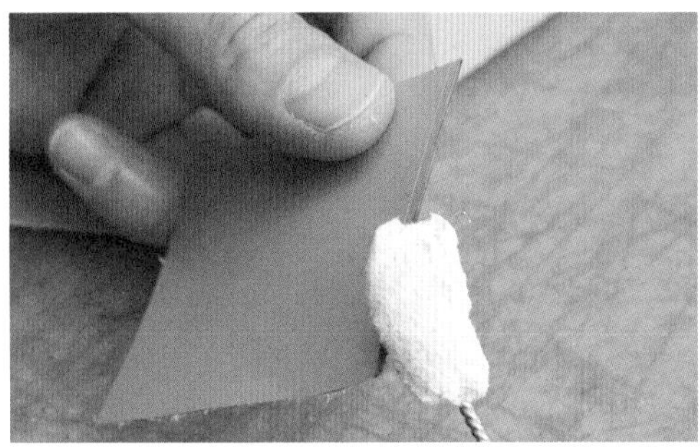

18 在皮边上涂上边缘处理剂。

19 分别在侧边部件的下缘两侧距转角10mm的位置做记号。

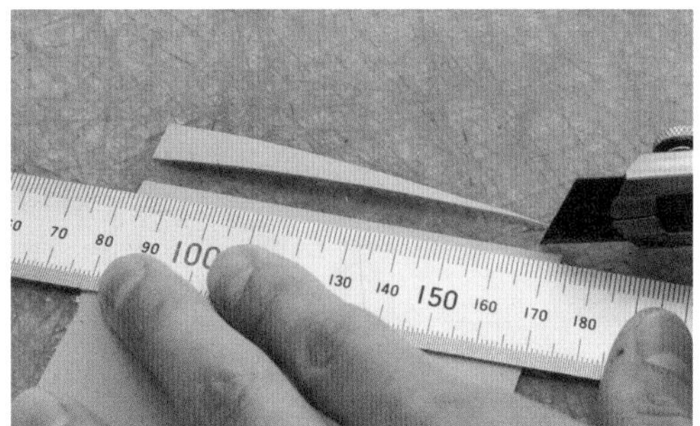

20 从上缘的转角位置连接步骤19所做的记号，进行裁切。

两侧都裁切好之后，在床面一侧沿切好的边缘贴上宽5mm的双面胶。

21

要点

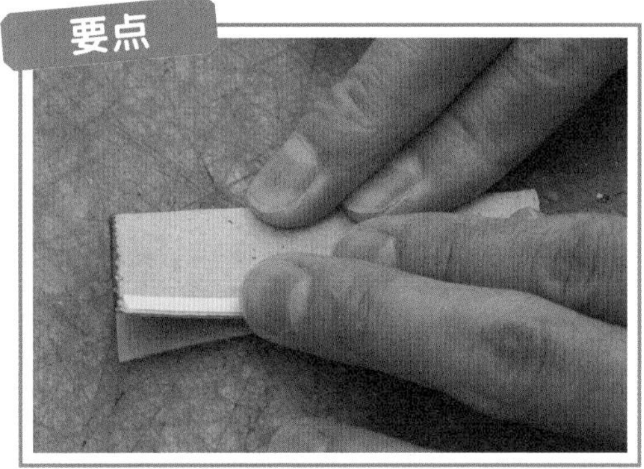

22 将零钱包侧边部件纵向对折。

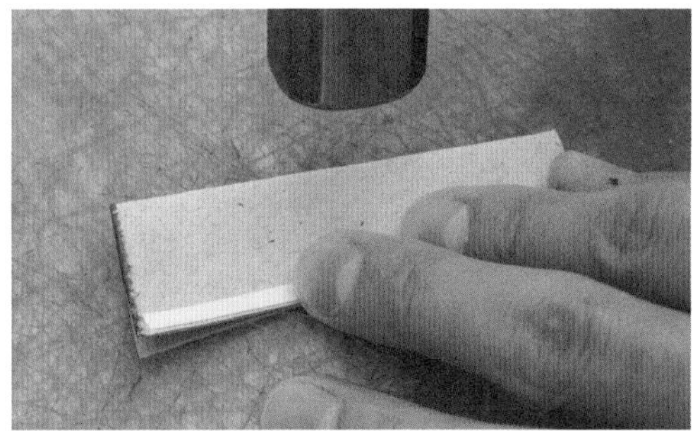

23 将对折后的零钱包侧边部件用铁锤敲打，确实压出折线。

要点

24 将本体侧边的转角与卡位部件的上缘对齐，粘合在本体里皮上。

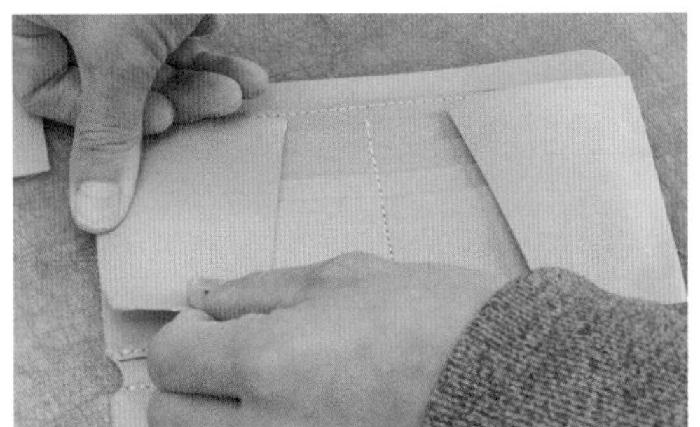

25 剩下的3片本体侧边部件也一样粘合。

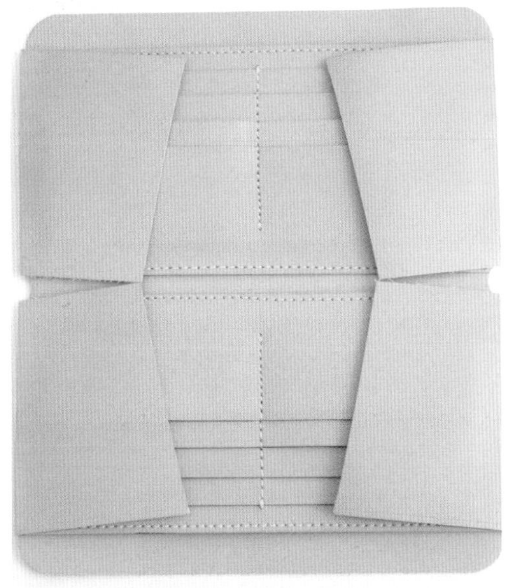

26 本体侧边部件与卡位部件粘合在里皮上的状态。

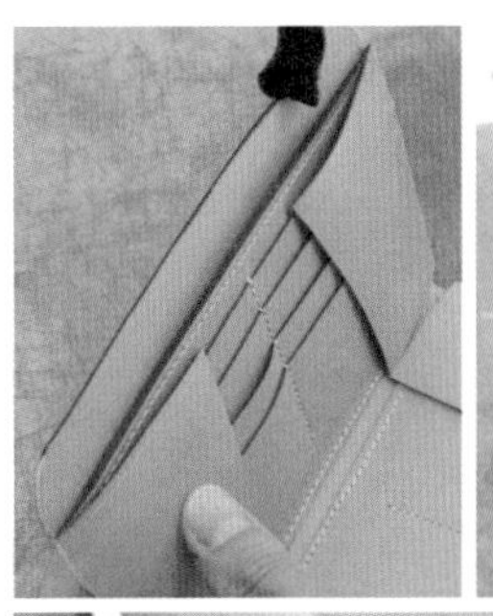

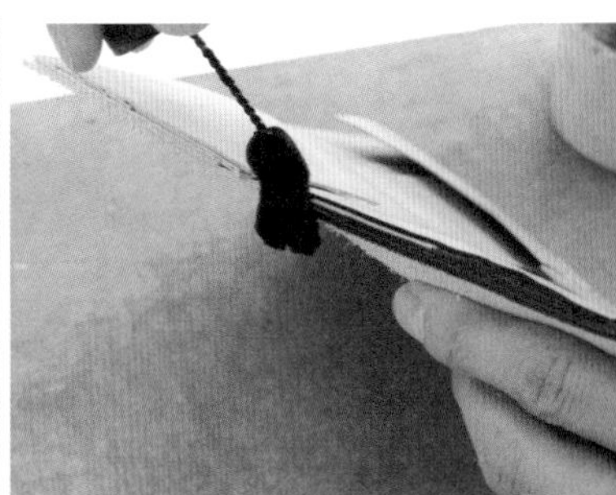

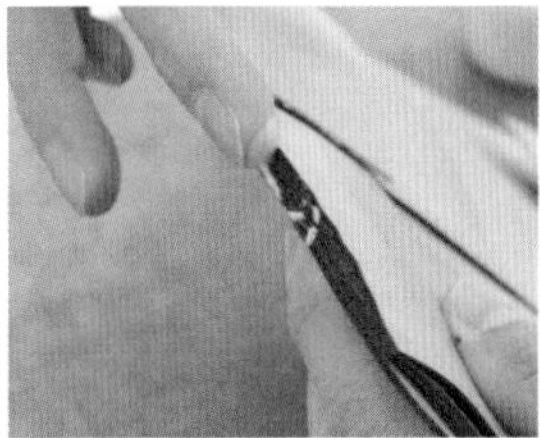

在里皮的四周皮边上涂上染料，之后涂上床面处理剂。

27

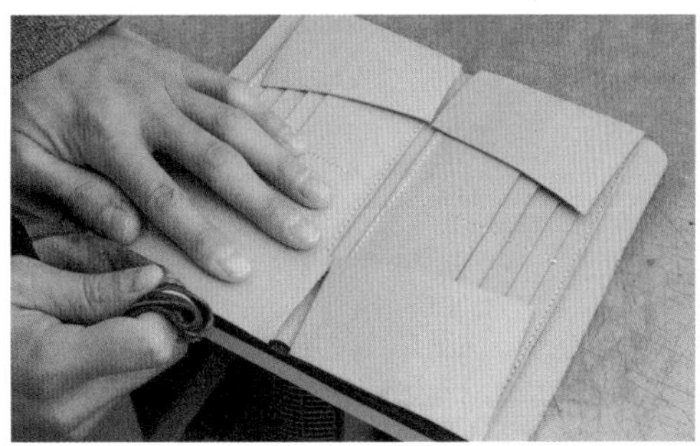

28 用磨边帆布打磨已上好床面处理剂的皮边。

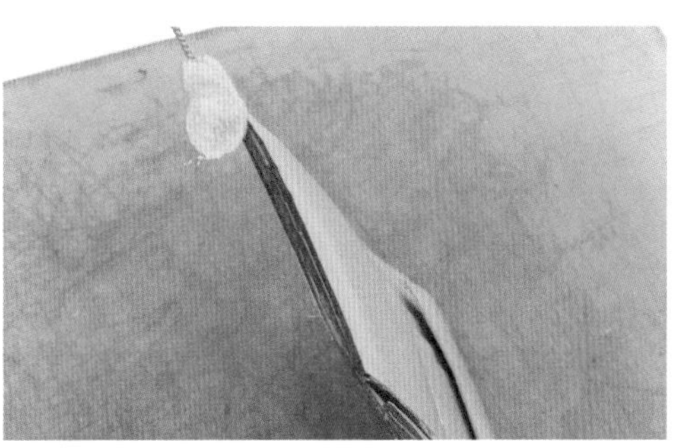

29 在打磨好的皮边上涂上边缘处理剂。

30 准备本体与BONTEX纤维纸托料。

将BONTEX纤维纸托料上的箭头顺着皮料弯曲的方向。

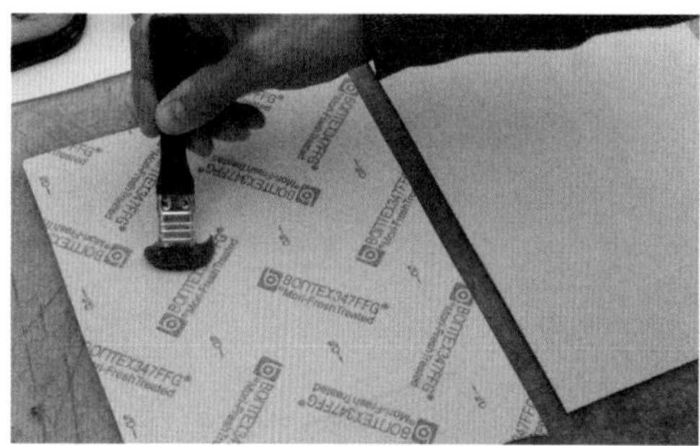

31 在BONTEX纤维纸托料表面涂抹橡皮胶。

32 在本体床面上也涂上橡皮胶。

33 粘合本体与BONTEX纤维纸托料，用铁锤压实。

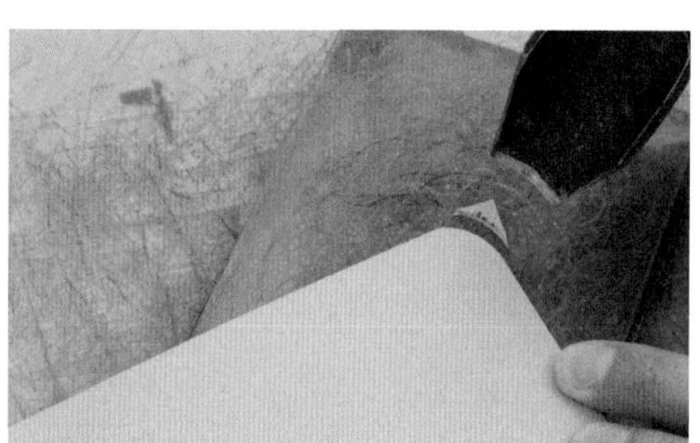

34 粘合BONTEX纤维纸托料之后，将凸出的BONTEX纤维纸托料剪掉，本体转角处对照纸样裁切整齐。

要点

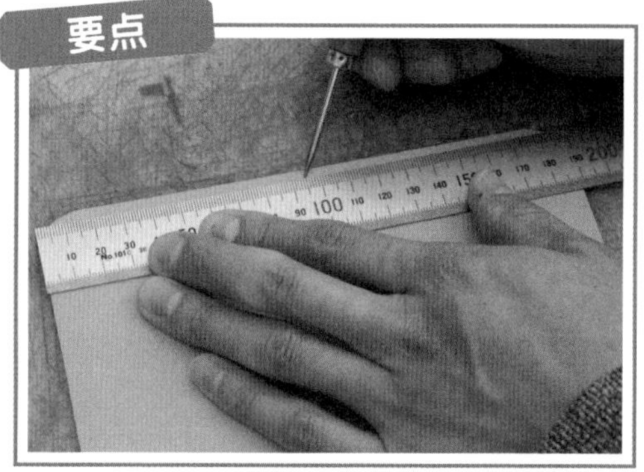

35 在本体4个边缘各自的中心点做记号。

36 在长边的中心位置车30mm长的缝线。

37 图为在两侧长边车好30mm缝线的状态。

在本体皮边上涂抹染料，不要染到皮面上。
38

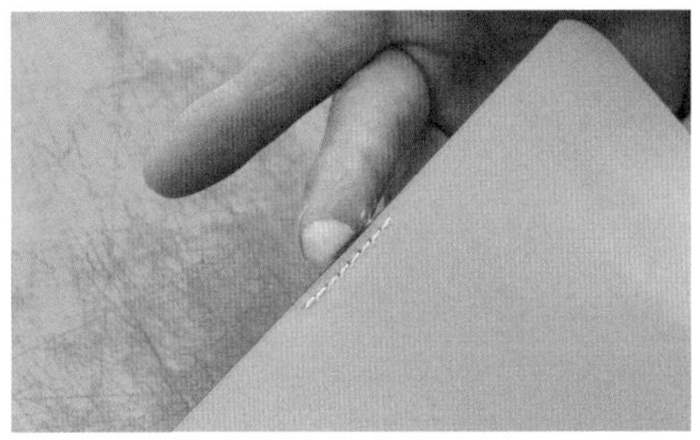

39 在上好染料的皮边上涂上床面处理剂。

40 用磨边帆布打磨涂好床面处理剂的皮边。

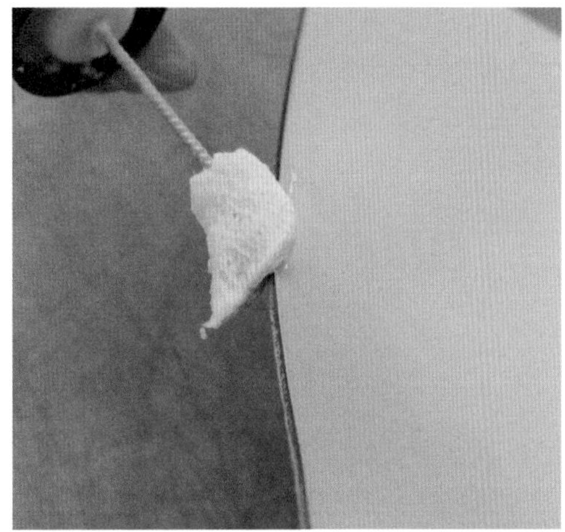

41 最后涂上边缘处理剂。

42 本体加工至如图所示状态。

缝合本体与拉链

在分别做好的本体和本体里皮之间夹住拉链缝合。拉链长度为5cm，在中心点做好标记，以对齐本体。

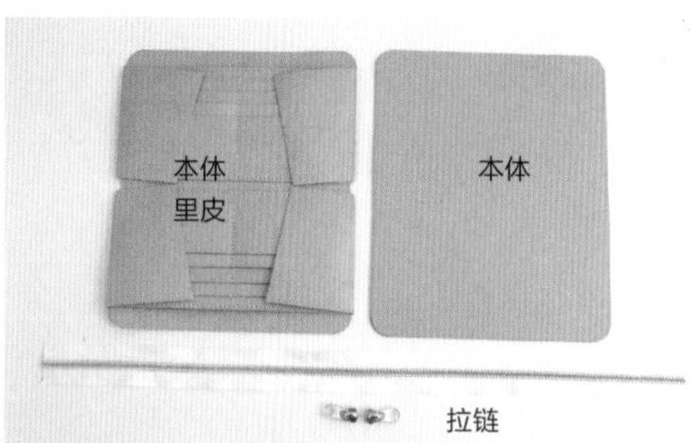

01 准备本体、本体里皮、拉链。

缝合本体里皮与拉链

要点

02 将拉链对折，在拉链正中位置做好记号。

03 在本体里皮的床面侧边缘粘好宽10mm的双面胶。

粘双面胶时要避开中间用圆冲打过的地方。

04

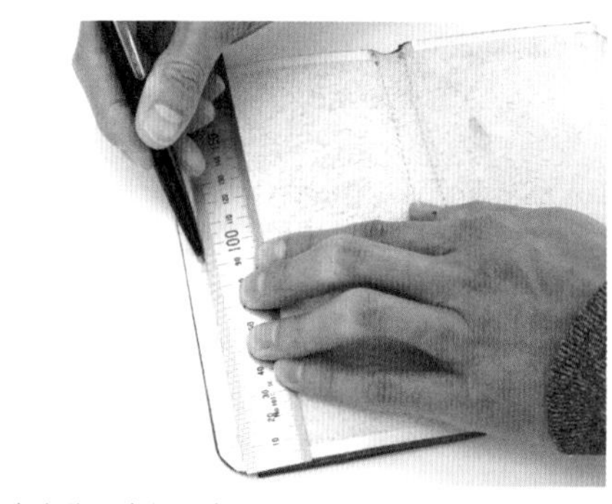

05 在本体里皮短边中心位置做记号。

要点

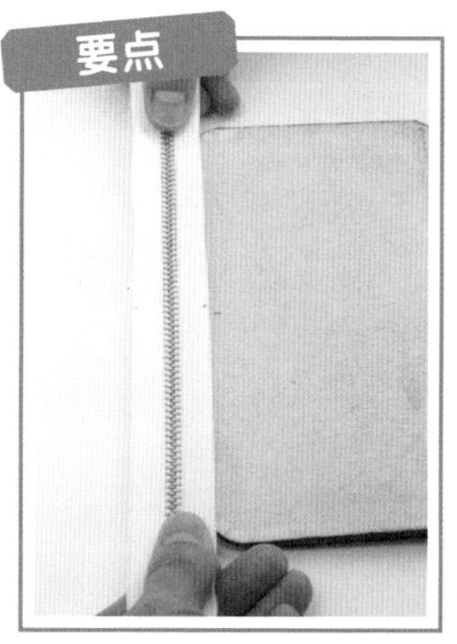

对齐拉链中心位置与本体里皮短边的中心位置，粘合拉链。

06

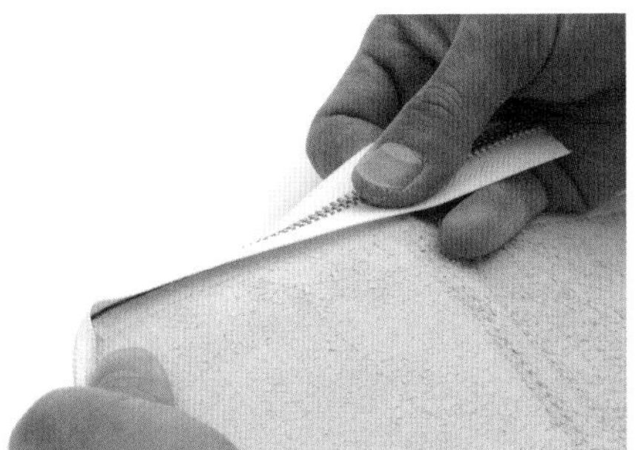

07 转角的位置不贴，先粘贴侧边。

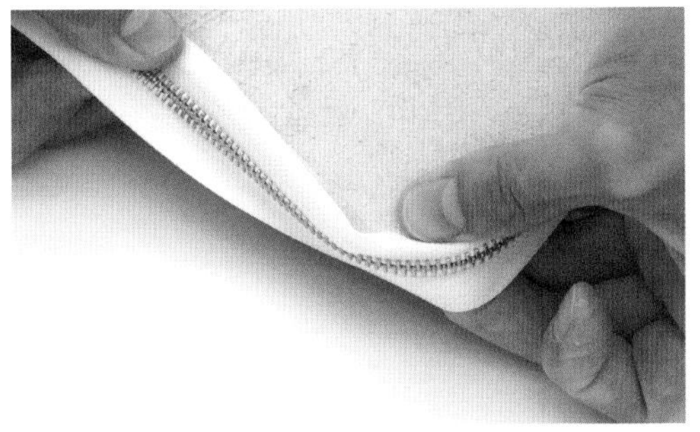

08 直线部分粘好后慢慢粘合转角部分。

检查

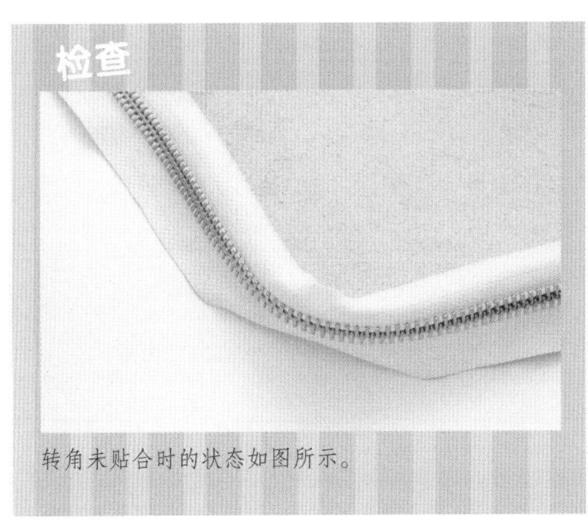

转角未贴合时的状态如图所示。

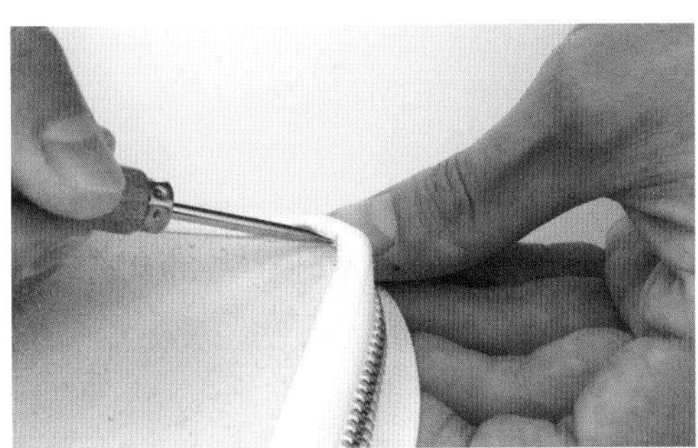

09 从中央位置按压未粘合的拉链，将多余的布料按成一个个皱纹，慢慢粘合。

要点

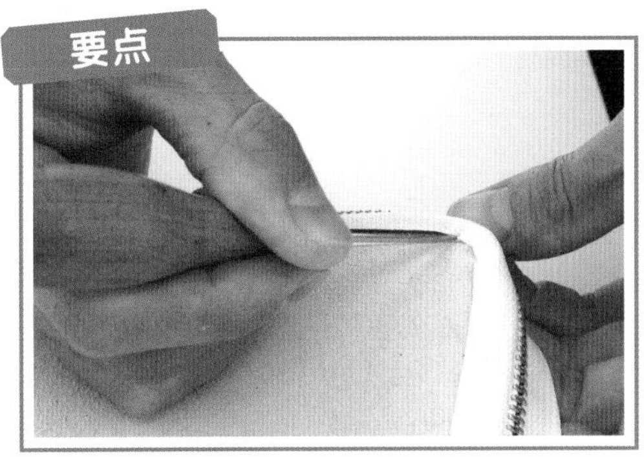

10 皱纹越细粘合程度就越好。

11 单侧拉链粘合之后，拉开拉链。

12 拉开拉链后，对齐另一侧边缘的中心位置，将拉链粘合在本体里皮上。

13 拉链的粘合状态如图所示。

14 与刚才粘合的步骤相同，将转角部分慢慢压成皱纹来粘合。

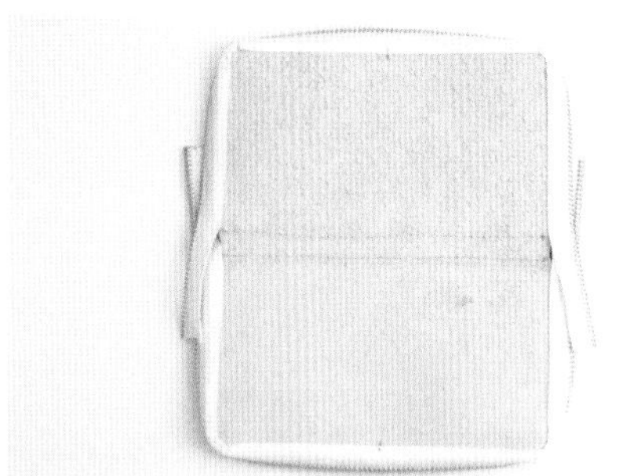

15 图为本体里皮与拉链粘合的状态。

本体与里皮粘合

16 在本体床面四周粘上宽10mm的双面胶。

17 和本体里皮一样，长边的中心部分留约30mm的地方不贴双面胶。

要点

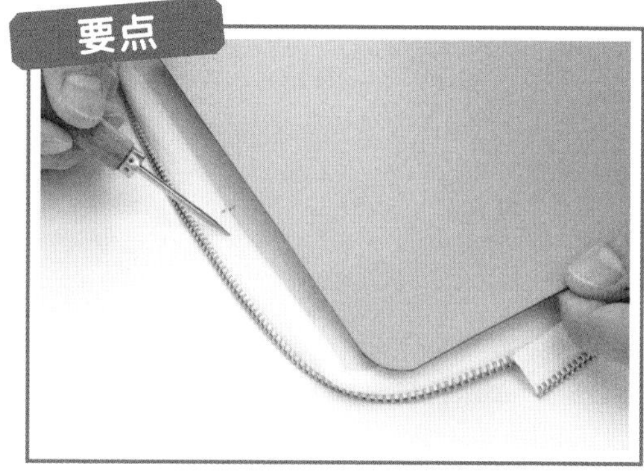

18 对齐拉链的中心位置和本体的中心位置，粘合本体与里皮。

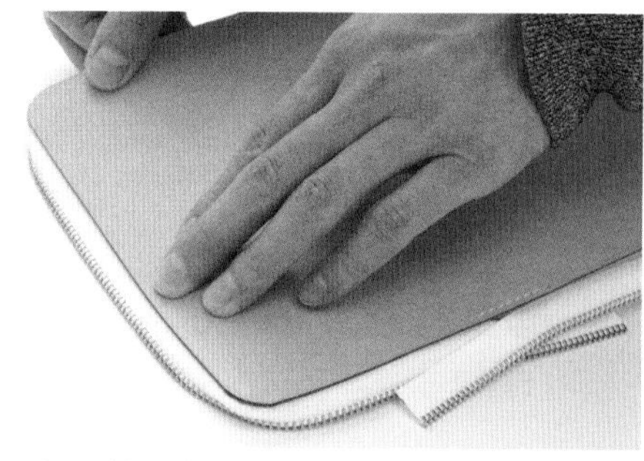

19 位置对齐后先粘合一侧。

要点

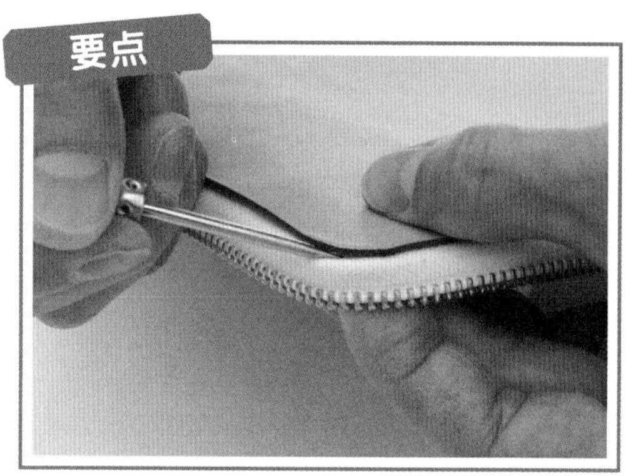

20 用圆锥一边调整一边粘合，避免转角处出现凹陷。

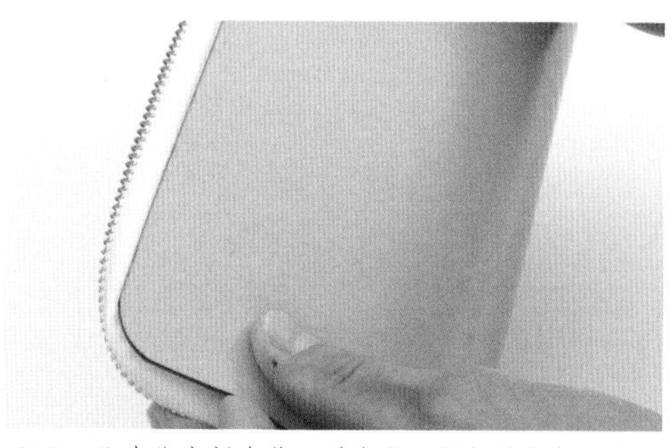

21 沿中线弯折本体，对齐另一侧短边与拉链的位置，粘合。

22 对齐短边与拉链的位置，如图所示，正中间会稍微弯曲。

检查

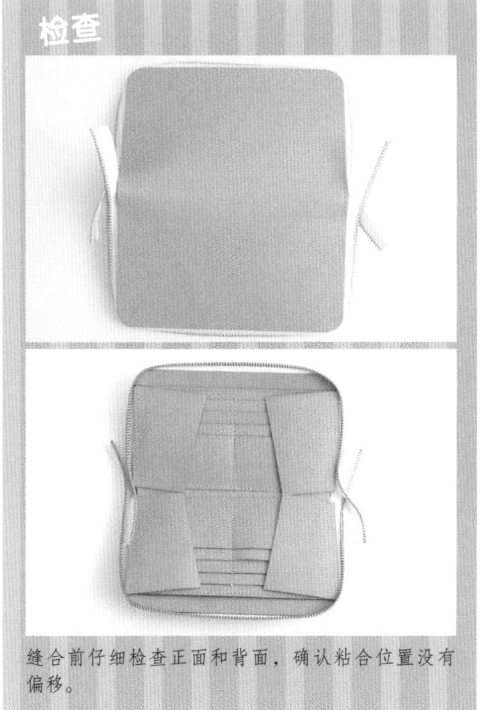

缝合前仔细检查正面和背面，确认粘合位置没有偏移。

23 从刚才已经车好的缝线端开始缝制，将本体周围对半缝合。

要点

24 缝合转角位置时不要悬空。

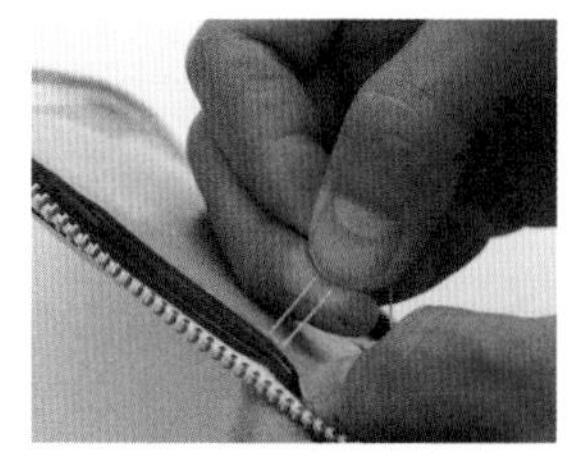

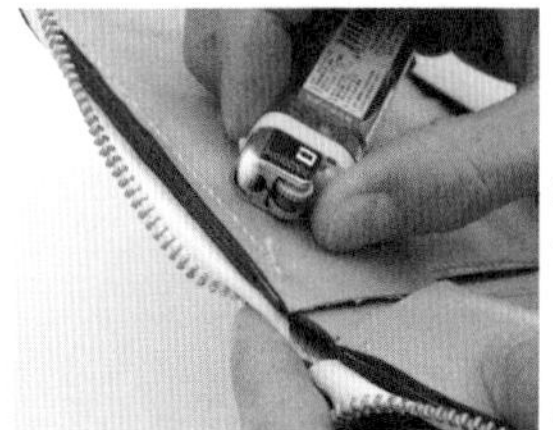

缝合完成，将线头从内侧穿出，用打火机烧熔固定。
25

26 图为本体缝合后正面的状态。

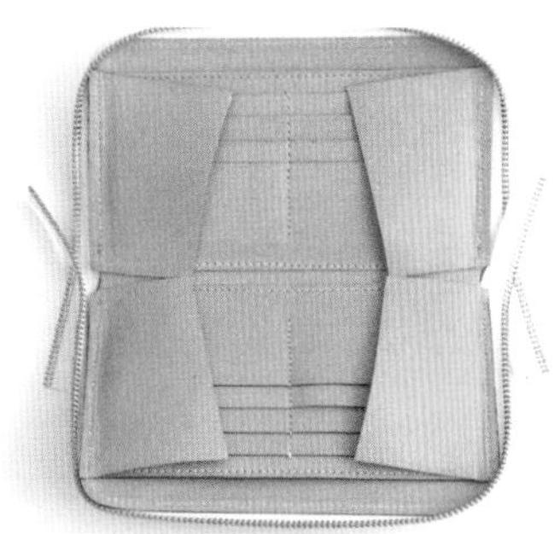

27 图为本体缝合后内侧的状态，本体侧边部件和卡位部件都已与本体缝合。

固定零钱包

零钱包夹在侧边与侧边之间，位于钱包正中央。另行制作的零钱包侧边部件也同时缝合。

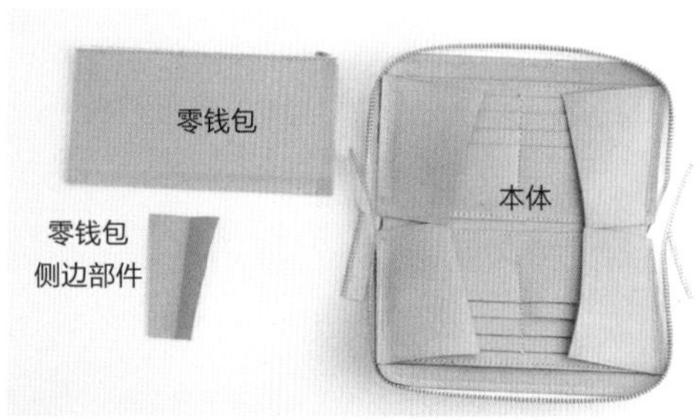

01 准备零钱包，零钱包侧边部件，与本体缝合好的侧边部件。

缝合零钱包

要点

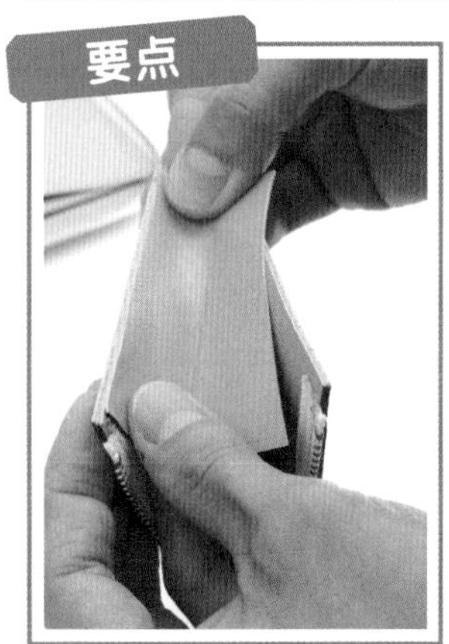

在零钱包有拉链头的一侧贴合零钱包侧边部件，在本体侧边部件的床面上先贴好双面胶。

02

检查

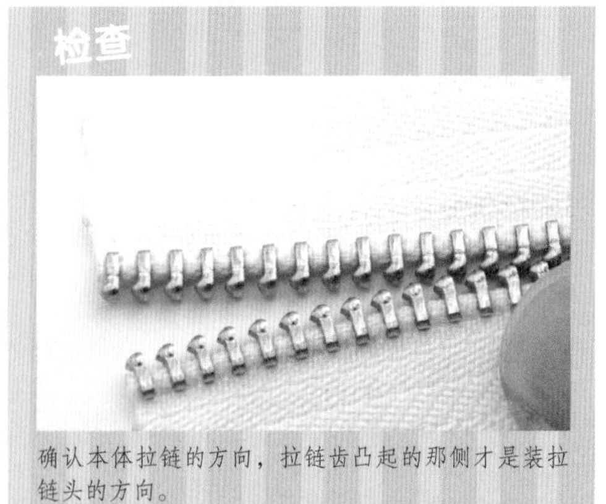

确认本体拉链的方向，拉链齿凸起的那侧才是装拉链头的方向。

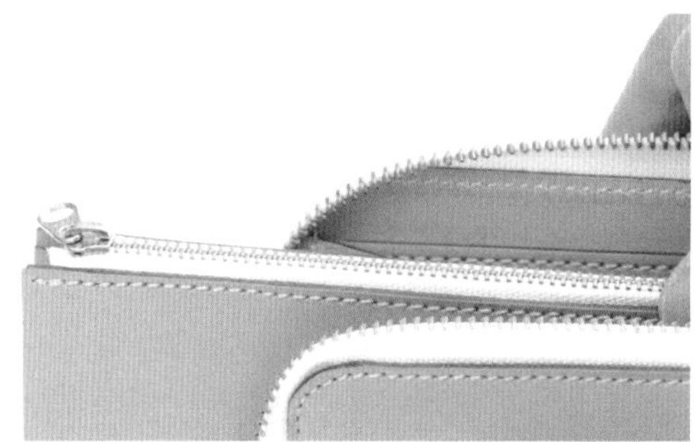

03 将零钱包的拉链头与本体拉链头的方向对齐。

04 将零钱包与本体侧边部件皮料粘合成图中状态。

缝合零钱包与本体侧边部件粘合的地方。

05

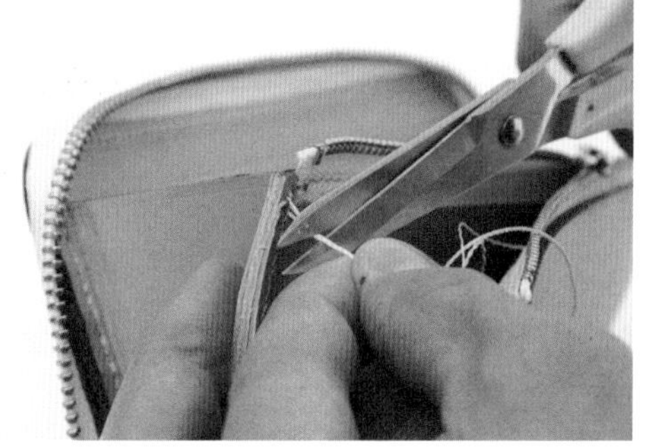

06 线头从内部穿出，用打火机烧熔固定。

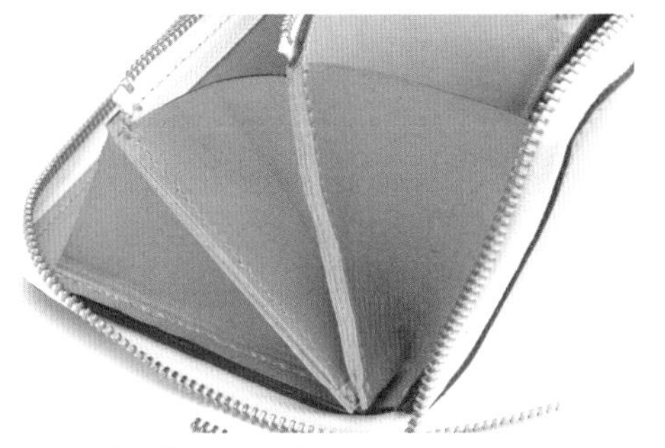

07 图为将零钱包侧边部件与本体缝合后的状态。

要点

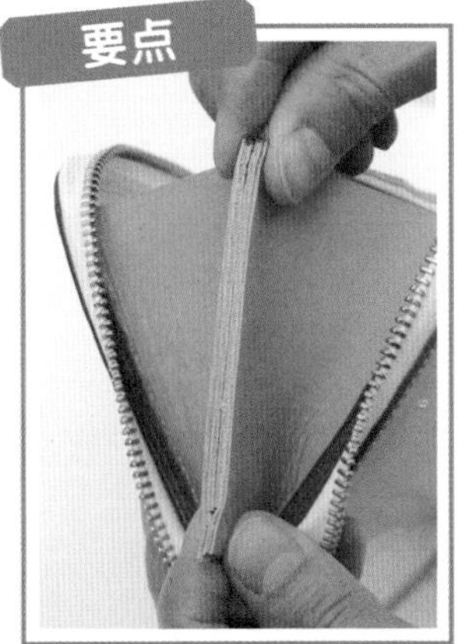

如图，没有零钱包侧边部件的一侧，用两个本体侧边部件夹住零钱包。

08

将另一侧的零钱包与本体侧边部件缝合。

09

在缝合处的皮边涂上染料。

10

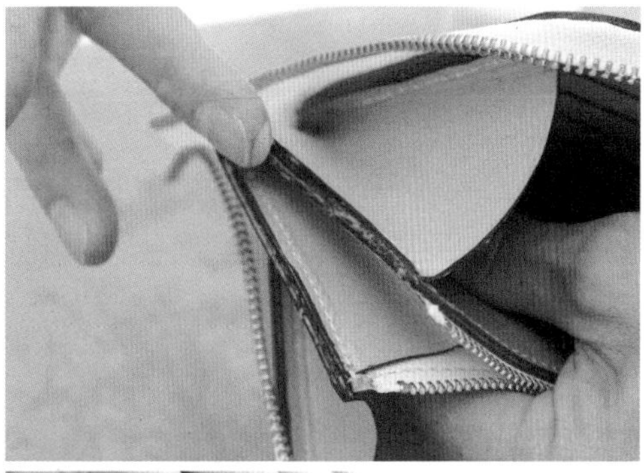

在上好染料的皮边上涂上床面处理剂。用磨边帆布进行打磨。

11

12 打磨好的皮边涂上边缘处理剂。

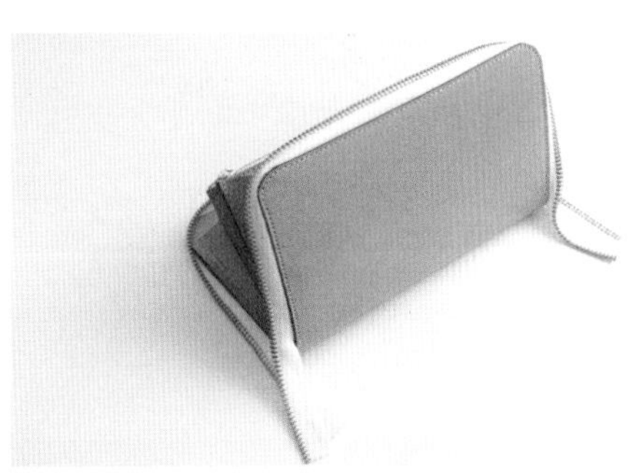

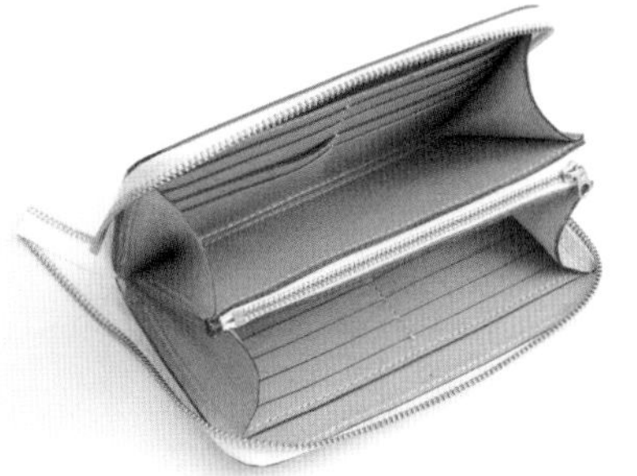

13 如图所示零钱包缝合在本体上的状态。

处理拉链

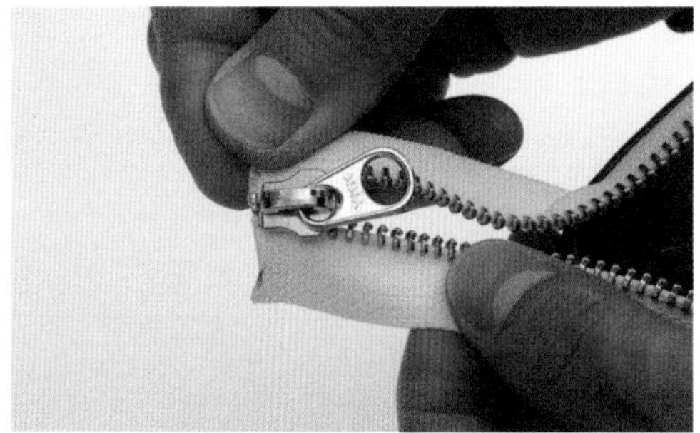

14 装上拉链头。

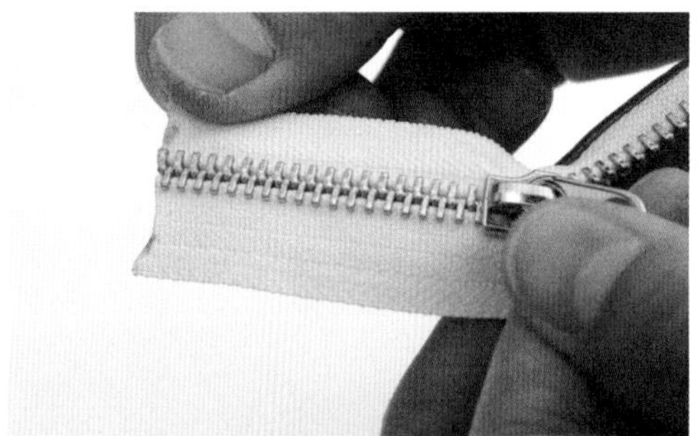

15 装好拉链头后，将前端拉合50mm。

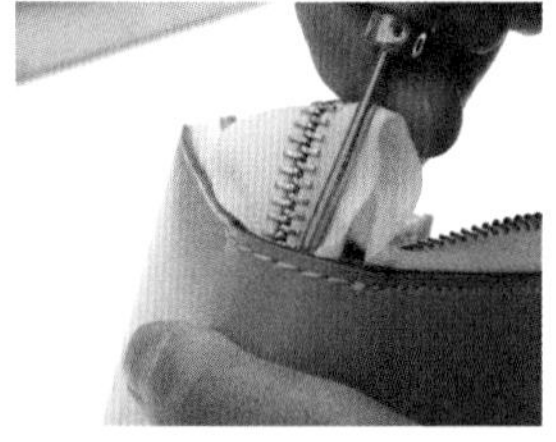

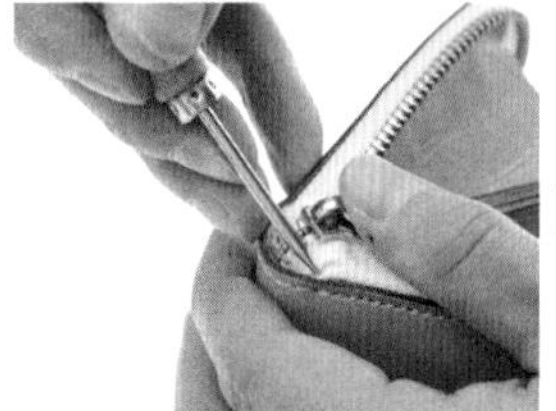

将拉链拉合的部分塞进本体与里皮之间的空隙，注意不要产生褶皱。
16

要点

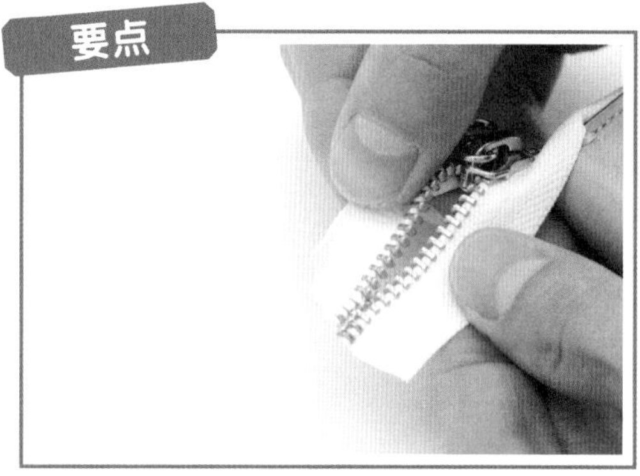

17 另一侧不用拉合拉链头，直接按压拉链，让其互相咬合50mm即可。

18 与步骤16相同，将拉链塞进本体与里皮之间的空隙。

19 两侧的拉链都塞进本体与本体里皮之间的空隙后，本体就完成了。

装上拉片

最后在拉链头上装上皮制拉片，只要在拉片的形状上花点心思，就可以打造出有个性的作品，试着想出原创的设计吧。

准备拉片部件。

01

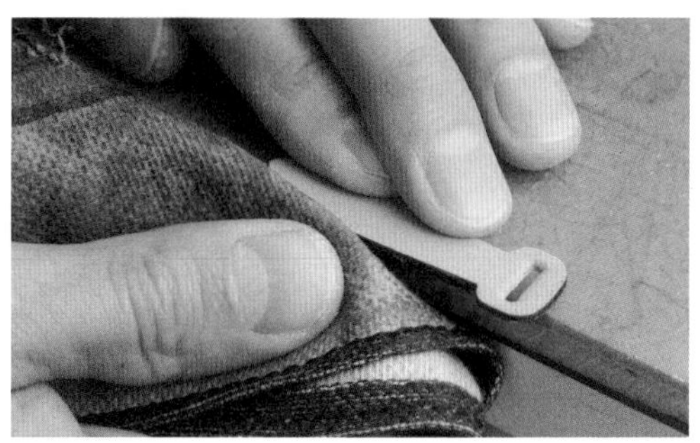

02 皮边和其他部件一样，先上染料，再涂上床面处理剂。用磨边帆布进行打磨。

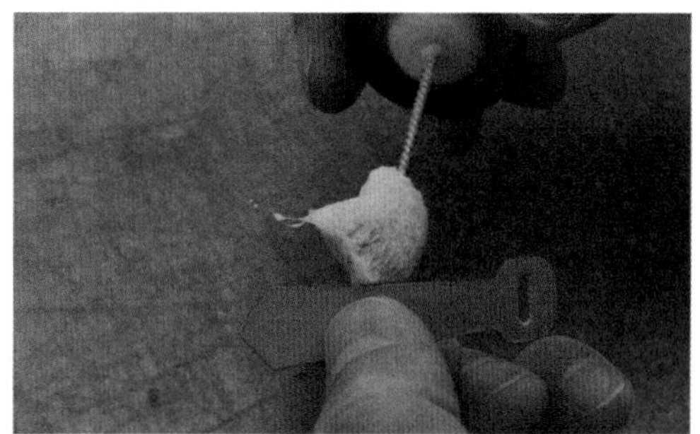

03 在皮边上涂上边缘处理剂。

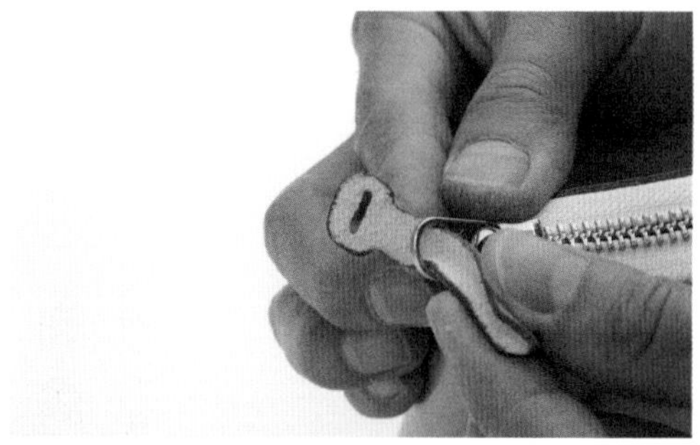

04 将皮拉片前端穿过拉链头的金属拉环。

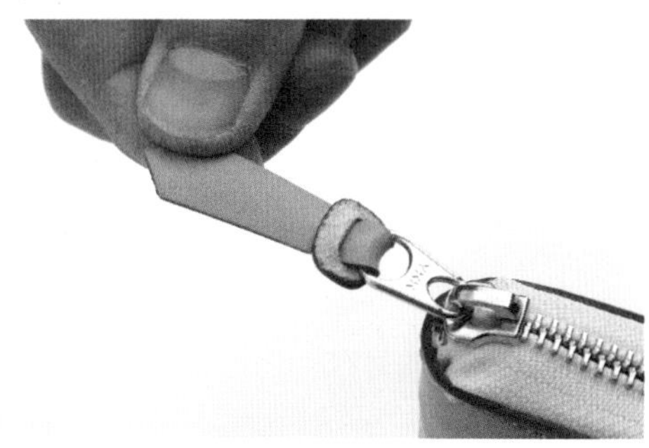

05 穿过拉链头的前端后再穿过皮拉片上的孔即可。

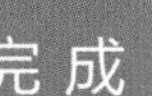

不需在意惯用手的便利设计

在设计上左右对称，左撇子还是右撇子都能方便使用。

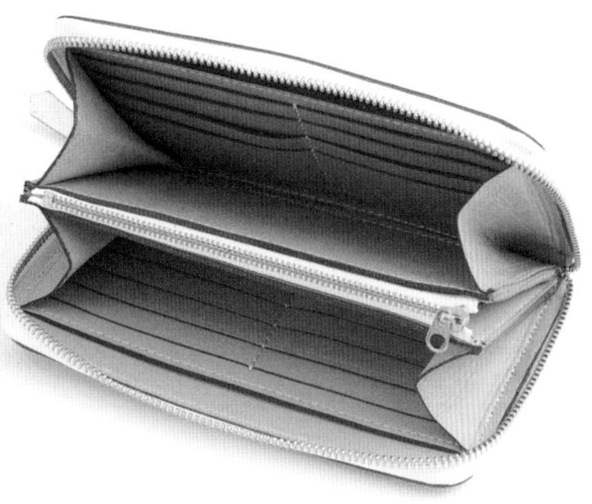

店铺信息

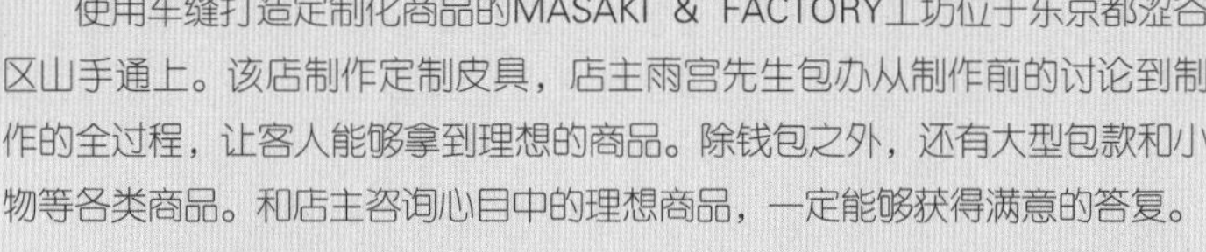

定制属于自己的皮具商品

雨宫正季 先生

MASAKI & FACTORY的店主，皮具师，能随心所欲地操作缝纫机，创作出大大小小各种广泛的商品。

使用车缝打造定制化商品的MASAKI & FACTORY工坊位于东京都涩谷区山手通上。该店制作定制皮具，店主雨宫先生包办从制作前的讨论到制作的全过程，让客人能够拿到理想的商品。除钱包之外，还有大型包款和小物等各类商品。和店主咨询心目中的理想商品，一定能够获得满意的答复。

1.位于大楼2楼的工坊设有会议空间，墙面上展示着各种款式的样品。2.小物的样品也很丰富。3.所用的缝纫机与色彩丰富的车缝线，作品可以指定车缝线的颜色。

MASAKI & FACTORY

东京都涩谷区富之谷2-3-7

电话:050-1579-8667

营业时间 11:30~19:30（13:00~14:30午休）

休息日 星期三、每月第2、3、5个星期四

纸 样

- 本书所附纸样都缩小了 50%，使用时要将缩小 50% 的纸样放大 200%。
- 请将复印的纸样用橡皮胶或固定胶粘在操作用的厚卡纸上再裁切使用。
- 根据使用的皮料种类与厚度不同，可能需要调整。
- 禁止复制、出售本书刊载的作品与纸样。纸样仅限个人使用。

二折长钱包 12页

本 体

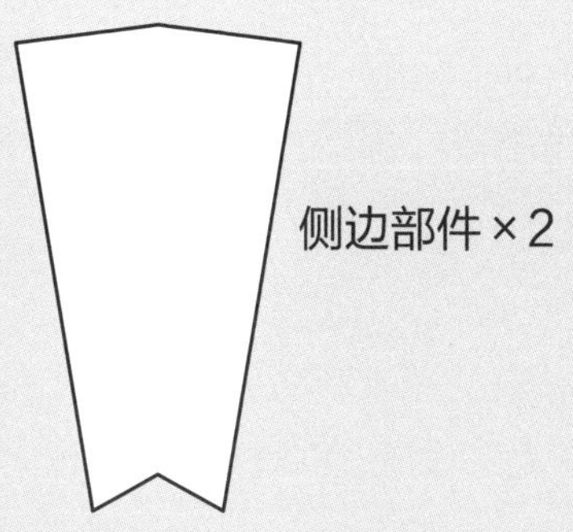

二折长钱包 12页

零钱包B

零钱包A

零钱包C

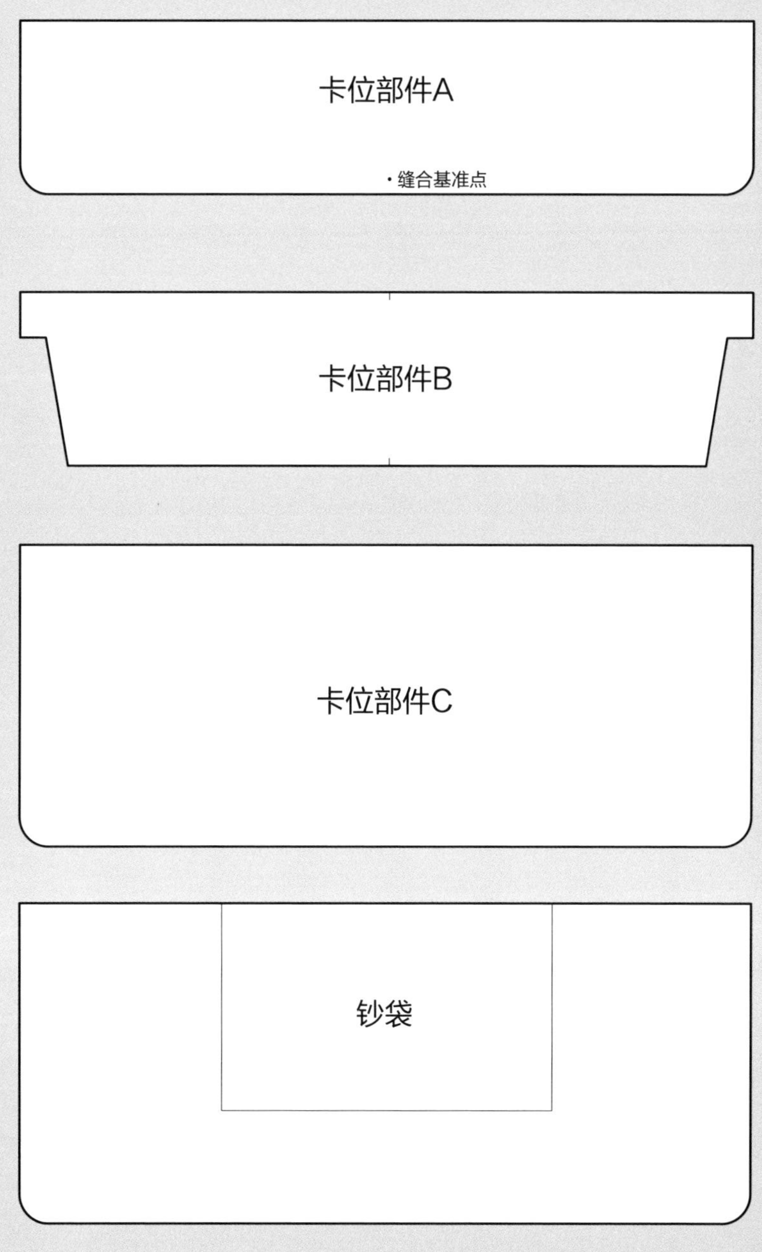
卡位部件A
·缝合基准点
卡位部件B
卡位部件C
钞袋

普通拉链长钱包 48页

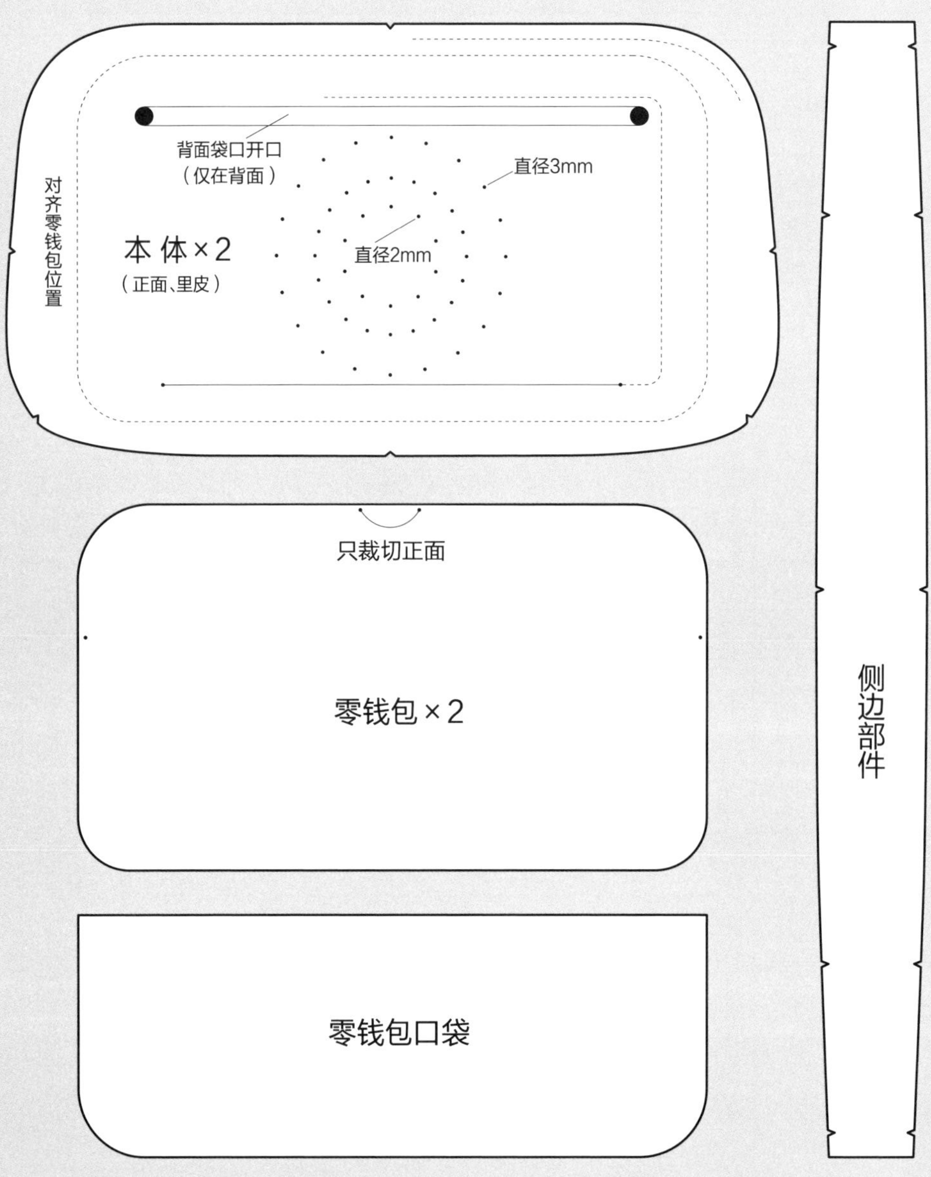
背面袋口开口
（仅在背面）
直径3mm
对齐零钱包位置
本 体×2
（正面、里皮）
直径2mm
只裁切正面
零钱包×2
零钱包口袋
侧边部件

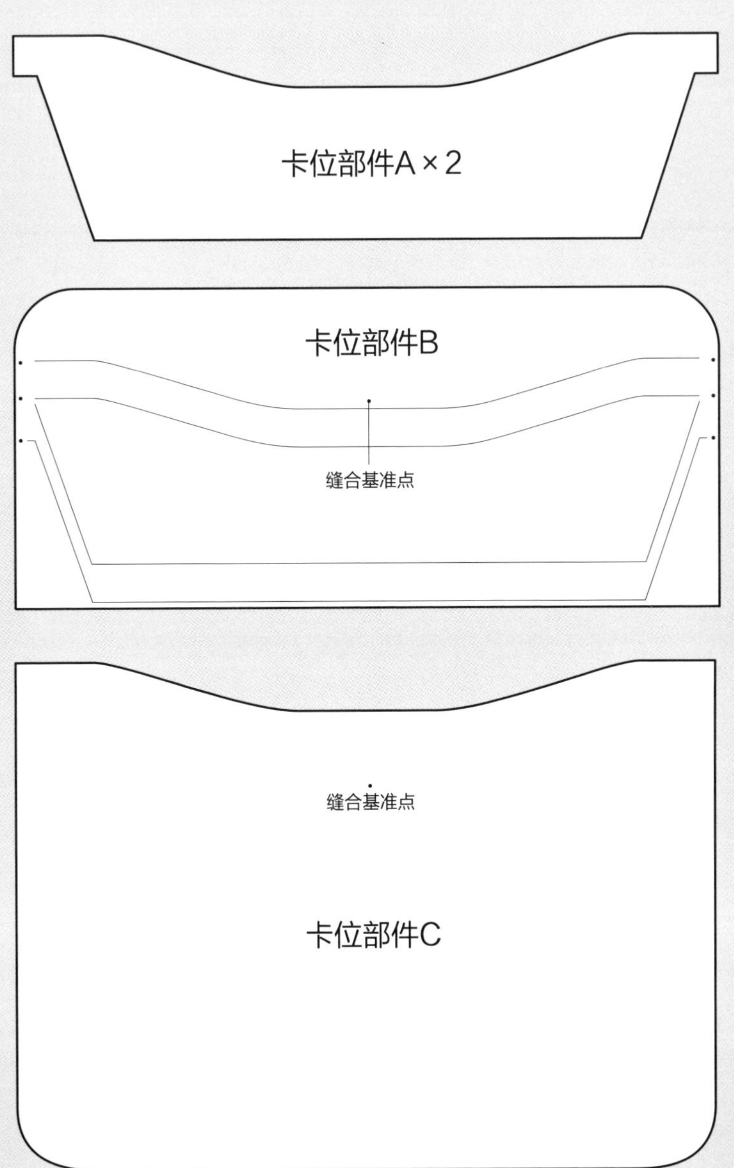

卡位部件A × 2
卡位部件B
缝合基准点
缝合基准点
卡位部件C

手拿长钱包

72页

卡位部件C × 2

缝合基准点

卡位部件B × 2

卡位部件A × 4

侧边部件 × 4

四合扣母扣固定位

正面折线

四合扣公扣固定位

零钱包

磁扣公扣固定位
固定于里皮正面

掀盖里皮

本 体

磁扣母扣固定位固定于本体正面

口金长钱包 98页

本 体
里 皮

卡位部件A×2

卡位部件B×2

缝合基准点

零钱包本体
零钱包侧边部件
卡位部件C×2
本体侧边部件×2

L形拉链长钱包 118页

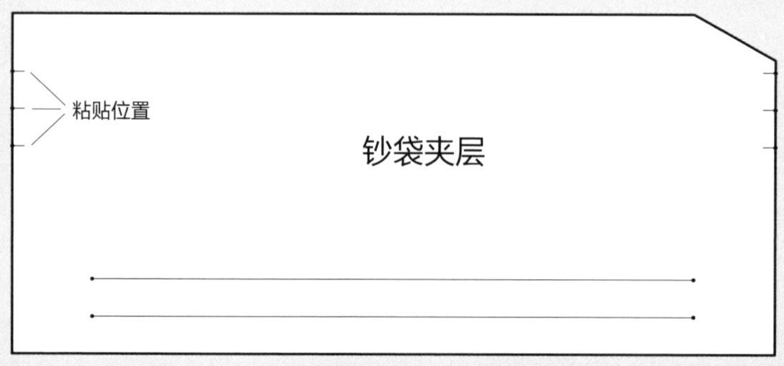

侧边部件

※外圈裁切线，内部为粘合位置线

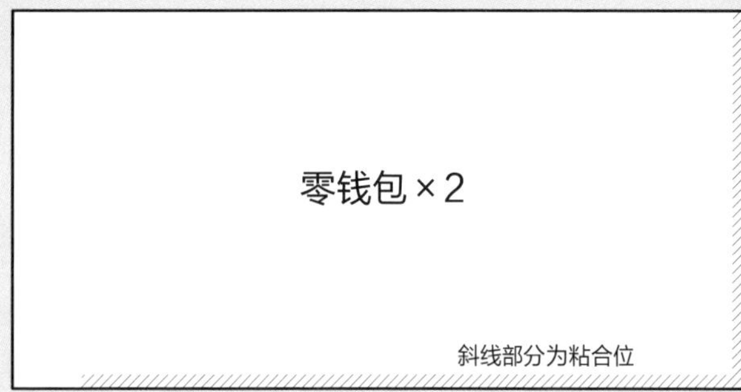

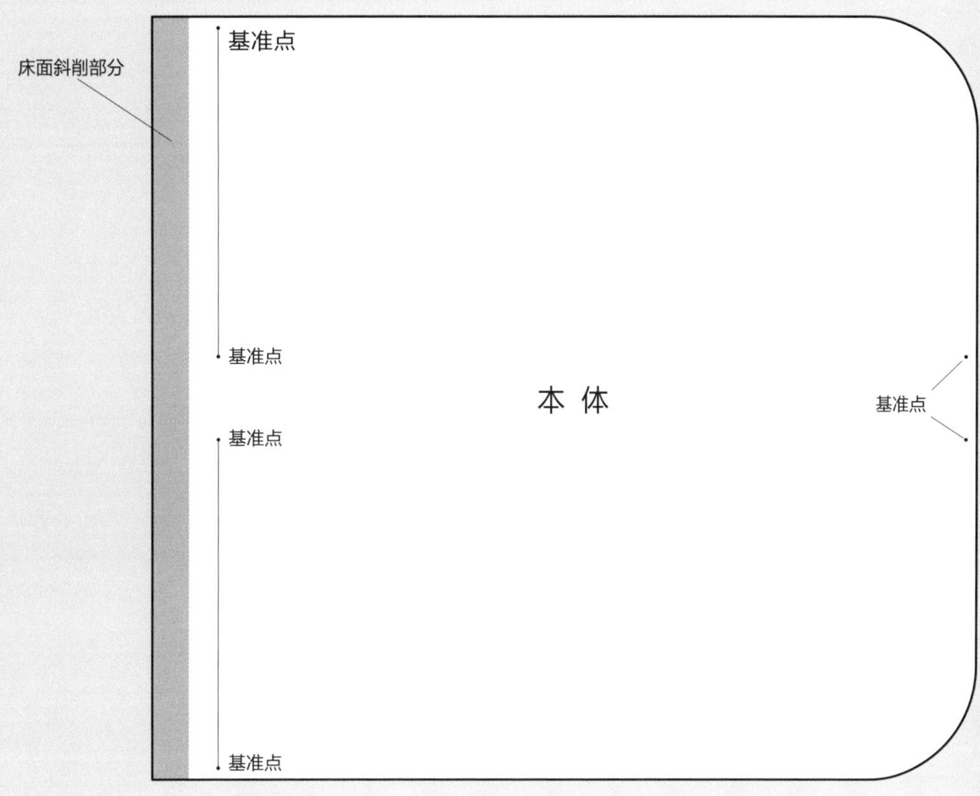

※外侧是裁切线，
内侧是手缝记号线。

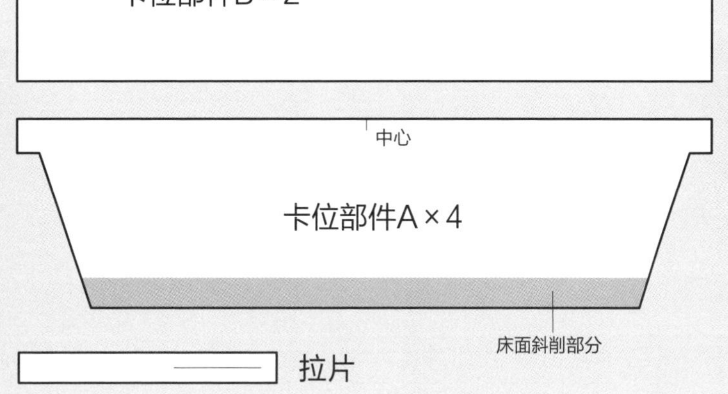

全开型拉链长钱包 152页

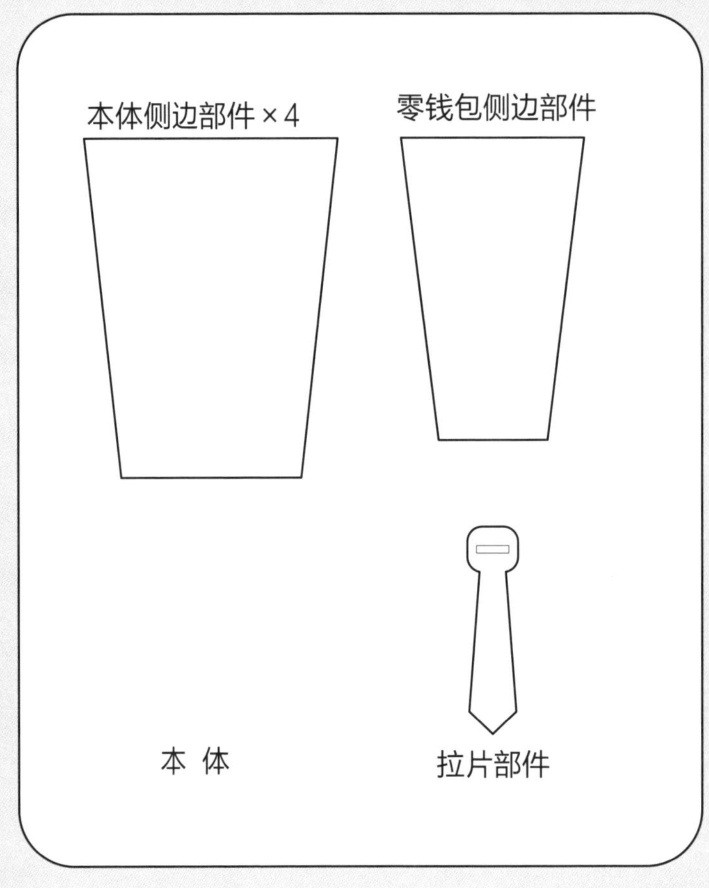

卡位部件C×2

卡位部件C里皮×2
−10mm

零钱包×2
零钱包里皮×2
−10mm
本体里皮
卡位部件B×2
手缝基准点
卡位部件A×6

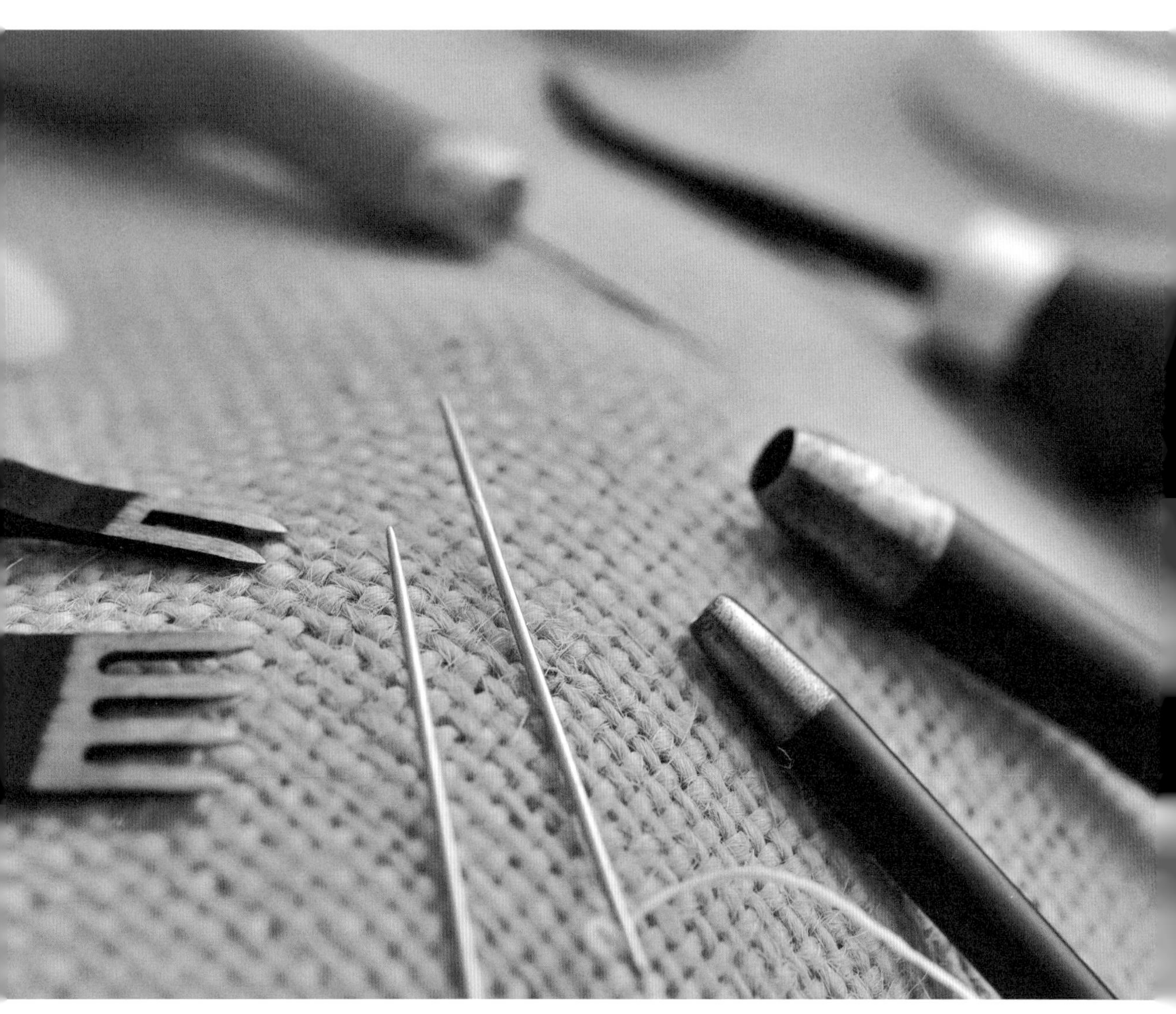